PISTOLEN UND REVOLVER

Inhaltsverzeichnis

6 EINFÜHRUNG
6 Pistolen und Feuerwaffen
8 Klassifikationssysteme
17 Zehn wichtige Punkte für Sammler
24 Führer zur richtigen Handhabung des Buches
25 Umrechnungstabellen

26 PISTOLEN
26 Radschlosspistolen
35 Steinschlosspistolen
60 Florentinische Steinschlosspistolen
62 Römische Steinschlosspistolen
67 Steinschlosspistolen mit Miquelet-Schloss
73 Orientalische Steinschlosspistolen
84 Armeepistolen mit Steinschloss
96 Mehrläufige Steinschlosspistolen
103 Perkussionspistolen
114 Perkussionspistolen für die Armee
119 Mehrläufige Perkussionspistolen
122 Spezialwaffen
132 Pistolen mit Patronen
142 Mehrläufige Pistolen mit Patronen

148 REVOLVER
148 Europäische Revolver
166 Amerikanische Revolver

208 Anhang
208 Die großen Waffenmuseen der Welt
210 Glossar

222 Namenindex
223 Danksagung und Bildnachweis

Einführung

Pistolen und Feuerwaffen

Vom Beginn der Menschheit an wurden Waffen verwendet – anfangs vornehmlich für den Nahrungserwerb. Im Laufe der Jahrhunderte versuchte der Mensch, bessere und wirksamere Waffen herzustellen und ging von einfachen Steinen (die meist als Wurfgeschosse verwendet wurden) zu Steinschleudern und Armbrüsten über, die man aber bald auch in Zweikämpfen und Schlachten gegen die eigene Art richtete.
Durch den stetigen Drang, den Feind in technischer Hinsicht zu übertreffen, kam es zu einem wahren Rüstungswettlauf. Großen Einfluss hatte die Erfindung des Schwarzpulvers, das bereits im 7. Jh. n. Chr. in China für friedliche Zwecke Anwendung fand. Viele Jahrhunderte lang erkannte man seine wahre zerstörerische Kraft nicht und verwendete das Schwarzpulver nur für Feuerwerke. Erst später führte es zu einer wahren Revolution in der Entwicklung der Waffen. Denn durch die rasche Verbrennung des Schießpulvers konnte man die notwendige Energie gewinnen, um Wurfgeschosse anzutreiben. Im 13. Jh. begann man, damit Pfeile durch Bambusrohre abzuschießen, die sehr bald durch Eisenrohre ersetzt wurden. In Europa wurde das Schwarzpulver Mitte des 13. Jh.s bekannt, die ersten Hakenbüchsen wurden im 14. Jh. hergestellt. Die damaligen Waffen waren nichts anderes als Rohre, die auf einer Seite bis auf ein kleines Loch verschlossen waren. Durch dieses Zündloch wurde die Ladung mit einer glühenden Eisenstange gezündet, die später durch Zündpfanne und Lunte ersetzt wurde.
Feuerwaffen basieren auf einem sehr einfachen Prinzip: Bei der Verbrennung einer bestimmten Menge Schießpulver in einem kleinen, geschlossenen Raum entsteht ein ausreichend hoher Gasdruck, mit dem ein Geschoss über eine gewisse Distanz geschleudert werden kann.
Faustfeuerwaffen (im Allgemeinen als Pistolen bekannt) nahmen in der Geschichte der Waffen eine bedeutende Stellung ein – sie waren vor allem wegen ihrer Handlichkeit, der relativ leichten Bedienung und der Möglichkeit sie zu verbergen, sehr weit verbreitet. Bis Anfang des 15. Jh.s musste der Schütze zum Schießen beide Hände verwenden; eine Hand hielt die Waffe und die andere führte die Glut zur Mulde, in der sich das Schießpulver befand. Die Erfindung des Luntenschlosses mit »Schlange«, einer S-förmigen Eisenstange, die durch den Schaft führte und an deren Ende die Lunte eingeklemmt war, beendete die erste Ära der Feuerwaffen. Nun konnte man beide Hände verwenden, um das Gewicht der Waffe zu halten, das Ziel anvisieren und besser treffen.
Nach den anfänglichen, noch nicht ausgereiften Erfindungen im Waffenbau waren noch viele weitere Versuche und viel Erfahrung nötig, bis die Pistole entwickelt werden konnte. Die Waffenbauer versuchten vor allem, Leistung, Zuverlässigkeit und Funktionstüchtigkeit ihrer Produkte zu verbessern. Nach einer jahrhundertelangen langsamen, aber stetigen Entwicklung, zu der verschiedene Erfindungen und Verbesserungen beitrugen, ereignete sich Mitte des 19. Jh.s, besonders durch die Initiative des amerikanischen Ingenieurs Samuel Colt (1814–1862), der endgültige Durchbruch. Colt gründete eine Waffenfabrik, in der erstmals effiziente Revolvermodelle in Serie hergestellt wurden, die sich dadurch auszeichneten, dass ihre Einzelteile auf einfache Weise –

Seite 2: Ausschnitt eines bekannten Gemäldes von Eugène Delacroix, Die Freiheit führt das Volk an.

und ohne dass dies für die Waffe einen Qualitätsverlust bedeutete – ausgetauscht werden konnten. Ab diesem Zeitpunkt kam es zu einer weiten Verbreitung großer Mengen von Waffen und Modellvarianten. Dies wurde auch durch den Fortschritt der industriellen Technologien und den enormen Schaffensdrang der Erfinder unterstützt. In der Folge erlebte die Entwicklung der Waffen jedoch nahezu einen Stillstand und die Forschung verlagerte sich auf Patronen und Zündmittel.

In diesem Detail eines Gemäldes von Tintoretto (1518–1594) schießt ein Soldat mit einer »Handkanone«, einer sehr einfach gebauten Vorderladerwaffe.

Eine erste, grobe Unterteilung innerhalb der Feuerwaffen: tragbare Waffen (Pistolen und Gewehre) und auf Trägern montierte Waffen, wie jene deutschen Kanonen aus dem 16. Jh.

Klassifikationssysteme

Waffen im Allgemeinen können in zwei große Gruppen eingeteilt werden: **auf Trägern montierte Waffen** (Kanonen, Haubitzen etc.) und **tragbare Waffen** (die wiederum in **Kurzwaffen** und **Langwaffen** unterteilt werden).
Kurzwaffen können je nach Zündsystem zu den folgenden Kategorien gezählt werden:
- **Pistolen mit Luntenschloss;**
- **Radschlosspistolen;**
- **Steinschlosspistolen;**
- **Perkussionspistolen;**
- **Pistolen mit Randfeuer-Kartuschenmunition** (Flobert, Smith & Wesson, Rimfire);
- **Pistolen mit Stiftzündung** (Lefaucheux);
- **Pistolen mit Zentralfeuer** (Boxer-Berdan).

PISTOLEN MIT LUNTENSCHLOSS

Die ersten mit Lunte zu zündenden Pistolen wurden im 14. Jh. in Europa hergestellt. Das Luntenschloss war der erste Zündmechanismus für Waffen und wurde bis ins 16. und 17. Jh. verwendet. An einer S-förmigen Stange, der so genannten »Schlange«, war die Lunte festgeklemmt – meist in Kaliumnitratlösung getränkte Baumwollschnüre oder Stoffstreifen, die je nach Konzentration der Lösung langsamer oder schneller abbrannten. Um ein Verlöschen der Lunte und damit das Nichtfunktionieren der Waffe zu vermeiden, wurde die Lunte an beiden Enden angezündet (falls das eine Glutende beschädigt wurde, konnte man sich vom anderen Ende wieder Feuer holen). Der S-förmige Luntenhalter wurde von einer Blattfeder stetig nach vorne gedrückt, in gespannter Stellung von einem Hebel blockiert und konnte durch den

Abzugsarm ausgelöst werden. Beim Auslösen drückte eine Feder die »Schlange« mit der Lunte auf die Zündpfanne.
Tatsächlich war jene Waffenart nur wenig verbreitet, da die ständig brennende Lunte sehr unpraktisch war; es war wegen der entzündeten Lunte auch unmöglich, Luntenschlosspistolen unter den Kleidern zu verstecken oder am Gürtel anzuhängen, wobei Kurzwaffen aber vor allem wegen dieser Eigenschaften gefragt waren.
Die wenigen erhaltenen Beispiele zeugen jedoch vom hartnäckigen Forscherdrang der Waffenbauer. Man experimentierte in großem Maße, auch auf die Gefahr hin, ungeeignete Waffen herzustellen. Dazu muss erwähnt werden, dass zu jener Zeit die Hersteller die praktische Erfahrung der Schützen kaum zurate zogen und dass auch die merkwürdigsten Erfindungen von einem ganz anderen Blickwinkel als heute betrachtet wurden.

RADSCHLOSSPISTOLEN

Die Erfindung des Radschlosses war gegenüber dem Luntenschloss eine große technologische Weiterentwicklung. Die beiden Systeme wurden lange Zeit gleichzeitig angewendet, da es sehr schwierig und auch teuer war, den Zündmechanismus einer Luntenschlosspistole durch ein Radschloss zu ersetzen. Die ersten Waffen mit Radschloss waren mit nur einem Lauf ausgestattet und der Mechanismus des Schlosses war äußerst komplex. In den unter Federspannung stehenden Hahn war ein Pyritstein eingeklemmt. Die seitlich am Lauf montierte Zündpfanne war oben offen, damit das Reibrad hervorstehen konnte; an der rechten Seite der Zündpfanne unter dem Lauf befand sich das Zündloch, das die Verbindung zur Treibladung herstellte. Die Zündpfanne konnte offen sein oder war durch einen Pfannenschieber verschlossen, der mit dem Abzug geöffnet wurde. Außerdem gab es ein Reibrad, das auf einem meist viereckigen Stift befestigt war; der Stift stand sowohl nach innen, um die Kette zu halten (ähnlich den heutigen Gliederketten eines Fahrrads), als auch nach außen (damit das Rad mit einem Schlüssel aufgezogen werden konnte). Die Kette war an einer innen oder außen liegenden V-förmigen Schlagfeder befestigt, die beim Aufziehen gespannt wurde, wenn sich die Kette

Unten: Luntenschloss aus dem 17. Jh. Der S-förmige Hahn ist mit einem Luntenhalter ausgestattet, in den die Lunte eingespannt wird.

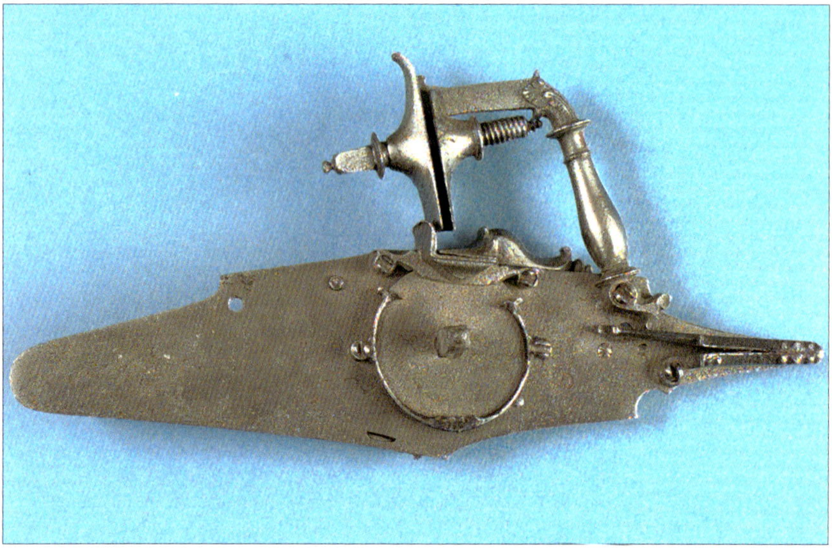

Oben: Radschloss aus Brescia von etwa 1620. Das Schloss weist eine glatte Schlossplatte, ein äußeres Rad mit halbkreisförmiger Radstudel, eine gravierte Hahnfeder und einen Hahn in Balusterform auf.

um den Stift wickelte. Sobald voll aufgezogen war, wurde die Feder mithilfe eines dafür vorgesehenen Einschnittes fixiert und konnte nur noch durch den Druck auf den Abzug gelöst werden. Dabei löste sich die Feder, das Reibrad kam in rasche Drehung und rieb am Pyritstein, sodass die entstehenden Funken das in der Pfanne befindliche Zündkraut entzündeten und dieses durch das Zündloch die Pulverladung im Lauf zum Abbrennen brachte.

Von Anfang an waren Radschlosspistolen Waffen der elitären Schicht. Für den Bau eines Radschlosses waren für die damalige Zeit beträchtliche mechanische Kenntnisse erforderlich, weshalb diese Schlösser meist von Uhrmachern hergestellt wurden, den einzigen Handwerkern jener Zeit, die komplizierte aufziehbare Mechanismen fertigen konnten.

STEINSCHLOSSPISTOLEN

Ein entscheidender Schritt für eine praktische, einfachere Nutzung waren Waffen mit Steinschloss in ihren zahllosen Varianten. Ihre Herstellung war wesentlich einfacher und sie konnten auch von einem Schmied ohne große Schwierigkeiten repariert werden.

Steinschlösser waren ab Ende des 17. Jh.s bis etwa 1840 in Gebrauch. Ein Hahn mit abschraubbaren Spannbacken hielt einen Feuerstein; die Zündpfanne war seitlich am Lauf angebracht, das Pulver in der Pfanne konnte durch das Zündloch die Treibladung entzünden. Die Zündpfanne hatte einen L-förmigen Pfannendeckel, der mit einer gerändelten, als »Hammer« bezeichneten Metallplatte verbunden war.

Bei den **Schnapphahnschlössern** und **»florentinischen Schlössern«** war der Hammer an einem Dreharm befestigt; der Pfannendeckel war extra angebracht und wie bei den Radschlosswaffen verschiebbar. Aufgabe des Hammers war es, beim Niedergehen des Hahns in Aktion zu treten und durch das Reiben am Feuerstein Funken zu erzeugen, mit welchen die Treibladung entfacht wurde. Der Hahn wurde von einer inneren oder äußeren V-Feder bewegt; beim Zurückschieben des Hahns wurde die V-Feder wieder gespannt. Der Hahn wurde durch einen Einschnitt auf der Nuss blockiert; durch den Druck auf den Auslöser wurde der Hahn wieder betätigt.

Bei den **»römischen Pistolen«** lag die Feder außen und drückte auf den vorderen Teil des Hahns; bei den **(»katalanischen«) Miquelet-Schlössern** drückte die ebenfalls außen liegende Feder den hinteren Teil des Hahns nach oben. Bei beiden Modellen wurde durch Entspannen der Feder der Hahn niedergeschlagen, der mit dem Feuerstein am Hammer rieb und Funken erzeugte, die das Pulver in der Pfanne zündeten, sodass durch das Zündloch die Treibladung Feuer fing.
Um den Gasdruck zu erhöhen, wurden drei Techniken angewendet. Nach der einen wurde die Kugel (deren Durchmesser kleiner als der Lauf war) in Stoff oder Leder gewickelt, sodass sie zwar leicht eingeführt werden konnte und trotzdem der Kaliberunterschied ausgeglichen wurde. Eine weitere Technik bestand darin, die Kugel mit Ladestock und Hammer aus Holz in den Lauf hineinzuschlagen; vor allem bei Duellpistolen dieser Art ist der zugehörige Hammer häufig im Kasten zu finden. Schließlich verwendete man auch Kugeln, die kleiner als der Lauf waren, und verformte sie dann mit Ladestock und/oder Hammer, um sie dem Durchmesser des Laufes anzupassen. Beim Einschlagen der Kugel als auch beim nachherigen Anpassen wurde jedoch die Kugel deformiert, wodurch wegen der asymmetrischen Projektile die Treffsicherheit sehr in Mitleidenschaft gezogen wurde.
Für Waffen mit gezogenem Lauf wurden zwei Systeme zur Erhöhung des Gasdrucks patentiert. Das erste wurde von Gustave Delvigne 1828 angemeldet; es basierte auf einer Ausbuchtung an der Schwanzschraube, auf welche die Kugel zu liegen kam und mit mehreren Stößen des Ladestocks deformiert wurde. 1841 griff der französische Oberst Thouvenin das System Delvigne auf und versuchte, es zu verbessern. Er hatte die Idee, das Geschoss auf einem Dorn in der Schwanzschraube zu erweitern. Bei beiden Systemen war ein Zwischenraum zwischen Kugel und Pulver vorhanden, wodurch eine schnelle Zündung ermöglicht wurde.
Einläufige Steinschlosswaffen können je nach verwendetem Lauf in folgende Untergruppen unterteilt werden:

Unten: Steinschloss. Die Schlossplatte, die im 18. Jh. in Brescia gefertigt wurde, ist mit »G. B. Zugno« signiert.

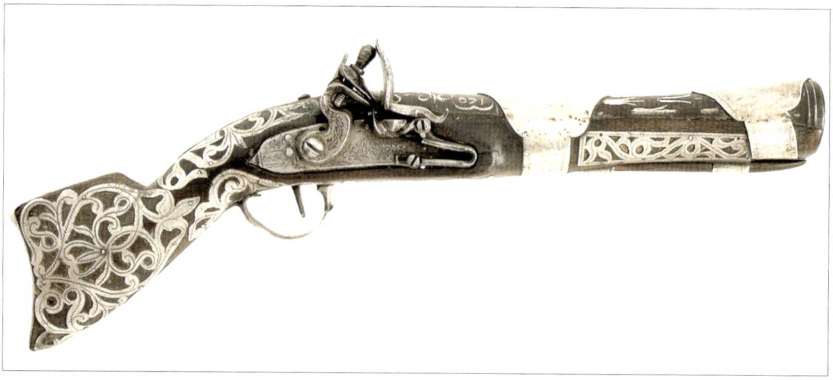

Oben: Tromblon-Pistole mit Steinschloss, mit Silber überzogen (Türkei, Mitte 19. Jh.).

- **Vorderlader;**
- **Waffen mit abschraubbarem Lauf;**
- **vom Bodenstück aus beladbare Waffen** (Hirst-Ferguson-Knot-Peter);
- **Kipplaufwaffen.**

In diese Klassifizierung kann auch die **Tromblon-Pistole** miteinbezogen werden. Diese Waffe wurde mit der Idee hergestellt, die Feuerkraft zu verstärken und man lud sie mit Schrot oder Metallstücken. Man dachte, dass die Projektile, wenn sie aus einem konischen Mündungstrichter entwichen, einen größeren Zielkreis treffen würden. Tatsächlich wurde jene Theorie aber von der Ballistik her widerlegt. Der eigentliche Vorteil jener Pistole mit Tromblon-Lauf bestand jedoch im leichteren Ladevorgang, der durch die größere Mündung ermöglicht wurde.
Um noch schneller laden zu können, aber auch um ein Deformieren des Projektils durch Ladestock und Hammer zu vermeiden, begann man, Waffen mit abschraubbarem Lauf herzustellen. Mit dieser Technik konnte man schließlich Projektile in den Lauf einführen, die genau dem Laufkaliber entsprachen, ohne sie zu deformieren. Der Ladevorgang bestand aus drei Schritten: zuerst wurde die Pulverladung in den Schaft eingeführt, dann die Kugel auf eine konische Krause im Schaft gelegt und schließlich der Lauf angeschraubt. Zum leichteren Anschrauben waren eigene Schlüssel vorgesehen.

WEITERENTWICKLUNG UND EXPERIMENTE

Die weitere Entwicklung der Pistolen brachte entscheidende Verbesserungen beim Laden mit sich. Besonders zu erwähnen ist Sebastiano Cecchi alias Acqua Fresca. Jener Waffenbauer erfand etwa 1680 ein Gewehr mit 25 Schuss: wenn man den Gewehrkolben aufklappte, kamen zwei Löcher zum Vorschein. Das eine wurde mit Schwarzpulver gefüllt, das zweite mit Bleikugeln (bei Gewehren konnten 25, bei Pistolen acht Stück geladen werden). Danach füllte man die Zündpfanne mit feinem Pulver (für etwa 30 Schuss). Zum Laden der Waffe wurde die Laufmündung nach unten gerichtet; mit der linken Hand ergriff man den Drehhebel und drehte ihn um 210 Grad. Dann wurde der Vorgang in umgekehrter Richtung ausgeführt und der Hebel wieder am Schaft gesichert. Bei dieser einfachen Operation wurden die Löcher im Schaft und die Zündkammer kurz verbunden. Gleichzeitig wurde das Pulver unter dem Pfannendeckel mithilfe eines Rades entzündet, während ein Nocken die Pfanne verschloss und den Hahn nach oben drückte.
Weitere Konstrukteure von Steinschlosswaffen:

- Francesco Berselli in Bologna (möglicherweise der Vorgänger von Acqua Fresca), der vermutlich bereits 1670 Sattelpistolen mit rotierenden Nocken herstellte (Museo Nazionale Artiglieria in Turin, Collezione Camozzi Vertoa in Bergamo und Museo della Storia e della Scienza in Florenz).
- Michele Lorenzoni in Florenz. Bei den Modellen dieses Herstellers war das Schwarzpulver in einer Kammer unter dem Lauf untergebracht, die durch ein vorgetäuschtes Endstück des Ladestocks abgedeckt war. Eine Waffe dieses Typs wurde 1684 vom sächsischen Kurfürsten Johann Georg erworben.
- Bartolomeo Cotel in Brescia. Er war möglicherweise aus Flandern eingewandert und stellte um 1690 einen mehrschüssigen Karabiner her (Sammlung Joe Kinding, Pennsylvania).
- Lefert in Valenza Po, etwa 1668 (Sammlung Renwick, Vereinigte Staaten).
- Callin Gio. Piero in Genua, 1685 (Armeria Reale, Turin).
- Ähnliche Waffen wurden vom dänischen Waffenbauer Peter Kalthoff hergestellt. Seine älteste bekannte Waffe stammt aus dem Jahr 1645, sein Patent meldete er 1640/41 an. Im Gegensatz zu den erwähnten italienischen Waffen lag die Pulverkammer im Schaft, während die Kugeln unter dem Lauf untergebracht waren. Das Bodenstück mit drei Kammern bewegte sich im rechten Winkel zur Laufachse.
- John Cookson in England und sein gleichnamiger Sohn in Boston, 1701–1762.
- Wetschgi in Augsburg, etwa 1700 (Musée de l'Armée, Paris).
- Perreaux a Verve, Ende 17. Jh.;
- Habrecht Heinrich (Meister Gottorp), um 1645 in Deutschland.
- Jan Flock in Utrecht, etwa 1680 (Livrustkammaren, Stockholm);

Zwei Pistolen mit jeweils zwei Messingläufen.

◆ Harman Barn, um 1605 in Dänemark aktiv (Sammlung Mark Dineley, Vereinigte Staaten);
◆ Johann Paul Klett aus Salzburg, der an Verbesserungen der Büchsen von Sigmund Klett arbeitete (1652).
◆ Der spanische Büchsenmacher Valentin Silvestre Fombuena (nach 1853) versuchte nach dem System Lorenzoni Mehrladewaffen herzustellen.
Bei einem weiteren mehrschüssigen Vorderlader, der für den zivilen Gebrauch und für die persönliche Verteidigung gedacht war, musste man für einen Schuss einen der beiden Läufe wählen. Bei einer bestimmten Stellung hatte das Zündloch des oberen Laufs direkte Verbindung zur Zündpfanne; nachdem der Hahn gespannt und der Pfannendeckel gesenkt war, konnte gefeuert werden. Nach erneutem Spannen des Hahnes, Zünden des Pulvers in der Zündpfanne und Absenken des Pfannendeckels drehte man den seitlich der Batterie gelegenen Hahn, bis die Zündpfanne mit dem zweiten Zündloch in Verbindung stand. Nun konnte der zweite Schuss abgegeben werden.

PERKUSSIONSPISTOLEN

Mit der Entdeckung der Eigenschaften von Knallquecksilber (1799) und der Verbreitung von Perkussions-Zündsystemen mit Piston begann der letzte Abschnitt in der Geschichte der Feuerwaffen. Das Prinzip eines Perkussionsschlosses mit Piston bestand darin, dass eine Kapsel mit Knallquecksilber einen Schlag von einem gefederten Hahn erhielt. Am Zündloch war ein hohler Stift (Piston) angeschraubt, auf den die Kapsel mit Knallquecksilber (Zündhütchen) gesteckt wurde. Wenn die Feder gespannt war, konnte man durch Drücken des Abzugs den Hahn lösen, der dann auf das Zündhütchen schnellte und nahezu im selben Augenblick die Treibladung zündete.
Die Unterteilung von Perkussionspistolen und Zündhütchen kann ähnlich wie bei den Steinschlosswaffen vorgenommen werden. Je nach Lauf können folgende Untergruppen unterschieden werden:
◆ **Vorderlader mit einfachem Lauf;**
◆ **Waffen mit abschraubbarem Lauf;**
◆ **einläufige Waffen, jedoch mit einem Nachladesystem der Zündhütchen aufgrund einer Knallsäure-Reserve** (Forsyth's);
◆ **zweiläufige Waffen mit zwei Stahlschlössern;**
◆ **Waffen mit zwei oder mehr auswählbaren Läufen und einem einzigen Schloss;**
◆ **Waffen mit zwei oder mehr drehbaren Läufen und einem einzigen Schloss;**
◆ **Waffen mit einem Schloss und mehreren Läufen, die gleichzeitig abgeschossen werden;**
◆ **Trommelwaffen mit einem einzigen Schloss und selbstzündender Zündpfanne** (Collier, J. Pim);
◆ **Waffen mit drei oder mehr auch manuell verdrehbaren Läufen, mit einer einzigen Batterie** (das berühmte, allgemein als »Pepperbox« bekannte Modell; siehe Seite 15);
◆ **Waffen mit einer Trommel, die sich beim Spannen des Hahns dreht** (Colt, Smith & Wesson etc.).

PISTOLEN MIT PATRONEN

Einer der ersten Prototypen einer solchen Pistole war das 1812 vom Schweizer Büchsenmacher Johannes Pauly in Paris patentierte Modell. Diese Waffe hatte einen nach unten kippbarem Lauf, in den ein kupferner Hülsenboden mit Papierhülle für Projektil und Pulver einge-

führt wurde. In eine kleine, am metallenen Hülsenboden befestigten Hülse steckte man eine Kapsel mit Knallsäure und befestigte sie mit Wachs. Der äußere Hahn diente nur zum Spannen des Schlagbolzens, der sich innerhalb des Systemkastens befand.
Später erfand im Besonderen der französische Waffenproduzent Casimir Lefaucheux (1802–1852) eine Patrone, die in Metallboden und Papiermantel eingeschlossen das Schießpulver und die Kugel enthielt. Dank weiterer technischer Verbesserungen von Houllier und des Sohnes von Lefaucheux wurde jener Munitionstyp als **Stiftfeuerpatrone** bekannt und erlebte eine weite Verbreitung.
Die erste »echte« Patrone (eine innerhalb der Zündmasse eingeschlossene Bleikugel) wurde 1849 vom Pariser Büchsenmacher N. Auguste Flobert erfunden. Smith & Wesson verbesserten diese Patrone und produzierten ihren ersten Revolver, das Modell Nummer 1. Anstatt der Knallsäure, die beim System Flobert als Treibladung diente, füllte man Schwarzpulver in die Patrone.

REVOLVER

Der Name dieser auch als **Drehpistole** bekannten Waffe kommt vom englischen *»revolve«* (für »drehen«) und bezieht sich auf die sich drehende Trommel.
Sie wurde Anfang des 19. Jh.s entwickelt, als die Perkussionszündung eine große Wende in der Entwicklung der Faustfeuerwaffe eingeleitet hatte. Verglichen mit dem Steinschloss zündete sie augenblicklich und war nahezu vom Wetter unabhängig. Mit der versiegelten Metallpatrone konnten die Waffen nunmehr auch, anstatt wie bisher noch häufig von der Mündung, generell von hinten geladen werden, wie es auch heute üblich ist. Die Erfindung des Revolvers stellte einen bedeutenden Fortschritt dar: mithilfe der Patronenkammer (meist mit fünf oder sechs Schuss) konnte die Waffe bequem geladen und mehrere Schuss in schneller Folge abgefeuert werden. Die Waffenbauer suchten auch noch andere technische Lösungen, wie etwa die **Pepperbox**, die 1830–1860 trotz ihrer Unzuverlässigkeit weit verbreitet war. Dieser Bündelrevolver verfügte über mehrere Läufe, die um eine Achse angeordnet waren; nach Betätigen des Abzugs und Auslösen des Schusses wurden die Läufe weitergedreht. Eine Weiterentwicklung war der verhältnismäßig kostengünstige **Übergangsrevolver**; er war um 1850 verbreitet

Unten: englisches Perkussionsschloss aus dem Jahr 1860. Gravur mit Blumenmotiven und Signatur »Weiss Bro.s«.

und kann als eine Art Zwischenprodukt zwischen Pepperbox und eigentlichem Revolver betrachtet werden.
Revolver wurden sowohl in Europa (berühmt sind die französischen Le Mat und Revolver des englischen Waffenbauers William Tranter) als auch in Amerika in großem Maße hergestellt und spielten bei der Eroberung des Wilden Westens eine große Rolle – sowie in zahlreichen unsterblichen Liebes- und Westernfilmen.
Von den vielen Colt-Versionen sind ab 1830 vor allem das Modell Peacemaker (für die Armee bestimmt, auch als »Westernwaffe« bekannt) und das Polizei-Revolver-Modell 1862, Buntline Special (mit längerem Lauf als Peacemaker und mit Patronenkammern für fünf Schuss), zu erwähnen. Auch von Smith & Wesson stammen bekannte Modelle.

Unten: Ausstellung von Colt-Modellen bei der Weltausstellung in New York 1853.

Zehn wichtige Punkte für Sammler

1) WAS SOLL GESAMMELT WERDEN?

Wenn man sich auf das Abenteuer, Waffen zu sammeln, einlässt, wird man sich zuerst überlegen, welche Stücke Teil der Sammlung sein sollen. Ein erster Schritt ist die Auswahl eines speziellen Gebietes. Man muss sich jedoch in Acht nehmen: man stelle sich zum Beispiel das Spezialgebiet »Radschlosswaffen des 16. Jh.s« vor. Hier könnte man, indem man Kontakt zu Waffenhändlern und Sammlern in ganz Europa aufnimmt, mit viel Glück und viel Geld in 30 bis 40 Jahren vielleicht fünf oder sechs Stück zusammenbekommen. Vielleicht will man sich jedoch auch ausschließlich einem einzigen Modell widmen. Auf den ersten Blick erscheint dies einfach; jedoch sind vom Revolver Colt Pocket gut 200 verschiedene Varianten bekannt, wodurch die Zusammenstellung einer solchen Sammlung ebenfalls sehr schwer realisierbar scheint. Das Sammeln auf wenige Modelle zu beschränken, steht überdies mit eigentlicher Sammeltätigkeit im Widerspruch: meist ist doch der Antrieb beim Anlegen einer Sammlung von antiken Waffen auch mit dem Wunsch verbunden, ihre Geschichte und ihre Entwicklung zu studieren, ohne das Aktionsfeld künstlich einzuengen.
Sicherlich braucht man dazu Geduld und Entschlossenheit; die Stücke, die man erwirbt, entschädigen jedoch meist für den Einsatz und erzählen ihre geheime Geschichte – eine Geschichte, die von den Mühen bei der Herstellung einer Waffe erzählt, aber auch von den Erlebnissen ihrer Besitzer. Ist man einmal vom Feuer der Sammelleidenschaft ergriffen, wird man versuchen, so viele Informationen wie möglich zu bekommen, um zu lernen, zu verstehen und sich zu spezialisieren ... Andererseits hat auch jede Waffe eine eigene Geschichte. Armeewaffen können an Schlachten erinnern, die nur aufgrund der Auswahl gewisser Waffen gewonnen oder verloren wurden. Die Western-Revolver lassen hingegen die Zeiten der berühmten Banditen, der Indianer, der Saloons, der Bars und des Goldfiebers wieder auferstehen.
Selbstverständlich bestimmt vor allem der Geschmack des Sammlers die Auswahl der Zusammenstellung. So mancher ist von der einfachen Bauart der Duellpistolen überwältigt, Liebhaber des kreativen Erfindergeistes werden sich von Waffen bestimmter Systeme angezogen fühlen und die zu allem Entschlossenen verbringen ihr ganzes Leben auf der Suche nach einem fehlenden Stück. So ist zwar die Wahl eines Spezialgebietes wünschenswert, aber auch sehr subjektiv. Jedenfalls kann ich empfehlen, eine erste Auswahl aufgrund historischer oder technischer Kriterien zu treffen und dann noch eine zweite Auswahl auf Basis technischer (Radschloss-, Steinschlosswaffen ...), geographischer (deutsche, französische, amerikanische ...), historischer (Westernwaffen, Waffen des Sezessionskriegs ...) oder funktioneller Parameter (Heer, Marine, Jagd, Personenschutz ...) zu treffen. Insgesamt ist Sammeln eine Tätigkeit, die viel Zeit braucht; vielleicht trägt dies aber auch zu ihrer besonderen Faszination bei. Jedes Stück legt Zeugnis von der Leistung eines Menschen ab, der vielleicht im Vertrauen auf die Durchführbarkeit seiner eigenen Idee riskierte, alles zu verlieren, möglicherweise aber durch seine Erfindung zu großem Reichtum gelangte.

2) ERWERBEN VON SAMMLERSTÜCKEN

Der erste wichtige Schritt ist das Aussuchen der Stücke, die man in seiner Sammlung haben möchte. Grundsätzlich bieten sich die folgenden fünf Möglichkeiten an:

- **Antiquitätenhändler, die sich auf antike Waffen spezialisiert haben:** sie sind meist hochqualifizierte Experten, die Gutachten erstellen und auch die Echtheit der Stücke, die sie verkaufen, garantieren können.

- **Büchsenmacher, die antike Waffen reparieren:** auch wenn sie kein enzyklopädisches Wissen besitzen, sind sie fast alle in der Lage, ein Stück zu bewerten und dessen Echtheit zu garantieren.
- **Auktionen:** wenn sie von seriösen Häusern veranstaltet werden, bieten sie sicherlich sehr gute Gelegenheiten, seine Sammlung zu bereichern.
- **Waffenbörsen** (besonders aktiv in Frankreich und der Schweiz): sie bieten optimale Möglichkeiten, Preise zu vergleichen, wenn man über ausreichende Kenntnisse verfügt oder von einem befreundeten Fachmann beraten wird.
- **Anzeigen in Fachzeitschriften:** hier kann man mit kleineren Sammlern in Kontakt treten, die ihre Stücke verkaufen wollen; ein »Bombengeschäft« ist es jedoch selten und überdies gehen aus den Offerten eventuelle Wertminderungen meist nicht hervor.

3) BEWERTUNG VON SAMMLERSTÜCKEN

Der Preis einer Waffe ist mitunter, auch bei Auktionen, überhöht. In Amerika und Frankreich sind Kataloge über einige Waffentypen *(Fleyderman's, Argus des armes de poing* etc.) im Umlauf, die ziemlich auf dem neuesten Stand sind und eine nützliche Ausgangsbasis für die Bewertung darstellen. Am einfachsten hält man sich auf dem Laufenden und kann versuchen, die Kosten eventueller Zukäufe zu ermitteln, indem man die bei den Auktionen erzielten Preise verfolgt – dies ist heute auch über das Internet möglich. Manchmal erzielen sonderbarerweise Armeewaffen, von denen es Zehntausende Exemplare gab (daher auch bekannter, öfter beschrieben und gehandelt), höhere Preise als ein äußerst seltenes Stück, das nur in begrenzter Stückzahl hergestellt wurde. Im Allgemeinen wird ein Stück guter Qualität mittlerer Preisklasse eher seinen Wert behalten, während eine sehr seltene hochpreisige Waffe viel leichter dem Preisverfall anheim fallen kann.
Oft ist es günstig, Waffen außerhalb des Ursprungslandes zu erwerben, um sie dann im Ursprungsland wieder zu verkaufen. So hat eine italienische Radschlosswaffe auf dem französischen Markt nur einen begrenzten Wert, kann aber in Italien viel höhere Preise erzielen. Wegen dieser Preisunterschiede lockt der Ankauf von antiken Waffen mitunter auch Investoren, die nur aus rein wirtschaftlichem Interesse handeln. Eine Analyse der Preise der letzten 30 Jahre zeigt, dass während dieser Zeit kein Preisrückgang zu verzeichnen war. Waffen verzeichneten vielmehr eine konstante jährlichen Wertsteigerung von 10–15%.
Meist muss man für eine richtige Bewertung leidenschaftlich und ausdauernd versuchen, so viele Kenntnisse wie möglich zu erwerben. Es empfiehlt sich das Lesen von Fachliteratur und der häufige Besuch von Museen, Ausstellungen (meist bei Auktionen), anderen Sammlern und Fachgeschäften.

4) DIE AKTUELLE MARKTSITUATION

Im Bereich der Waffen sind von Land zu Land Märkte und Anforderungen verschieden.
Vereinigte Staaten. In den Vereinigten Staaten gibt es eine enorme Anzahl von Kunden, die meist auf der Suche nach »neuwertigen« amerikanischen Waffen spezieller Auflagen sind. Am meisten gefragt sind Waffen mit Widmung, Waffen des Unabhängigkeitskriegs oder der Indianerkriege, aber auch Waffen großer europäischer Hersteller. Preise, die bei der Greg Martin Auction in San Francisco vom 25.–27. April 2005 erzielt wurden: ein Colt Walker Revolver mit Provision $ 421.875; ein Colt

Auch die Pulverhörner stoßen bei Sammlern auf großes Interesse. Auf den Fotos sind drei Exemplare aus dem 16. (rechts), 17. (links) und 18. Jh. (oben) zu sehen.

Navy 1861 mit gravierter Widmung von Colt $ 135.000; ein Colt Texas Paterson Nr. 5 Holster Revolver $ 135.000.

Großbritannien. Die vielen Sammler am britischen Markt interessieren sich vor allem für Steinschlosswaffen.

Deutschland. Deutsche Sammler fühlen sich von altdeutschen Waffen angezogen und können meist großartige Sammlungen aufweisen.

Schweiz. Hier sind vor allem Waffen aus der Napoleonischen Zeit gefragt.

Frankreich. Französische Sammler sind hauptsächlich an Waffen der Napoleonischen Zeit interessiert, aber auch an Armeewaffen.

Österreich. Das kleine Land mit großer Waffentradition hat eine begrenzte Anzahl an begeisterten Sammlern aufzuweisen; die Sammlungen konzentrieren sich vorwiegend auf Jagdwaffen.

Spanien. Die wenigen Sammler in Spanien sind vor allem an Steinschlosswaffen interessiert.

Italien. Hier gibt es ein paar große Kollektionen und Tausende kleine Sammler. Vorwiegende Themen sind Kriegswaffen, amerikanische Armeewaffen, Steinschlosspistolen und italienische Pistolen aus der Toskana, Emilia-Romagna und Brescia.

5) SCHUTZ VOR FÄLSCHUNGEN

Zuerst sollte man die Waffe, die man kaufen möchte, genauestens untersuchen. Punzierungen kontrolliert man peinlichst genau mit einer Lupe:

eine Kombination einer zivilen und militärischen Punzierung deutet bis auf wenige Ausnahmen immer auf eine nachträgliche Markierung hin, die vorgenommen wurde, um einen höheren Preis zu erzielen. Von Hinweisen, dass die Waffe einst im Besitz einer bekannten historischen Persönlichkeit war, sollte man sich keinesfalls hinreißen lassen – denn meist entsprechen solche Angaben nicht den Tatsachen. Mitunter kommt es bei prestigeträchtigen Marken (wie etwa Colt) nach einigen Nachforschungen in den Archiven des Erzeugers zu unglaublichen Überraschungen: so wäre eine gewisse Pistole mit angegebener Matrikelnummer an eine berühmte Person verkauft worden, was jedoch nicht einmal bei Colt bekannt war!
Des Weiteren ist Vorsicht bei Waffen geboten, die nachgemacht und mit verschiedenen Läufen und Trommeln versehen wurden. In einem Fall wurde ein Revolver, der mit dem Lauf einer Pepperbox versehen wurde, als Revolverpistole – einer Art Übergangswaffe zwischen Pepperbox und Revolver – gehandelt, in Wahrheit stellte man nach sorgfältiger Überprüfung fest, dass der Lauf ein anderes Kaliber besaß als die Trommel.
Im 20. Jh. gab es viele Versuche, Waffen zu fälschen: so wurden amerikanische Waffen, vor allem Trommelwaffen aus den 60er-Jahren, neu punziert, um sie älter erscheinen zu lassen; Steinschlosspistolen, die man nachträglich mit Piston versehen hatte, wurde wiederum zu Steinschlosspistolen umgebaut. Einige einschüssige Pistolen mit Stein- oder Perkussionsschloss wurden zu den berühmten Entenfußpistolen umgearbeitet – dazu gehören 90% der am Markt befindlichen Pistolen dieser Art. Schließlich wurden auch einige Smith & Wesson Nr. 3 umgebaut, indem man einen Schaft hinzufügte und den Lauf verlängerte, um so die äußerst seltene A 320 zu fälschen.
Es klingt banal, aber um Waffen wirklich zu kennen und einen sechsten Sinn gegenüber Fälschungen zu entwickeln, muss man die jeweilige Waffe in der Hand gehabt und so viele Exemplare wie möglich gesehen haben. Deswegen ist es unumgänglich, Museen, Sammlungen und Ausstellungen zu besuchen.

6) AUFBEWAHRUNG DER SOEBEN ERWORBENEN WAFFE

Die erste Grundregel: eine Waffe muss immer entladen aufbewahrt werden. Wenn man im Besitz der dazupassenden Munition ist, muss sich diese in einem eigenen Koffer oder an einem gesonderten Ort befinden. Wenn man eine Waffe in die Hand nimmt, legt man oft instinktiv den Finger an den Abzug, wobei sich unbeabsichtigt ein Schuss lösen könnte. Eine entladene Waffe ist hingegen absolut ungefährlich und sie zu laden wäre für die Sammlung von keinerlei Vorteil. Eine Waffe ist immer in Laufrichtung gefährlich; daher ist es angeraten, den Lauf niemals in Richtung umstehender Personen zu halten. Auch die so genannte »Vorsichtsregel« ist hilfreich: eine Waffe ist immer als möglicherweise geladen zu betrachten, solange das Gegenteil nicht bewiesen ist.

7) ZERLEGEN, INSTANDHALTEN UND REPARIEREN

Diese sehr komplexen Vorgänge sollten von einem Fachmann durchgeführt werden. Falls das Fieber der Sammlerleidenschaft derart überhand nimmt, dass man glaubt, die meist lange Zeitspanne, die von den Fachleuten benötigt wird, nicht abwarten zu können, sollte man sich, bevor man eine Waffe zerlegt und/oder reinigt, ein Schraubenzieherset (meist vier verschiedenen Größen) für Waffen zulegen. Diese Werkzeuge sind speziell zum Zerlegen von Waffen gedacht und man vermeidet dadurch die bei antiken Waffen häufig beobachteten Be-

schädigungen an Schraubenköpfen. Gänzlich abzuraten ist das Lackieren der Waffe mit farblosem Lack, um sie vor Rost zu schützen. Es reicht, die Metallteile gründlich mit einem Silikontuch zu polieren – und zwar immer, bevor man die Waffe zurücklegt. Das Holz darf nur mit geeignetem Wachs behandelt werden, ein allzu exzessives Polieren könnte zum Verlust der Patina führen, die von Kennern sehr geschätzt wird.
Reparaturen werden mit peinlicher Sorgfalt von Experten durchgeführt – hier ist es besser, das eigene Können nicht zu überschätzen.

8) KATALOGISIEREN VON WAFFEN

Die häufigsten Fehler sind das Verwechseln der verschiedenen Schlosstypen oder von Zoll- und Millimeter-Maßen. So konnte man in Zeitschriften von Pistolen des Kalibers .38" lesen, wobei die Maße aber als »38 mm« angegeben waren, was einem Kaliber eines schweren Maschinengewehrs entspricht!
Ein sehr häufiger Fehler ist die Bezeichnung »automatischer Revolver«, den es eigentlich nicht gibt: Ein Revolver ist eine Trommelwaffe, während man unter halbautomatischen Waffen solche versteht, bei welchen mit der Schussenergie der Repetiervorgang selbsttätig erledigt wird. Die einzige bekannte automatische Trommelwaffe ist die seltene Webley-Fosbery.
Zu den besten Nachschlagewerken, in welchen man die Marken antiker Waffen auffinden kann, gehören *Aandskydevaabens Bedommelse* vom dänischen Autor J. F. Stockel, *Repertoire d'arquebusiers* von H. P. Jarlier und das italienische *Armi da fuoco italiane* von Gaibi. Diese Bände sind zwar vergriffen, können jedoch vielleicht in antiquarischen Buchhandlungen gefunden werden.

9) BEWERTUNG EINER WAFFE NACH IHREM ERHALTUNGSZUSTAND

Es gibt verschiedene Bewertungsraster für Waffen – eines für moderne, ein weiteres für antike Waffen.

Moderne Waffen:
- **Perfect** (perfekt): die Waffe ist noch in neuwertigem Zustand.
- **Excellent** (exzellent): eine nahezu neue Waffe mit unerheblichen Gebrauchsspuren;
- **Very Good** (sehr gut): der Lauf ist nicht abgenutzt, allgemeine Gebrauchsspuren, leichte Kratzer.
- **Good** (gut): etwas abgenutzt, leichte Schäden in der Schutzschicht, aber ohne Rost; es bestehen leichte, tolerierbare Unregelmäßigkeiten an der Innenseite des Laufs.
- **Fair** (stark gebraucht): eher stärkere Abnutzung. Die Abnutzung auf der Innenseite des Laufs ist mäßig; es sind leichte Roststellen vorhanden, die toleriert werden können, wenn die Waffe für die Jagd noch präzise genug ist.
- **Poor** (nicht funktionsfähig): die Pistole ist außen beschädigt, zeigt starke Abnutzung; am Lauf sind Roststellen zu erkennen.

Die obige, für moderne Waffen sehr zuverlässige Klassifizierung ist jedoch für antike Waffen nicht anwendbar. So ist es praktisch unmöglich, perfekte oder exzellente antike Waffen aufzufinden, auch solche in sehr gutem Erhaltungszustand wären äußerst selten, die meisten würden unter »stark gebraucht« eingestuft. In einem seiner Werke regte der bereits verstorbene C. E. Chapel eine Unterteilung antiker Waffen nach den folgenden drei Kategorien an:

◆ **Fine** (exzellent): mindestens 50% des ursprünglichen Firnisses ist vorhanden, die Marke gut erkennbar, alle Teile sind original und die Waffe funktioniert noch perfekt. Der Prozentsatz der vorhandenen Brünierung muss angegeben sein.
◆ **Good** (sehr gut): es ist nur noch wenig vom originalen Firnis vorhanden; Punzierungen sind nicht mehr vorhanden oder nur schwer zu entziffern; die Waffe hat Rost angesetzt oder ist im Inneren des Laufes leicht korrodiert; die Seiten (oder der Schaft) können Rillen, Kratzer oder matte Stellen aufweisen, das Stück weist aber einen guten Gesamtaspekt auf und ist komplett; die Waffe funktioniert noch perfekt. Der Prozentsatz an Korrosion oder Rost muss genau angegeben sein.
◆ **Fair** (gut): vom ursprünglichen Firnis der Waffe ist nichts mehr vorhanden. Der Lauf kann im Inneren leichte Korrosionsstellen oder Rost aufweisen; gestanzte Marke ist keine vorhanden; die Funktion ist sehr unsicher; die Waffe zeigt deutliche Gebrauchsspuren; der Schaft zeigt Rillen, Kratzer, matte Stellen oder Reparaturstellen; die Waffe besteht vorwiegend aus Originalteilen mit später eingesetzten Ersatzteilen.
Auch weitere Hinweise auf die Erhaltung (zum Beispiel »absolut neuwertig«) werden verwendet, um auf einen besonderen Zustand hinzuweisen.

Ausstellung von Pistolen der Armeria Reale von Turin, eines der wichtigsten Waffenmuseen der Welt.

10) PRÄSENTATION DER EIGENEN SAMMLUNG

In Burgen wurden Waffen aus praktischen Gründen hinsichtlich Lagerung und schneller Erreichbarkeit gewöhnlich in den so genannten Waffensälen aufbewahrt. In den nur für eine begrenzte Personenanzahl zugänglichen Waffenkabinetten waren hingegen persönliche Waffen, die vom Vater an den Sohn übergeben wurden, zu finden. Auch besondere Stücke, die von den Büchsenherstellern nach Auftrag von Mäzenen hergestellt wurden – oftmals Waffen, die mehr als Prunkstücke denn als Gebrauchswaffen gedacht waren, befanden sich in diesem Raum.
Heute, wo man kaum mehr über den Luxus eines Schlosses verfügt, bewahrt man Pistolen oft ganz einfach in einem Schreibtisch mit Metall- oder Kunststoffladen auf; die innere Höhe der Laden sollte etwa 7 cm betragen und der Boden der Schubladen mit Stoff oder Samt überzogen sein. Auch eine Holzkommode passt ganz gut zu dem heute üblichen Mobiliar einer Wohnung; besonders geeignet sind jene Schubladen, die einst die großen Besteckservice enthielten. Sinnvoll wäre auch die Anschaffung einer nicht allzu tiefen Vitrine, wo man die Waffen von oben betrachten kann. Auch alte Bilderrahmen eignen sich bestens, in die anstatt des Gemäldes ein mit Samt überzogenes Holzbrett einfügt wird.

Führer zur richtigen Handhabung des Buches

Die Zugehörigkeit der einzelnen Pistolen zu verschiedenen Gruppen ist durch die verschiedenen Farben der Visitenkarten angezeigt:

RADSCHLOSS-PISTOLEN	**STEINSCHLOSS-PISTOLEN**	**PISTOLEN MIT ZÜND-HÜTCHEN**
SPEZIAL-WAFFEN	**PISTOLEN MIT PATRONEN**	**REVOLVER**

Die **Titelzeilen** zeigen weitere Gruppenunterteilungen an, wie etwa orientalische Steinschlosspistolen, Armeepistolen mit Perkussionsschloss, europäische Revolver und so weiter.

VISITENKARTE
Sie enthält die wichtigsten Daten der jeweiligen Waffe: **Hersteller, Jahrhundert** oder **Jahr der Herstellung, Gesamtlänge, Lauflänge, Kaliber** und bei den Revolvern auch die Schussanzahl der **Trommel**. In einigen Fällen sind die Maße in Zoll angegeben *(siehe Tabelle auf der gegenüberliegenden Seite)*.

Der Fließtext liefert eine detaillierte Beschreibung der Waffe, wobei die Hauptbestandteile **fett gedruckt** sind.

GESCHICHTE
Dieser Abschnitt enthält weitere, vorwiegend historische Informationen. Bei den ältesten Waffen findet man beispielsweise auch Angaben über den Hersteller oder die Verwendung als Armeewaffen. Bei den Revolvern wird besonders auf die industrielle Herstellung, verschiedene Versionen, Varianten und die chronologische Aufeinanderfolge der Modelle der jeweils beschriebenen Waffe eingegangen.

WISSENWERTES
Exkurse und Anekdoten, Hinweise auf historische und soziale Gegebenheiten im Umfeld der Waffe, auf die Herkunft des Namens, oder auf das Schicksal von Personen oder Armeeabteilungen, die mit der jeweiligen Waffe in Verbindung standen.

Umrechnungstabellen

Lauflänge und Kaliber der englischen Revolver sind in Zoll (Zeichen: ") angegeben. Das Zahlenmaß der Kaliber beginnt mit einem Punkt, um anzuzeigen, dass es sich um einen Bruchteil eines Zolls handelt (für die USA hundertstel Zoll, für Großbritannien tausendstel Zoll).

WICHTIGSTE KALIBERMASSE

Zoll	Millimeter
.22	5,5
.223	5,56
.22 LR	5,6
.222	5,7
.243	6,16
.25	6,35
.25 ACP	6,35 Browning
30-30, 30-06, 308 Winchester	7,62
.30 Mauser	7,63
.30 Luger	7,65 Parabellum
.32 ACP	7,65 Browning
.32 Long Colt	8
.303 British	7,70
.308 Winchester	7,82
.35 S&W Auto	8,13
.36 Schwarzpulver	9,56
.380 ACP	9 kurz
.357	9,07
.38 S&W	9,12
.380	9,27
.44 Magnum	10,92
.45 ACP-Colt	11,45
.455	11,557

UMRECHNUNG

1 Zoll (")	=	25,4 Millimeter (mm)
1 Fuß (')	=	0,3048 Meter (m)
1 Grain (gr)	=	0,0648 Gramm (g)
1 Millimeter (mm)	=	0,0394 Zoll (")
1 Meter (m)	=	3,381 Fuß (')
1 Gramm (g)	=	15,43 Grain (gr)

Italienische Terzetta

Visitenkarte

Hersteller
Lauf: Fortunato Cominazzo; Schloss: Jeronimo Colombo, Brescia

Herstellungsjahr
etwa 1650

Gesamtlänge
51 cm

Lauflänge
32 cm

Kaliber
13 mm

Der Name »Terzetta« (vom Italienischen »terzo« für »Drittel«) bezog sich auf die Lauflänge, die bei dieser Pistole etwa ein Drittel eines Gewehrlaufs betrug. Die abgebildete Pistole aus Brescia besitzt einen mit Fischgrätmuster verzierten, übergehenden **Lauf**, einen Laufabschlussring an der Mündung, eine flache, mit Blumengravur verbrämte **Schlossplatte,** eine vollständige Radstudel und einen **Hahn** in Balusterform. Der **Abzug** ist in Balusterform, der **Abzugsbügel** durchbrochen und mit Gravuren verziert. Die Waffe verfügt über einen **Vollschaft** aus Nusswurzelholz, einen sechseckigen **Griff** und eine mit Gravuren verzierte Griffkappe. Die **Eisenbeschläge** sind durchbrochen und mit Gravuren versehen, der hölzerne **Ladestock** weist einen gedrechselten Döpper in Balusterform auf. Auf der der Schlossplatte gegenüberliegenden Seite befindet sich ein Gürtelhaken. Die Waffe wiegt insgesamt 860 g.

GESCHICHTE Die vor den Radschlosswaffen gebräuchlichen Luntenschlosswaffen erwiesen sich als sehr unpraktisch, da die brennende Lunte auch bei Regen nicht ausgehen durfte und darüber hinaus in der Nacht schon von weitem zu sehen war. Eine Waffe mit Radschloss konnte man hingegen unter der Kleidung verbergen und ihre Funktion wurde durch Schlechtwetter auch wesentlich weniger beeinflusst. Der Gebrauch dieser Waffen wurde sehr bald durch gesetzliche Regelungen eingeschränkt, da man sie gut verstecken konnte und sie deshalb als »heimtückisch« galten. Der deutsche Kaiser Maximilian I. gab in mehreren italienischen Städten Erlässe heraus, die den Bürgern den Gebrauch von Feuerwaffen untersagten. Trotz des zweifellosen Vorteils des Radschlosses wurden die Armeen noch viele Jahre lang mit Luntenschlosswaffen ausgestattet. Denn

einerseits waren Luntenschlosswaffen weitaus billiger, und andererseits brauchte man für die Reparatur einer Radschlosswaffe bestens ausgebildete Handwerker. Damals wurden die Radschlösser meist von Uhrmachern gebaut und die mit den Truppen mitziehenden Schlosser konnten dabei höchstens kleine Eingriffe vornehmen.

WISSENSWERTES Typisch für diese Waffe war die in verschiedenen Gemälden aus jener Zeit festgehaltene Haltung der Schützen: sie mussten das Handgelenk um 45 Grad verdrehen, um das Pulver in das Zündloch zu füllen. Dadurch war ein Visier nicht sehr von Nutzen und bei vielen Radschlosswaffen auch nicht vorhanden. Um eine bessere Zündung zu gewährleisten, waren die ersten Radschlosswaffen mit einer sehr großen außen liegenden Feder ausgestattet, mit der eine schnelle Drehung des Reibrades erzielt werden konnte. Das Rad war durch eine Gliederkette (ähnlich den heutigen Fahrradketten) mit der Feder verbunden. Die ersten Skizzen eines Radschloss-Mechanismus mit einer solchen Gliederkette befinden sich im *Codice Atlantico* von Leonardo da Vinci.

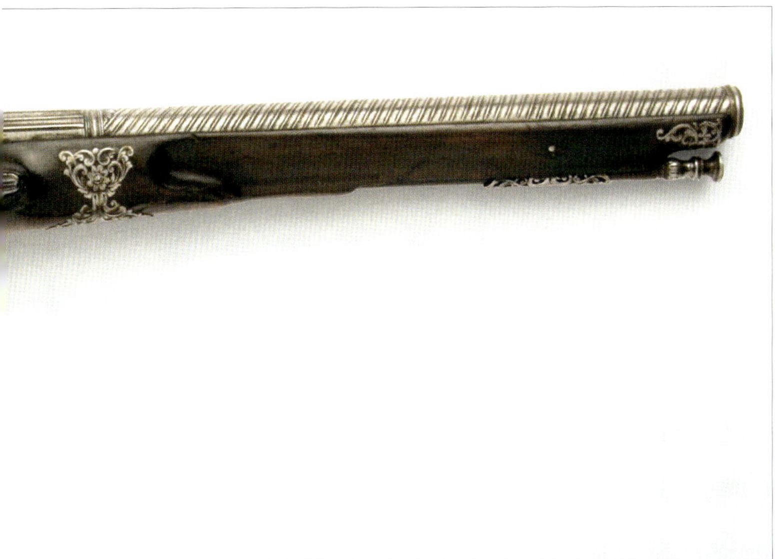

Deutsches Pistolenpaar

Visitenkarte

Hersteller
unbekannter deutscher Hersteller aus Suhl

Herstellungsjahr
etwa 1620

Gesamtlänge
73,6 cm

Lauflänge
55 cm

Der **Lauf** dieser Pistolen ist von viereckig auf rund übergehend und erweitert sich bei der Mündung. Das **Schloss** ist flach und mit außen liegendem **Reibrad** sowie runder, geschlossener Radstudel versehen. Die **Sicherung** befindet sich auf der **Seitenplatte.** Der **Vollschaft** aus Obstbaumholz ist mit Intarsien in Form von Tierfiguren, Ungeheuern und Blattmotiven verziert; der **Pistolenknauf** ist leicht abgeflacht, mit einem Messingring abgeschlossen und die Griffkappe mit Perlmutt sowie Knochenintarsien verziert. Der Abzugsbügel ist aus Eisen, der **Ladestock** mit Beindöpper versehen. Linksseitig gegenüber dem Schlossblech befindet sich ein Gürtelhaken. Dieses außergewöhnliche Pistolenpaar ist/war im Besitz von: Bayrisches Nationalmuseum München; Sammlung F.lli Bourgeois; verkauft von Lempertz in München am 19.–24. Oktober 1904; Sammlung Blell; verkauft von Czernys Auction in Sarzana im November 1999.

GESCHICHTE Diese Prunkwaffen, die sicherlich für eine höher gestellte Persönlichkeit gefertigt wurden, zeichnen sich durch den besonders langen Lauf aus. Dies zeigt auch, dass man zur Zeit der Herstellung noch nicht alle Möglichkeiten des Schwarzpulvers ausgeschöpft hatte – die damals verwendeten Pulver verbrannten sehr langsam und es dauerte relativ lange, bis genügend Gasdruck zum Abschuss der Kugel entwickelt werden konnte. Deshalb war ein längerer Lauf notwendig. Die Abzugsbügel dieses Pistolenpaares zeigen ebenfalls einen Wandel an, der sich zu jener Zeit beim Waffenbau vollzog. Die früheren deutschen Abzugsbügel boten Platz für alle Finger einer Hand, weshalb ein längerer Griff nötig war. Bei diesem Pistolenpaar ist der Griff, wie bei den in Brescia hergestellten Modellen, kurz; deswegen musste auch ein kleiner Abzugsbügel für nur einen Finger konstruiert werden.

WISSENSWERTES Eine der zahlreichen Theorien über das Entstehen der Radschlosswaffen besagt, dass sie erstmals 1517 von einem Nürnberger Büchsenmacher nach einer Skizze von Leonardo da Vinci gebaut wurden. Nürnberg war gemeinsam mit Augsburg eines der großen deutschen Zentren der Waffenproduktion. Viele dieser Waffen hatten einen gezogenen Lauf, wodurch das Geschoss in Rotation versetzt wurde. Es sollte verhindert werden, dass der Teufel darauf reiten und so ihre Richtung beeinflussen konnte! Typisch für deutsche Waffen war ein Sicherungshebel, der meist den Abzug arretierte und von einer Feder gehalten wurde.

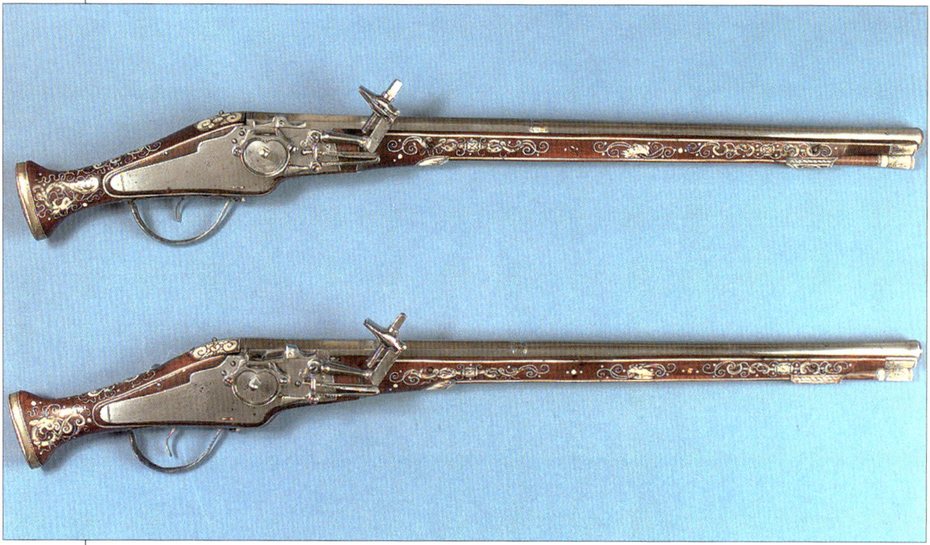

Deutsche Militärpistole mit Radschloss

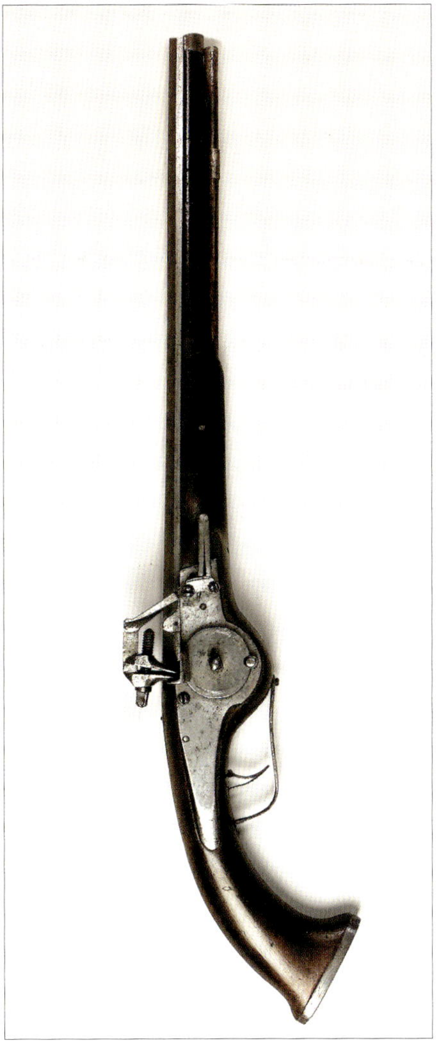

Der achteckige **Lauf** dieser Pistole ist mit »Suhl« punziert. Das für deutsche Pistolen typische dickbäuchige **Radschloss** ist ohne Seitenplatte am Gehäuse befestigt. Das **Schlossblech** mit vollständiger Radstudel und **Hahn** in der typischen Balusterform ist flach und hinten spitz zulaufend. Der **Abzug** wird durch eine äußere Feder zurückgezogen und ist durch einen flachen **Abzugsbügel** geschützt. Die Waffe verfügt über einen **Vollschaft** aus dunklem Nussbaumholz und einen zum Ende hin breiter werdenden flachen Griff. Der hölzerne **Ladestock** ist mit einem Eisendöpper versehen. Linksseitig, gegenüber dem Schlossblech, befindet sich ein Gürtelhaken.

Visitenkarte

Hersteller
unbekannter deutscher Hersteller aus Suhl

Herstellungsjahr
etwa 1630

Gesamtlänge
60 cm

Lauflänge
40 cm

GESCHICHTE Die Radschlosspistole war anfangs vor allem bei der Kavallerie gefragt, die nun ebenfalls auf dem Schlachtfeld über eine Feuerwaffe verfügen konnte. Diese Pistole war bald die typische Waffe berittener Soldaten, die auch als Kürassiere oder Gendarmen bezeichnet wurden. Es handelte sich dabei um berittene Elitesoldaten in schwerer Rüstung, die außer mit Blankwaffen auch mit einem oder zwei Pistolenpaaren mit Radschloss bewaffnet waren und diese in den am Sattel befestigten Pistolentaschen mitführten. Der Reiter konnte die Waffe aus dem Futteral ziehen und mit einer Hand feuern, während die andere den Zügel hielt. Man fand in der kurzen Schusswaffe (Pistole, Faustrohr, Karabiner, Terzerol) die richtige Ausstattung, mit der auf Distanz gekämpft werden konnte, ohne auf Rüstung, Pferd und die Möglichkeit, schnell durchzubrechen, verzichten zu müssen. Der sofortige Erfolg dieser Reitersoldaten war hauptsächlich auf die Überraschung durch die Feuerwaffen zurückzuführen. Die Rüstung wurde anfangs verstärkt und als »hiebecht« erklärt, womit genau genommen »schussecht« gemeint war; in der Folge wurde der Schutz jedoch auf Kopf (Helm), Brust und Rücken reduziert. Später wurden Rüstungen, auch aufgrund ihrer enormen Kosten, immer seltener getragen, bis sie nur noch zu rein choreografischen Elementen wurden. Daher wurden diese gepanzerten »Ritter« durch berittene Arkebusiere – oft italienische Milizionäre – ersetzt. Ein bekannter Milizführer war der florentinische Hauptmann Piero Strozzi, der bereits 1536 ein Heer von 400 Mann anführte. Bald folgten weitere Milizen in ganz Europa dem Beispiel Strozzis, die nahezu alle ein Korps mit Arkebusieren führten, die auch als Dragoner, Musketiere etc. bezeichnet wurden.

Deutsche Armeepistole

Visitenkarte

Hersteller
unbekannter deutscher Hersteller

Herstellungsjahr
etwa 1630

Gesamtlänge
54 cm

Lauflänge
35 cm

Diese Gürtelpistole mit brüniertem und punziertem **Kantlauf** besitzt ein **Radschloss,** das mithilfe einer **Seitenplatte** fixiert ist. Die **Schlossplatte** ist leicht gebaucht und am Rand mit Tropfenmuster verziert, das Reibrad mit seitlicher Radstudel versehen. Am bogenförmigen **Abzug** befindet sich eine Abzugsfeder, die auch am flachen **Abzugsbügel** befestigt ist; beim balusterförmigen **Hahn** ist der obere Teil der Spannbacken weit vorstehend und der untere Teil beweglich. Der **Vollschaft** besteht komplett aus Birnbaumholz, der sechskantige Griff ist relativ flach. Der hölzerne **Ladestock** ist mit einem gedrehten Eisendöpper versehen. Linksseitig, gegenüber dem Schlossblech, befindet sich ein Gürtelhaken.

GESCHICHTE Das so genannte »Zündloch« (bei Luntenschloss, Radschloss- und Steinschlosspistolen gewöhnlich auf der rechten Seite des Laufes) bildete die Verbindung zwischen der Zündpfanne mit dem Pulver und dem Lauf mit der Treibladung. Diese Öffnung wurde aufgrund der zur damaligen Zeit verwendeten Pulver nach und nach immer größer; daher musste man sie von Zeit zu Zeit wieder verschließen und neu aufbohren. Das Schwarzpulver war aus Salpeter, Schwefel und Holzkohle zusammengesetzt. Während des Transports geschah es oft, dass sich die drei Komponenten aufgrund des unterschiedlichen spezifischen Gewichts wieder entmischten, weshalb sie vor der Verwendung wieder vermischt werden mussten. Ende des 16. Jh.s erfand man in Frankreich ein Pulvergranulat, wofür die drei Bestandteile mit Wasser versetzt wurden. Dieses Granulat war weniger gefährlich als die trockene Mischung. Die teigige Masse ließ man trocknen, bevor man sie zerrieb und durchsiebte. Aufgrund der Zwischenräume zwischen den sehr kleinen und homogenen Granulatkörnern, die alle drei Elemente in konstanter Zusammensetzung enthielten, kam es zu einer schnelleren Verbrennung.

WISSENSWERTES Die ersten Feuerwaffen waren derart unpräzise, dass kein Visier vonnöten war – ihr Zweck bestand vor allem in der Einschüchterung des Feindes. Doch bald erhob man den Anspruch, das Ziel genauer treffen zu können und organisierte in verschiedenen Staaten Europas Schießwettkämpfe. In Stichen aus jener Zeit sind Wettschießen, aber auch Wettkämpfe zwischen Schützen mit Schusswaffen einerseits und mit Armbrüsten andererseits dargestellt.

Radschlosspuffer

Der **Lauf** dieser Pistole aus einer deutschen Werkstatt weist zwei Übergänge auf; er ist im Kammerbereich und im mittleren Teil, in dem auch eine sternförmige Punzierung vorhanden ist, viereckig und im vorderen Teil rund; die Mündung ist etwas erweitert. Die vorne abgeschnittene **Schlossplatte** weist hinten einen runden Anhang, das Schloss einen halbkugelförmigen Deckel für das **Relbrad** sowie Zündpfanne und Pfannenschieber mit Radrast auf. Der **Abzug** ist gerade, der **Abzugsbügel** halbrund. Der **Hahn** ist teilweise in Balusterform und teilweise dreieckig mit zwei abgerundeten Seiten, die Hahnfeder graviert. Die **Sicherung** (mit Stange) befindet sich auf der rechten Seite. Der **Vollschaft** aus Nuss ist komplett und mit Beineinlagen inkrustiert, die **Knaufkugel** mit Fruchtmotiven, kauernden Löwen, Masken und einer weiblichen Figur dekoriert. Am Griff sind Platten mit Masken und geometrischen Linien angebracht. Am Schließblech befindet sich die Gravur eines auf den Hinterbeinen stehenden Löwen. Der **Ladestock** ist mit einem Döpper mit Beineinlagen versehen. Der Gürtelhaken befindet sich auf der linken Seite gegenüber dem Schloss.

Visitenkarte

Hersteller
HB mit dem Hahn von Suhl

Herstellungsjahr
etwa 1630

Gesamtlänge
56 cm

Lauflänge
33 cm

GESCHICHTE In Deutschland wurden viele Waffen dieses Typs – allgemein als Puffer bezeichnet – verwendet. Die auffällige Knaufkugel (die auch in kaukasischen Waffen des 20. Jh.s anzutreffen ist) sollte den Reitersoldaten einen soliden Griff bieten; außerdem konnte die Waffe auch als »Knüppel« verwendet werden. Aus dem gleichen Grund, aber auch, um der Waffe eine größere Steifigkeit zu verleihen, wurden viele deutsche Waffen ganz aus Eisen hergestellt. Viele Puffer-Modelle sind im Waffensaal des Palazzo Ducale in Venedig ausgestellt.

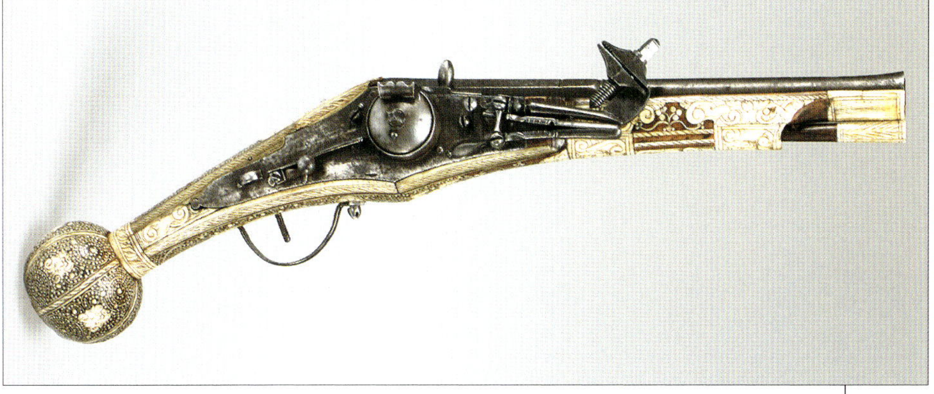

Handmörser

Visitenkarte

Hersteller
Suhl

Herstellungsjahr
etwa 1592–1595

Gesamtlänge
66 cm

Lauflänge
17 cm

Kaliber
5,9 cm

Der großkalibrige, glatte **Lauf** aus Bronze ist im Holzrahmen eingebettet, die Mündung gedreht und mit Blattmotiven und Reliefen verziert, das Bodenstück verstärkt und mit einer Punzierung von Suhl versehen. Das flache Radschloss weist eine punzierte **Schlossplatte,** Sicherung mit scheibenförmig verziertem Knauf, runde **Radstudel** und runde Zündpfanne mit Pfannendeckel, Maskengravur sowie die Datierung 1595 auf. Die **Hahnfeder** hat verschieden lange Arme und ist mit Gravuren verziert. Der **Abzug** in Balusterform ist durch einen flachen **Abzugsbügel** aus Eisen geschützt. Der **Schaft** aus dunklem Nussholz ist im Bereich des Laufabschlusses mit Beinintarsien verziert, die Köpfe von Kriegern darstellen. Auf dem **Knauf** sind die Initialen »B.D.« in einer Beinverzierung in Form einer Schriftrolle zu sehen.

WISSENSWERTES Das Reibrad dieses Waffentyps war ein 6–7 mm dickes Rädchen von 4–5 cm Durchmesser; am Rand wies es parallele Linien auf, die alle 15–20 mm unterbrochen waren. Das Reibrad stand in die Pulverkammer hinein; diese Kammer enthielt das Schießpulver und war mittels Zündloch mit dem Lauf verbunden. Durch Drehung der Radachse (mit einem geeigneten Schlüssel) wickelte man eine Kette auf und spannte auf diese Weise die Feder; sobald diese Feder durch Druck auf den Abzug gelöst wurde, öffnete ein Nocken den Pfannendeckel und das Reibrad erzeugte durch Reiben an dem am Hahn eingespannten Pyritstein Funken. So wurde das Pulver entzündet, dessen Feuer wiederum durch das Zündloch die Treibladung zündete.

Italienische Pistole aus dem 17. Jh.

Diese Pistole aus Brescia hat einen von viereckig auf facettiert übergehenden **Lauf.** Das **Schloss** (flache **Schlossplatte**) ist typisch für Waffen aus Brescia und ebenso wie hinterer Laufabschluss, Radstudel, Zündpfanne und Feder mit Gravuren verziert. Der untere Teil des **Hahns** ist beweglich, der Hals teilweise in Baluster- und teilweise in Quaderform. Diese Pistole ist auch vom künstlerischen Gesichtspunkt sehr wertvoll. Die am Schloss vorhandene Marke »GR« ist von einer Kornblume gekrönt. Der **Abzug** stellt einen Delphin dar, **Abzugsbügel** und geschwungene Griffkappe tragen Reliefe mit Laubwerk und Perleneinrahmung. Die Pistole weist einen **Vollschaft** aus Nussbaumholz, einen flachen Griff und einen **Ladestock** mit gedrechseltem Döpper auf.

GESCHICHTE Ursprünglich hatte diese Waffe einen längeren Lauf; er wurde nachträglich entsprechend der Mode späterer Epochen verkürzt, als man leichter handhabbare Waffen benötigte. Die Verkürzung des Laufs wurde auch möglich, da man später ein leistungsfähigeres Pulver zur Verfügung hatte.

Visitenkarte

Hersteller
Schloss: GR;
Lauf:
Gio Lazarino Cominazzo

Herstellungsjahr
etwa 1640

Gesamtlänge
40 cm

Lauflänge
23 cm

WISSENSWERTES In Guicciardinis *Commentarii* von 1550 ist nachzulesen, dass die Franzosen die Bezeichnung »*pistolet*« für jene Waffe verwendeten, die damals in Italien als »*schioppetto*« (»kleine Flinte«) bekannt war; aus anderen Dokumenten geht hervor, dass in Brescia 1541 bereits von französischen »*pistoletti*« die Rede war. In einem Schriftstück aus der gleichen Epoche wird berichtet, dass Emanuel Philibert von Savoyen *(oben in einem Gemälde aus jener Zeit)* eine Radschlosswaffe verwendete. Jene Waffen waren nur für Herzöge und ihre Leibwache reserviert und durften von Privaten nicht verwendet werden. Diese Schutzmaßnahme wurde durch strenge Gesetze geregelt: Emanuel Philibert verbot 1568 »Pistolen, deren Lauf kürzer als zwei Handspannen ist« – dazu gehörten alle Pistolen die kürzer als 45 cm waren. Erst im darauf folgenden Jahrhundert wurden auch kürzere Waffen erlaubt.

Französische Pistole

Visitenkarte

Hersteller
unbekannter Hersteller aus Frankreich

Herstellungsjahr
etwa 1650

Gesamtlänge
62 cm

Lauflänge
41,3 cm

Diese Pistole hat einen glatten, achteckigen **Lauf** mit verstärktem Bodenstück. Das für französische Pistolen typische große **Schlossblech** ist mit Gravuren und kleinen Dekorationen verziert. Das **Reibrad** ist mit einer kleinen Radstudel in Fächerform versehen. Am **Abzugszügel** aus Eisen ist auch die lange Rückholfeder des bogenförmigen **Abzugs** befestigt. Der im unteren Teil bewegliche **Hahn** hat einen teils runden und teils halbrunden Hals. Die Hahnfeder besteht aus zwei gleich langen Armen. Der **Vollschaft** aus Holz ist vollständig mit Perlmutt, Blatt- und Spiralmotiven sowie kleinen Blättern aus Messing verziert, der **Ladestock** mit Metalldöpper versehen. Die Pistole hat wie die meisten französischen Waffen weder Seitenplatte noch Gürtelhaken.

GESCHICHTE Französische Radschlosswaffen hatten drei Besonderheiten. Am auffälligsten war die dickbäuchige Form von Schlossplatte und Griff. Zudem gab es eine Unterstützung für die an der Schlossplatte befestigte Hauptfeder, die bei fast allen französischen Waffen unterhalb der Schlossplatte am Griff angebracht war. Die dritte Besonderheit war das Fehlen einer Seitenplatte. Der Radbolzen war länger als bei den deutschen und italienischen Modellen und mitunter ist im Inneren des Griffs eine Verstärkung zu finden. Die französischen Waffen waren meist reich und oft auch sehr wertvoll mit Perlmutt, bemaltem Holz und Metallgravuren verziert. Häufig war der Griff dekoriert und das ovale Ende facettiert.

WISSENSWERTES Die französischen Büchsenmacher waren die letzten, die sich vom Radschloss verabschiedeten. Es gibt ein Modell, das von Le Page signiert und mit 1818 datiert ist.

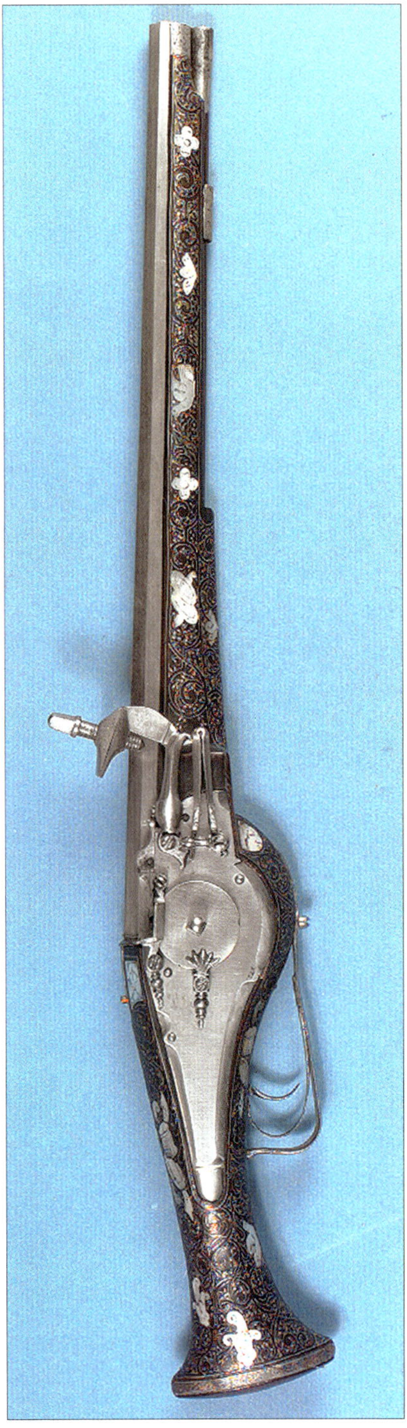

Ital. Taschenpistole aus Brescia (1640)

Diese Pistole aus Brescia hat einen von viereckig in vieleckig übergehenden **Lauf** und einen Ring am Verbindungsstück. Das Bodenstück ist abgestuft. Das **Steinschloss** mit flacher, im hinteren Teil mit Blumengravur versehener Schlossplatte trägt die Signatur »Cedan«. Das Wirken des Waffenschlossers Cedan (Cedar-Zucolo) ist ab etwa 1630 nachgewiesen. Der eiserne **Abzugsbügel** ist mit Gravuren und Ajourarbeit verziert, der **Abzug** in Balusterform. Der **Vollschaft** besteht aus Nussholz, die rundlich abgeflachte eiserne Griffkappe weist am Rand eine Gravur und in der Mitte einen Knopf aus gedrehtem Eisen auf. Der Döpper des hölzernen **Ladestocks** ist ebenfalls aus gedrehtem Eisen.

GESCHICHTE Die hier abgebildete Waffe stammt aus Brescia, hat ein Schloss mit flachem Hahn, der an die Schnapphahnschlösser erinnert, die fast gleichzeitig in Holland und bei den Miquelet-Modellen in Spanien auftauchten. Der Unterschied zwischen beiden Systemen war jedoch keineswegs gering: Bei den Schnapphahn-Schlössern zog die Hauptfeder den Hahn nur so weit, bis er von selbst niederging, und der Hammer diente nur dazu, Funken zu erzeugen, jedoch nicht als Abdeckung der Pfanne. Diese Funktion wurde wie bei Radschlosswaffen von einem aufklappbaren Pfannendeckel erfüllt, der durch einen Nocken bewegt wurde.

WISSENSWERTES Schon in der Antike wurden Feuersteine verwendet, um Funken zu erzeugen. Daher war ihr Einsatz für die Zündung einer Pistole ein relativ einfacher, logischer Schritt, der sich sehr bald nach den ersten Erfahrungen mit Radschlössern ergab, da sich das dort verwendete Pyrit als äußerst zerbrechlich erwiesen hatte. Die ersten Steinschlosswaffen stammen aus spanischen Werkstätten und haben ein Miquelet-Schloss. Das erste bekannte Exemplar (1547 datiert) wurde vermutlich von Simon Marquette gefertigt, dem Sohn eines italienischen Büchsenmachers, der sich in Spanien niedergelassen hatte.

Visitenkarte

Hersteller
Schloss:
Cedan, Brescia

Herstellungsjahr
etwa 1640

Gesamtlänge
55 cm

Lauflänge
40 cm

Ital. Taschenpistolen aus Brescia

Visitenkarte

Hersteller
Pietro Fiorentino, Brescia

Herstellungsjahr
etwa 1650

Gesamtlänge
51 cm

Lauflänge
33,4 cm

Jede der beiden Pistolen ist von Pietro Fiorentino signiert, einem Waffenschlosser aus Brescia, dessen Tätigkeit um 1640 nachgewiesen ist. Die Pistolen haben einen übergehenden **Lauf,** der mit einer Lilie beim Übergang und mit Masken am Bodenstück verziert ist. Die **Schlossbleche** haben Blattwerk-Ziselierungen und zeigen in der Mitte den mit Sternen eingefassten Schriftzug »Pietro Fiorenti«. Der **Hahn** ist in Schwanenhals-Form gestaltet. Die **Beschläge** aus Stahl sind durchbrochen und ziseliert. Die Gegenplatte *(oben, im Detailfoto)* weist Drachenköpfe und Voluten auf; auf **Abzugsbügel** und Griff sind Groteskverzierungen zu sehen. Die Pistolen besitzen Nussholz-**Vollschäfte** und hölzerne **Ladestöcke** mit Eisendöpper.

GESCHICHTE Zu Beginn des 17. Jh.s konnte man durch ständige Qualitätsverbesserungen die Leistung des Schießpulvers erhöhen. Gleichzeitig stellte man Waffen mit kürzeren Läufen her. Im ständigen Bemühen um Verbesserungen versuchten die Handwerker aus Brescia bei den neuen Pistolen die Wandstärke der Läufe zu verringern. Pistolenläufe aus Brescia wurden derart berühmt, dass sie sogar über die Grenzen hinaus gefragt waren: Ludwig XIII. war passionierter Waffensammler und erwarb 1629 in Brescia mehrere Hundert Jagdläufe, um sie von seinen eigenen Büchsenbauern montieren zu lassen. Die Republik Venedig (von der die Stadt Brescia, Heimat berühmter Büchsenmacher und reich an Eisenrohstoffen, abhängig war) verbot jedoch den Verkauf von Waffen an Privatpersonen. Damit unterband man auch, dass die Stadt Brescia gegnerische Heere ausrüstete. Um diesen Einschränkungen und dem ständigen politischen Druck zu entgehen, entschlossen sich einige Handwerker aus Brescia, neue Werkstätten im Ausland zu eröffnen.

Ital. Taschenpistole aus Brescia (1690)

Der vom verzierten viereckigen Teil auf achteckig übergehende **Lauf** trägt die von kleinen Kleeblättern unterbrochene Signatur »Lazarino Cominazzo«. Das gebauchte **Stahlschloss** zeigt Ziselierungen und Drachen- sowie Blumenreliefs; auf dem Pfannendeckel ist eine Maske eingearbeitet. Alle **Beschläge** sind aus Stahl und mit feinsten Reliefs in Form von Drachenmotiven und Voluten verziert. Der schlangenförmige **Abzug** ist rund gehalten, der Gürtelhaken skulpturiert. Der **Schaft** aus Wurzelholz ist unter dem Lauf geflutet und mit Beschlägen mit Ziselierungen und Basreliefs verziert. Der hölzerne **Ladestock** ist mit einem Döpper aus gedrehtem Eisen versehen.

GESCHICHTE Obwohl keine Signatur auf dem Schloss vorhanden ist, ist es zweifellos einem der großen Ziseliermeister aus Brescia zuzuschreiben. Die Signatur auf dem Lauf stammt von einem Mitglied der Familie Cominazzo, die zu den berühmtesten italienischen Laufhersteller-Dynastien zählte. Ursprünglich lebte die Dynastie in Gardone Val Trompia; ein Zweig der Familie zog nach Brescia und betrieb dort mehrere Werkstätten, in denen Feuerwaffen zusammengebaut wurden. Zur damaligen Zeit war es üblich, dass die Waffen aus verschiedenen, von den diversen Handwerkern gefertigten Teilen (Gehäuse, Beschläge, Schloss, Lauf) zusammengesetzt wurden.

WISSENSWERTES Die Signatur »Lazarino Cominazzo« auf dem Pistolenlauf bezieht sich nicht auf eine einzelne Person mit Vornamen Lazarino, sondern wurde von mehreren Familienmitgliedern unabhängig von ihrem jeweiligen Vornamen verwendet.

Visitenkarte

Hersteller
Lauf: Lazarino Cominazzo, Brescia

Herstellungsjahr
etwa 1690

Gesamtlänge
36 cm

Lauflänge
23,3 cm

Taschenpistolen

Visitenkarte

Hersteller
Lauf: Roma

Zeitalter der Herstellung
18. Jh.

Gesamtlänge
50 cm

Lauflänge
35 cm

Der **Lauf** der beiden Pistolen ist übergehend, glatt und ohne Korn, trägt den Schriftzug »Roma«, ist am Bodenstück abgestuft und die Mündung durch einen doppelten Messingring verstärkt. Das **Schlossblech** des römischen **Stahlschlosses** ist mit Basreliefs von Trieben und Tierköpfen verziert. Die **Schlossplatte** ist flach und mit Perlenmuster verbrämt. Der Hahn ist vom Typ Miquelet, die **Messingbeschläge** tragen Gravuren, die **Seitenplatte** ist mit Masken und der **Pistolenknauf** mit durchbrochenen Schilden verziert. Der **Vollschaft** aus Ahorn ist rund um Schloss und Beschläge abgestuft. Der Gürtelhaken fehlt. Der hölzerne **Ladestock** ist mit einer eisernen Räumnadel und Messingdöpper versehen.

WISSENSWERTES Durch das Reiben des hauptsächlich aus Quarz bestehenden Feuersteins auf Metall entstehen sehr hohe Temperaturen; dabei entzünden sich kleinste Metallteilchen, die sich durch das Aufschlagen am Pfannendeckel gelöst haben. Jener Teil des Feuersteins, der auf das Metall schlägt, wird als »Schneide« bezeichnet, der andere »Ferse«.

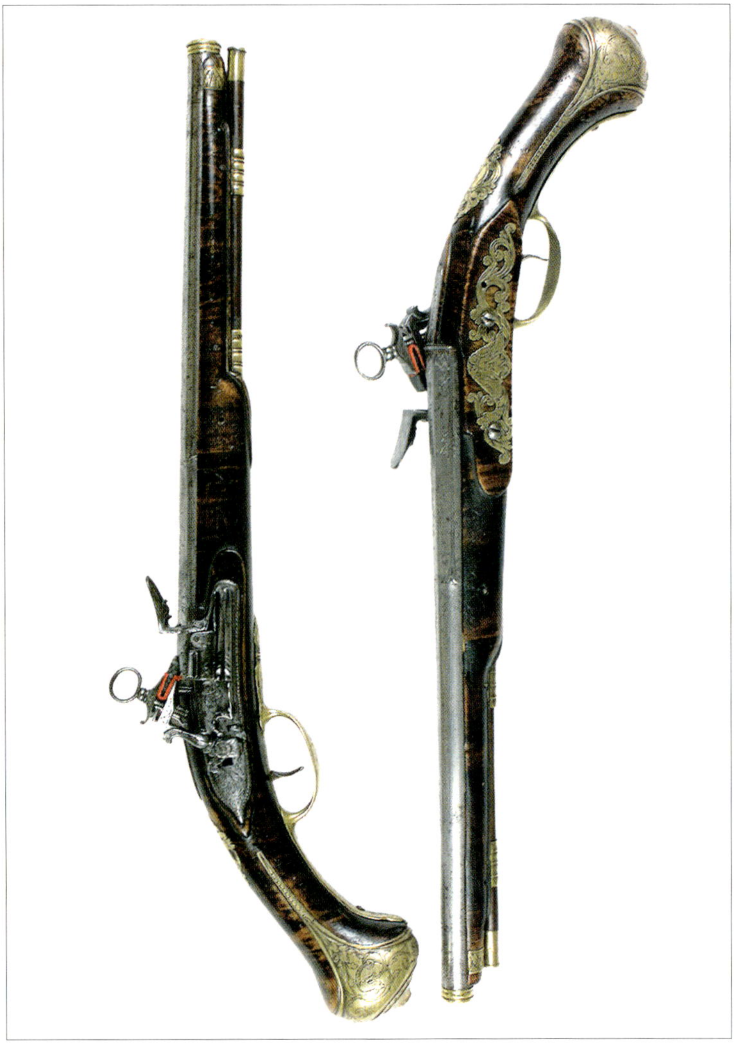

Pariser Pistolenpaar

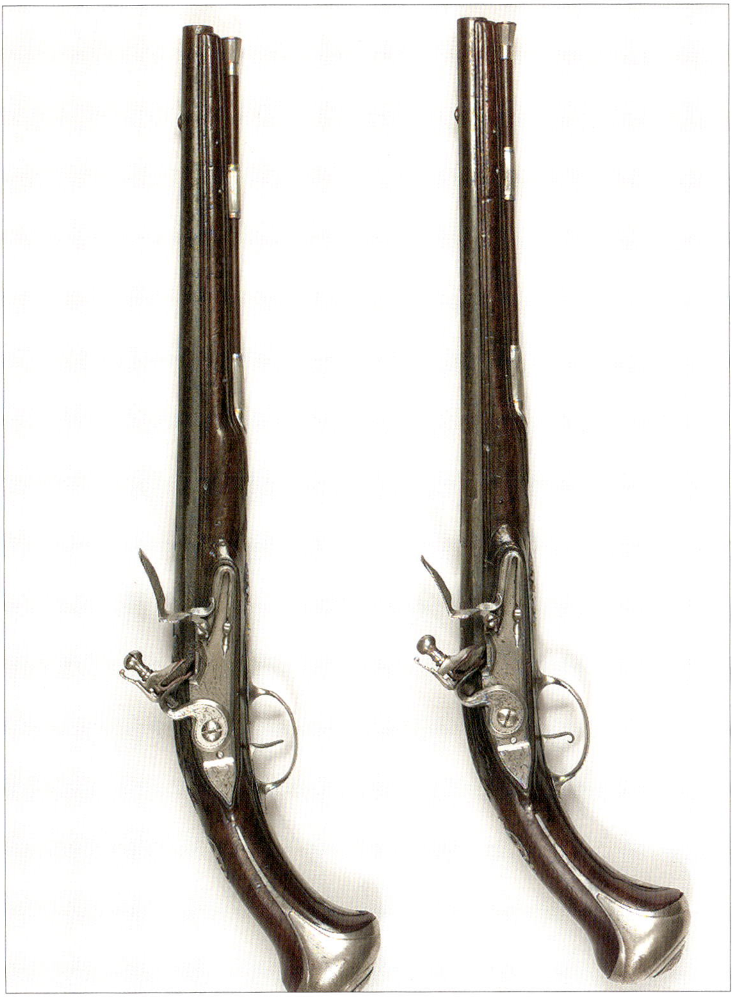

Visitenkarte

Hersteller
Schloss: Languedoc, Paris

Zeitalter der Herstellung
18. Jh.

Gesamtlänge
52,5 cm

Lauflänge
36 cm

Die **Läufe** sind rund und glatt, zeigen Reste der Brünierung sowie Verstärkungen und Bänder am Bodenstück. Das **Schloss** ist mit Gravuren von Trophäen und Blumenmustern verziert, der flache **Pfannendeckel** trägt am unteren Rand den Schriftzug »Languedoc à Paris«. Die **Eisenbeschläge** sind mit leichten Gravuren und an den Enden mit Masken dekoriert; die Seitenplatten sind mit durchbrochenen Wellen, Voluten und Fantasietieren verziert. Die **Pistolenknäufe** enden in gekrönten Schilden, der Abzug hat die Form einer Locke. **Schaft** und **Griff** aus dunklem Nussbaum sind mit Schnitzereien und die hölzernen **Ladestöcke** mit Eisendöppern versehen.

GESCHICHTE In Paris arbeiteten vier Mitglieder der berühmten Familie Languedoc. François-Laurent war 1690–1716 mit der Instandhaltung der Waffen in den königlichen Magazinen betraut. Jean-Laurent war Arkebusier des Königs, hatte aber keine Werkstatt im Louvre. 1680–1722 wurde er gemeinsam mit Régnier, dem »Holländer«, in Paris beauftragt, die Vorschläge für das Gewehrmodell 1717 zu untersuchen und wurde auch vom sächsischen König unterstützt. Ein weiteres Mitglied der Languedocs war Büchsenmacher in Versailles und um 1710 Waffenschmied des Herzogs von Burgund. Ein Languedoc B. war zudem 1720–1740 tätig.

Pistole Queen Anne

Visitenkarte

Hersteller
unbekannt

Herstellungsjahr
etwa 1730

Gesamtlänge
34 cm

Lauflänge
21,4 cm

Hier handelt es sich um eine Pistole mit abschraubbarem, rundem **Lauf,** mit Laufabschlussring aus Messing und kegelstumpfförmiger Zündkammer. Das Bodenstück ist geflutet, das **Schloss** nicht signiert. Der seitlich angebrachte, gebauchte **Hahn** in Schwanenhalsform verfügt über eine lange V-Feder. Die Griffkappe ist mit Masken verziert, auf dem glatten **Holzgriff** sind Dekorationen herausgearbeitet. Auf dem Pistolenrücken befindet sich ein Messingschild mit Gravur.

GESCHICHTE Pistolen des Typs Queen Anne haben meist keinen Ladestock, da der Lauf abschraubbar ist und direkt vom Bodenstück aus geladen werden kann. Die sehr seltenen Modelle mit fixem Lauf sind jedoch mitunter mit Ladestöcken versehen. Zum Abschrauben des Laufes wurden spezielle Schlüssel verwendet. Es gab zwei Arten: ein Ring mit seitlicher, leicht konischer Aussparung, in die der äußere Teil des Laufes passte; oder aber ein meist sechs- oder achteckiger Schlüssel (ähnlich den heutigen Inbusschlüsseln), der direkt in die Mündung der Waffe gesteckt wurde, um so den Lauf abzuschrauben. Etwa Ende des 18. Jh.s erfuhr dieser Waffentyp eine sehr wichtige Entwicklung: der Hahn wurde von der Seite der Kammer in die Mitte versetzt. Dadurch wurde die Waffe flacher und war so auch leichter zu verbergen. Gleichzeitig verschwanden andere Bestandteile, wie etwa die Nuss. Der untere Teil des Hahns übernahm die frühere Funktion der Nuss und bekam Einraststellen für Schussposition (oben) und Sicherung (halb oben).

WISSENSWERTES Queen-Anne-Pistolen haben ihren Namen von der englischen Königin Anne Stuart (1702–1714). Tatsächlich wurden sie auch noch lange nach ihrem Tod hergestellt.

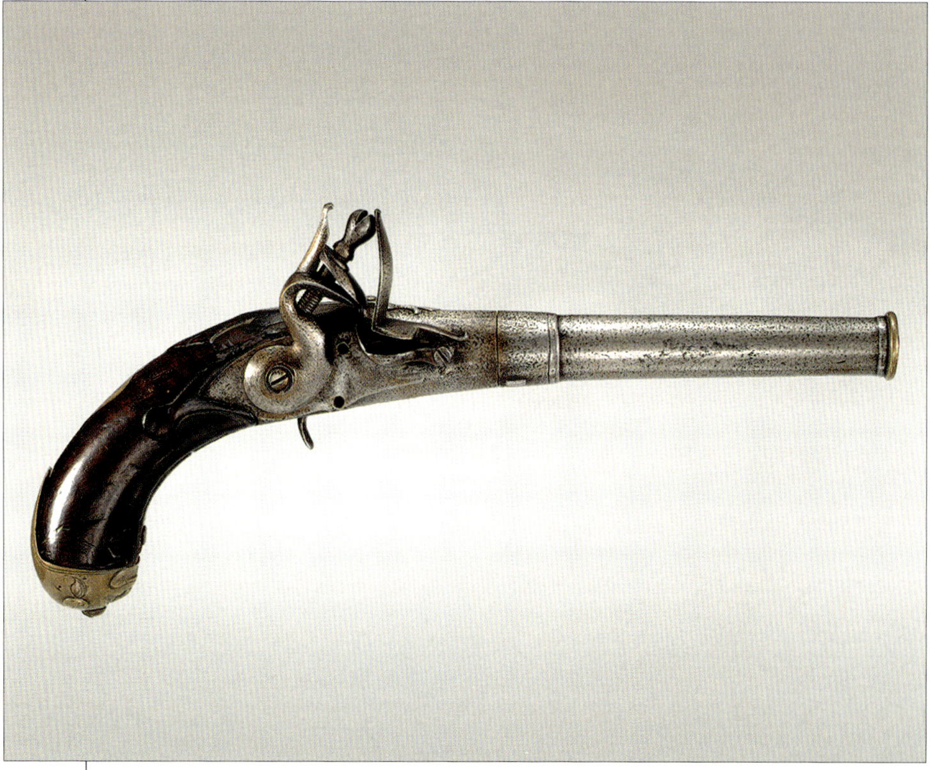

Taschenpistole aus Eisen

Visitenkarte

Hersteller
Segalas, London

Herstellungsjahr
etwa 1750

Gesamtlänge
15 cm

Lauflänge
6,8 cm

Diese Pistole mit Box-Lock-System besitzt einen abschraubbaren **Lauf.** Der **Hahn** befindet sich in der Mitte des **Schlosses**, der **Pistolenknauf** ist ganz aus Eisen und trägt Gravuren mit barocken Motiven (Trophäen, Helme und Köcher). Der **Sicherungsschieber** befindet sich am Pistolenrücken hinter dem Hahn. Das Schloss trägt den Schriftzug »Segalas London«: dabei muss es sich um eine unechte Signatur handeln, welche die sehr bekannte Pistolenmarke »I. Segalas London« imitierte. Bereits damals fälschte man Marken, um den Käufer zu täuschen!

GESCHICHTE Im 17. und 18. Jh. war Reisen gefährlich – eine Verteidigungswaffe mit sich zu führen war unumgänglich. War man mit der Kutsche oder auf dem Pferd unterwegs, war der Transport der Waffe kein Problem, da man sie in die Pistolentasche am Sattel stecken konnte. Wenn man sich jedoch in der Stadt zu Fuß fortbewegte, verhielt sich die Sache anders, da die damals noch sehr großen Waffen nur schwer verborgen werden konnten. Deswegen begannen die Büchsenmacher jener Zeit, Waffen herzustellen, die man in die Tasche stecken konnte und auch ganz besonders kleine Pistolen, die so genannten »Muffpistolen«. Die Hersteller versuchten auch, die Zuverlässigkeit der Waffen zu verbessern und sie so flach wie möglich zu gestalten, damit sie sich nicht in den Taschen verfingen. Eine der Maßnahmen war das Versetzen des Hahns in die Mitte.

Italienische Pistole

Visitenkarte

Hersteller
unbekannter Hersteller aus Italien

Zeitalter der Herstellung
18. Jh.

Gesamtlänge
41,5 cm

Lauflänge
27,9 cm

Diese Pistole aus Mittelitalien hat einen von achteckig auf rund übergehenden **Lauf.** Im hinteren Teil ist Pflanzendekor und die Aufschrift *»A torciglione«* (»damasziert«) zu sehen. Die **Batterie** ist rund und mit Maskenreliefs verziert, der **Hahn** trägt die Zeichnung eines kleinen Gesichts, von Blattwerk und einer Szene mit einem Mann, der einen Hund füttert. Die **Messingbeschläge** sind mit ziselierten Basreliefs mit Figuren, Trieben und Masken dekoriert. **Schaft** und **Griff** bestehen aus Nussbaumwurzel und sind mit Schnitzereien verziert. Der hölzerne **Ladestock** ist mit einem Horndöpper versehen. Auf der **Seitenplatte** befindet sich ein Gürtelhaken.

GESCHICHTE In den Apenninenregionen der Toskana und der Emilia-Romagna gab es außer den bekannten Büchsenmacher-Familien Guardiani und Cecchi (Acqua Fresca) aus Anghiari und Bargi viele weitere, vielleicht weniger bekannte, aber dennoch bedeutende Dynastien, die ebenfalls wertvolle Waffen herstellten. Zu den besten Büchsenmachern Mittelitaliens gehörten Luigi Nuti aus Cortona (geboren 1776), die Familie Cerboncelli mit ihrem Stammvater Diacinto I. (1710) und seinen beiden Söhnen Giuseppe (1743) und Orazio (1749), die Familie Matassi mit Vater Ubaldo (1685) und den Söhnen Santi (1717) und Romano (1725) sowie dem Neffen Giuseppe (1757), und schließlich die Familie Vallini, wo Giuseppe Vallini (1757) eine Waffenschmiede einrichtete und die Kunst des Waffenschmiedens bis ins 19. Jh. vom Vater zum Sohn weitergegeben wurde. Einer der späten Mitglieder dieser Dynastie, Giovanni Angiolo II. (1783), war nicht nur Büchsenmacher, sondern auch ein bekannter Maler.

Reisepistolen

Das Pistolenpaar aus der Apenninenregion der Toskana oder Emilia-Romagna weist übergehende **Läufe** auf, die im hinteren Teil mit Messingmedaillons mit Akanthuszweigen, Akanthusblättern und weiblichen Figuren geschmückt sind und im vorderen Teil ganz aus Messing bestehen. Auf der rechten Seite ist die Signatur »Gio-Batt. Francino« vorhanden. Auch am hinteren Laufende sind kleine Gravuren zu sehen. Die **Batterie** nach Art florentinischer Schlösser weist eine flache, mit Blumengravur geschmückte Schlossplatte auf, die am unteren Rand die Aufschrift »Acqua Fresca« trägt. Die **Beschläge** aus Silber sind ziseliert. **Schaft** und **Griff** aus Nuss weisen rund um die Beschläge Schnitzereien auf; auf dem Pistolenrücken befindet sich ein Messingschild mit einer weiblichen Figur. Der hölzerne **Ladestock** ist mit einem Messingdöpper versehen. Der **Abzug** endet in einer Locke, die Zündpfanne ist abgerundet.

GESCHICHTE Die Familie Francini (auch als Franzini oder Franzino bekannt) wirkte bereits um 1500 in Gardone Val Trompia. Die Mitglieder dieser Dynastie von Schmieden stellte Gewehrläufe her und ließen sich in Brescia, Rom und, mit Bartolo I., in Florenz nieder. Ihr Wirken ist bis 1697 dokumentiert. Der Stammvater der Familie Cecchi, auch als Acqua Fresca bekannt, war Sebastiano Cecchi (etwa 1619–1692). Matteo, Pietro, Gio. Francesco, Sebastiano Angelo und auch noch die letzten Familienmitglieder Pietro A. (1732–1809) und Luigi (1740–1791) führten das Waffenschmied-Gewerbe fort. Die letzte Acqua-Fresca-Generation stellte ihre Pistolen- und Gewehrschlösser in Bargi weiterhin genauso her, wie es ihre Vorfahren gemacht hatten, ohne die inzwischen in Europa erfolgte Entwicklung zu beachten. Ihre Steinschlösser unterschieden sich überhaupt nicht von jenen, die ein Jahrhundert zuvor erzeugt worden waren. Allein die vollendete Ausarbeitung konnte bei den zuletzt hergestellten Waffen nicht mehr das Niveau der früheren erreichen.

Visitenkarte

Hersteller
Lauf: Gio-Batt. Francino; Schloss: Acqua Fresca

Herstellungsjahr
etwa 1760

Gesamtlänge
22 cm

Lauflänge
10,5 cm

Pistole Brento

Visitenkarte

Hersteller
Brento, Italien

Zeitalter der Herstellung
Mitte 18. Jh.

Gesamtlänge
40,5 cm

Lauflänge
26,6 cm

Der glatte **Lauf** ist von viereckig auf rund übergehend und weist beim Übergang eine Abstufung auf, wo sich ebenso wie am Bodenstück Gravuren befinden. Das **Schloss** *(rechts im Detailfoto)* ist gebaucht und mit Basreliefs und Masken verziert. Im hinteren Teil der **Schlossplatte** sind Gesichter und Groteskverzierungen zu sehen und innerhalb der Schriftzug »Brento«. Der **Hahn** ist mit einer Maske und Blumenmotiven verziert, der Pfannendeckel nur mit Blumenmotiven. **Schaft** und **Griff** aus Nuss sind mit Blumendekor, die runde Griffkappe mit Basreliefs versehen. Auf dem Knopf der Griffkappe befindet sich ebenfalls eine Maske. Die **Eisenbeschläge** hinter dem Schlossblech sind mit Blumen, Spiralmotiven und Masken ziseliert. Der hölzerne **Ladestock** ist mit eiserner Räumnadel und Horndöpper versehen.

GESCHICHTE Eine sehr ähnliche Waffe wird in A. Gaibis *Armi da Fuoco Italiane,* herausgegeben 1978 von Edizioni Bramante, beschrieben. Sie war Besitz der berühmten Dynastie Negroni. Das geografische Kennzeichen »Appennino Tosco-Emiliano« wurde von vielen Waffenexperten für Produkte verwendet, die im Gebiet zwischen Bologna und Florenz hergestellt wurden. Von vornherein könnte man diesen Steinschlosswaffen eine Entstehungszeit im 16. oder 17. Jh. zuweisen. Oft findet man jedoch innerhalb des Schlosses Datierungen, die sich auch auf das 19. Jh. beziehen. Wenn es sich um florentinische oder Schnapphahn-Pistolen handelt, erscheint ein solch später Zeitpunkt jedoch merkwürdig. Obwohl es italienische Waffen sind und die Handschrift der Werkstätten von Brescia erkennen lassen, ist auch der französische Einfluss nicht zu verleugnen: Die Handwerker in der Toskana und Emilia-Romagna studierten in den Büchern des 17. Jh.s vor allem französische Entwürfe, wie von Beraine und Thuraine. Das späte Herstellungsdatum dieser Waffen bestätigt sich auch im stärker gebogenen Griff und im kleineren Format. Für diese Waffen gab es zwei Schlosstypen – flach und rund, und ebenso bei Hahn und Pfannendeckel gab es sowohl flache als auch ganz runde Modelle.

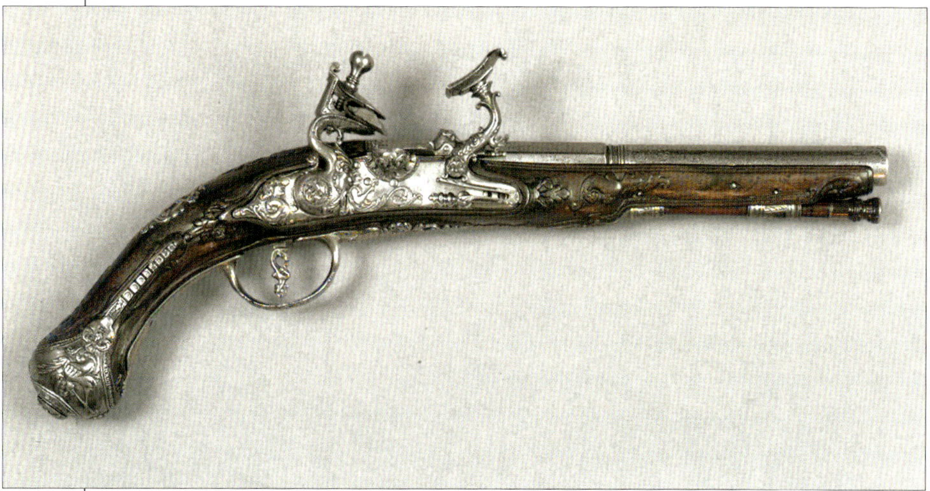

Pistolenpaar von Johann Poltz

Visitenkarte

Hersteller
Schloss: Poltz Johann, Karlsbad

Zeitalter der Herstellung
erste Hälfte des 18. Jh.s

Gesamtlänge
38 cm

Lauflänge
23,2 cm

Das Pistolenpaar wurde in der ersten Hälfte des 18. Jh.s in Karlsbad hergestellt. Die gebläuten **Läufe** sind am Übergang abgestuft. Am Bodenstück ist ein Dekor in Gold-Einlegearbeit zu sehen. Die gebauchten **Schlösser** weisen Gravuren von Kampf-Trophäen und Blattwerk auf. Der **Hahn** ist in Schwanenhals-Form gestaltet. Die **Beschläge** aus vergoldeter, getriebener Bronze sind mit Basreliefs von Reitern, Schlachtszenen und Trophäen geschmückt. **Schaft** und **Griff** in geäderter Nuss zeigen einige Schnitzereien. Die **Pistolenknäufe** haben die typische flache Form der in Nordeuropa hergestellten Waffen. Auf den Schilden – ebenfalls in vergoldeter Bronze – ist ein Helm mit Trophäe abgebildet. Unter dem Lauf besteht das Schaftende aus Horn. Die hölzernen **Ladestöcke** sind mit Horndöpper versehen.

GESCHICHTE Aus der Dynastie Poltz (oder Polz) in Karlsbad sind verschiedene Mitglieder bekannt geworden: Johann Georg Poltz arbeitete um 1700; gesichert ist auch die Präsenz eines weiteren Johann Georg (1710–1730), von Wenzl (1720) und Thaddeus (1760–1780).

WISSENSWERTES Auf einer der beiden Waffen ist die Zahl 2 eingraviert; auf der anderen befindet sich an jener Stelle ebenfalls eine Gravur, die jedoch unleserlich ist, möglicherweise aber die Zahl 1 darstellte. Dies lässt vermuten, dass die Waffen trotz ihres prächtigen Dekors für zwei Zwecke gedacht waren: als Duell- und als Reisepistolen.

Pistolenpaar mit Steinschloss

Visitenkarte

Hersteller
Schloss: Jacques Croizier, Frankreich

Herstellungsjahr
etwa 1770

Gesamtlänge
35,5 cm

Lauflänge
21,4 cm

Waffen, die nach Abschrauben des Laufes von hinten geladen werden konnten, wurden vor allem in England produziert, es gibt aber auch Modelle aus Frankreich und Italien.

Die abschraubbaren **Läufe** dieses Pistolenpaars sind glatt und übergehend, mit Ornamenten verziert und haben an der Mündung einen Laufabschlussring. Die **Schlossplatte** ist flach, mit ländlichen Motiven und Blattwerk verziert, der **Hahn** hat die Form eines Schwanenhalses. Die **Eisenbeschläge** sind ebenso wie die **Seitenplatte** und der **Abzug** glatt. Die Pistolen besitzen einen **Halbschaft** aus dunklem Nussholz. **Ladestock** ist wie bei den meisten Waffen mit abschraubbarem Lauf keiner vorhanden.

GESCHICHTE Es sind zwei Büchsenmacher mit dem Namen Croizier bekannt: ein Büchsenmachermeister und Laufhersteller in Paris sowie ein weiterer Büchsenmacher in St.-Etienne. Die gesicherten Daten ihres Wirkens sind 1750–1775 und 1770–1784. Die Batterie trägt den Schriftzug »Jacques Croizier« – beide der oben Genannten könnten das Pistolenpaar hergestellt haben. Bei diesen Waffen wird zum Laden der Lauf abgeschraubt, Pulver in die Zündkammer gefüllt und die Kugel in die dafür vorgesehene Mulde direkt hinter dem Gewinde zum Anschrauben des Laufes platziert. Für diese eher komplexe Bauweise gibt es zwei Gründe: man konnte auf diese Weise das Kugelkaliber besser dem Laufkaliber anpassen und dadurch beim Abbrennen des Pulvers einen höheren Druck zu erzielen; zudem konnte durch das bessere Einpassen der Kugel in die Laufzüge eine höhere Treffsicherheit gewährleistet werden. Die Kugel, die auf diese Weise nicht mit dem Hammer deformiert wurde (wie es vor Einführung dieses Systems üblich war), drehte sich, den Zügen im Lauf folgend, um die eigene Achse.

Deutsche Prunkpistole

Das Stück aus dem 18. Jh. mit rundem, glattem **Lauf** ist zur Gänze mit Trophäen sowie Blumen- und Spiralmotiven aus Silber auf brüniertem Untergrund dekoriert. An der Mündung ist ein Laufabschlussring angebracht. Die **Batterie** ist gebaucht und der **Hahn** hat die Form eines Schwanenhalses; **Schaft** und **Griff** bestehen aus hellem Nussholz, die Griffkappe aus Horn. Alle **Beschläge** sind aus Messing und zum Teil mit Figuren verziert, die von Pflanzenmotiven umrahmt sind. Der hölzerne **Ladestock** ist mit Messingdöpper versehen.

GESCHICHTE Aufgrund der Art des Dekors könnte man vermuten, dass die Pistole für den orientalischen Markt bestimmt war, wenn nicht Schaft, Griff und Schlossplatte so einfach gearbeitet wären. Es gibt zwei Hypothesen über ihre Entstehung. Einerseits könnte der Lauf einer älteren Waffe, die dem Feind in der Schlacht entrissen worden war, von einem deutschen Waffenschmied neu zusammengebaut worden sein. Die zweite, wahrscheinlichere Hypothese führt zu Mitgliedern der Dynastie Stockmar, die im Städtchen Heidersbach bei Suhl in Thüringen eine Werkstätte betrieben und mehr als Dekorateure denn als Büchsenmacher bekannt waren. Ihre Waffen waren prunkvoll ziseliert und vergoldet. In diesem Fall war jedoch nur der Lauf prächtig verziert – zur damaligen Zeit war es auch üblich, Schlösser und Läufe bei den Suhler Waffenschmieden zu erwerben und dann mit klassischem Rokoko-Dekor zu versehen. Diese Art von Dekor wurde allerdings auch in Lüttich ausgeführt, und da sowohl die Lütticher Handwerker als auch die Stockmar-Dynastie ihre Waffen nicht signierten, ist es sehr schwer, die Herkunft dieses Stücks sicher zu bestimmen.

Visitenkarte

Hersteller
unbekannter deutscher Hersteller

Zeitalter der Herstellung
18. Jh.

Gesamtlänge
28 cm

Lauflänge
17,3 cm

Schlesische Prunkpistole

Visitenkarte

Hersteller
unbekannt

Zeitalter der Herstellung
Ende 18. Jh.

Gesamtlänge
41,5 cm

Lauflänge
26,4 cm

Sie wurde Ende des 18. Jh.s in Schlesien hergestellt. Der achteckige **Lauf** stammt von einer früheren Pistole; die **Batterie** trägt eine schlichte Gravur mit Blattdekor. In die **Beschläge** aus Messing sind Masken und Pflanzenmotive eingraviert. **Schaft** und **Griff** aus Nuss sind komplett mit eingelegten Metallfäden und Hornplaketten mit einem Muster von Ästen und Blattwerk verziert. Das vordere Schaftende unterhalb des Laufes besteht aus dunklem Bein.

GESCHICHTE Für die reich dekorierten Feuerwaffen des 18. Jh.s waren Fertigungstechniken notwendig, die nicht allen Waffenbauern zugänglich waren. Die Ausführung gewisser Teile erforderte das Können mehrerer, auf verschiedene Fachgebiete spezialisierter Handwerker: Ziseleure, welche die Stahlschlösser zuschnitten und ziselierten; Goldschmiede, welche die Silberteile herstellten; Graveure, die zuvor gegossene Teile gravierten; Vergolder, die Fassungen vergoldeten; Tauschierer, welche die von anderen Handwerkern ziselierte Stücke mit Gold oder Silber inkrustierten. Die Dekoration des Griffs wurde hingegen einem Skulpteur anvertraut. Eine Waffe herzustellen, war also für einen kleinen Handwerker eine sehr komplexe Sache, und in Schlesien versuchte man, dem Problem abzuhelfen, indem man die alte Kunst des Inkrustierens (zur Verzierung des Griffs) wieder aufblühen ließ. Die damals schon mehr als 100 Jahre alte Kunst bot den Vorteil, dass sie von einem einzigen Handwerker – dem Skulpteur – durchgeführt werden konnte. Diese Technik war jedoch nur beschränkte Zeit in Verwendung.

Französische Marinepistolen

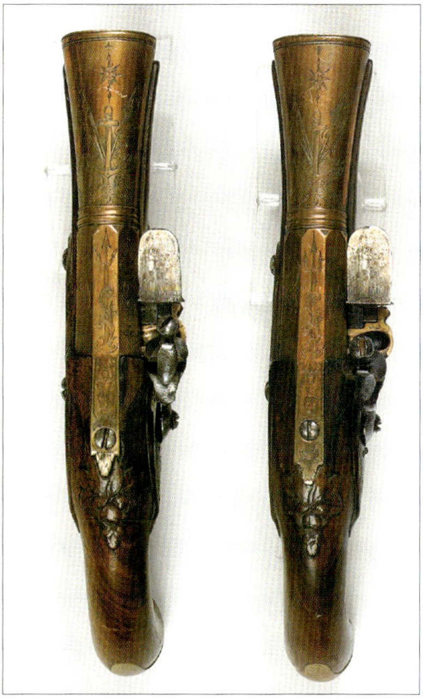

Dieses Pistolenpaar mit Steinschloss zeichnet sich durch die klassischen **Läufe** aus Messing aus, die von sechseckig auf rund übergehen und sich zur Mündung hin erweitern; beim Übergang befindet sich ein Ring. Die Laufoberflächen sind mit feinen Gravuren von Windrosen, Trophäen, Ankern, Kanonen, Delfinen, Walrossen und Harpunen verziert. Die **Schlösser** sind leicht gebaucht, die Enden der Pfannendeckel tragen Gravuren: auf der einen Pistole ein Delfin, auf der anderen ein Anker und Voluten. Die runden **Beschläge** sind aus Messing, die **Vollschäfte** aus Nuss sind mit Blumenschnitzereien im Bereich des hinteren Laufendes dekoriert. Die **Ladestöcke** bestehen aus gedrehtem Eisen.

GESCHICHTE Das Pistolenpaar entstand 1780 in der Werkstatt von Duché, einem Büchsenmacher aus Tulle. Seine Pistolenschäfte trugen Köpfe von Meerestieren und wurden auch als »Pistolen des Marineoffiziers« bezeichnet. Marinewaffen hatten immer Messing- oder Bronzeläufe, um einer Korrosion nach Kontakt mit Salzwasser vorzubeugen. Die sehr weite Mündung und die durch Verwendung von »Kartätschen-Munition« erhöhte Streuung verliehen der Waffe vor allem auf kurze Entfernungen erhöhte Angriffskraft.

Visitenkarte

Hersteller
Schloss: Duché, Tulle

Herstellungsjahr
etwa 1780

Gesamtlänge
27 cm

Lauflänge
14,5 cm

Pistolenpaar aus Brescia

Visitenkarte

Hersteller
im Stil von Frachetti und Minelli, Brescia

Herstellungsjahr
etwa 1800

Gesamtlänge
24,5 cm

Lauflänge
12,4 cm

Jede der beiden außergewöhnlichen Pistolen hat einen runden, glatten, brünierten **Lauf** mit erhabener Umrahmung der Zündkammer. Am hinteren Laufabschluss befindet sich ein Golddekor mit Medaillons. Der **Pfannendeckel** ist flach und mit Gold verbrämt. Die Hammerfeder mit Gleitrolle ist jenen englischer Waffen ähnlich, während der **Hahn** nach französischen Vorbildern gestaltet ist. Das Pistolenpaar wurde zwar in Brescia hergestellt, lässt jedoch die damals vorherrschende französische Bauweise und auch deutschen Einfluss erkennen. Die **Schäfte** der beiden Pistolen sind aus hellem Wurzelholz und mit Silberplaketten mit Blumenmotiv-Gravur geschmückt. Die **Pistolenknäufe** werden von ovalen Goldschilden mit Gravuren militärischer Trophäen abgeschlossen. **Abzugsbügel**, Griffkappen und Ladestockhalterungen sind aus blankem Stahl. Die hölzernen **Ladestöcke** sind mit Horndöpper versehen.

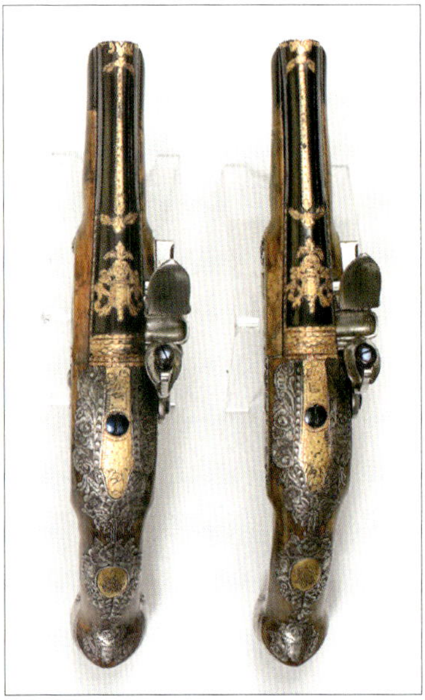

GESCHICHTE Auch dieses Pistolenpaar könnte man aufgrund seiner konservativen Form für älter halten, die Gleitrolle an der Hammerfeder weist jedoch auf ein jüngeres Datum hin. Der Hahn erinnert an französische Militärwaffen, wie sie Anfang des 19. Jh.s üblich waren. Gegen Ende des 18. Jh.s erlebten die Waffenbauer aus Brescia eine wirtschaftlich schwierige Zeit, da die österreichischen Behörden die Herstellung von Waffen verboten und deren Herausgabe verlangten. Die Übergabe Venedigs und seiner Gebiete von Österreich an Frankreich brachte eine Wiederaufnahme der Waffenproduktion mit sich; die Büchsenmacher mussten sich jedoch auch dem Geschmack der neuen Herrscher anpassen.

Pistole von Bond

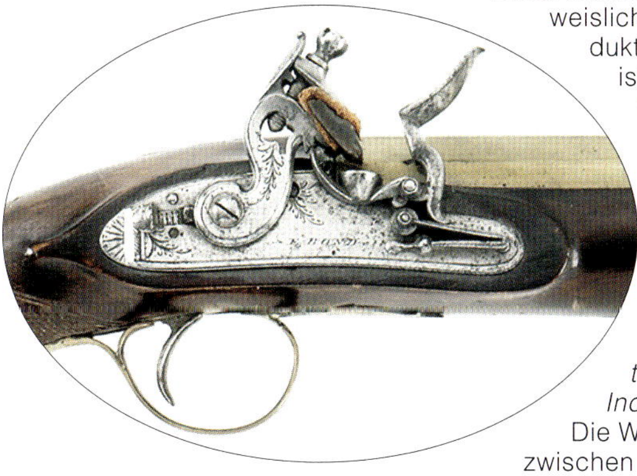

Diese Steinschlosspistole ist nachweislich aus englischer Produktion. Der **Messinglauf** ist glatt, achteckig und trägt die Druckschrift-Kennzeichnung »E. Bond 45 Cornhill London«. Das **Steinschloss** trägt dieselbe Markierung. E. Bond (etwa 1820–1850 tätig) war als *»Gun-Maker to the Honorable East India Comp.«* bekannt. Die Waffe hat eine Gleitrolle zwischen Hammerfeder und **Schlittensicherung** am Fuß des **Hahns**. Der **Vollschaft** besteht aus Nuss, ebenso der Fischhautgriff mit runder Griffkappe. Die gravierten und gekehlten **Messingbeschläge** erstrecken sich auch auf die Halterung des Ladestocks. Der **Ladestock** aus Messing ist mit einem gedrehten Döpper versehen.

Visitenkarte

Hersteller
Schlossblech und Lauf: E. Bond, London

Zeitalter der Herstellung
19. Jh.

Gesamtlänge
40 cm

Lauflänge
25,9 cm

GESCHICHTE Ende des 18. Jh.s wurden vier wesentliche Verbesserungen bei Steinschlosswaffen durchgeführt:
- Für die Verbindung von Lauf und Schaft wurden anstatt der früheren Stifte, die sich leicht verbogen oder verloren gingen, nunmehr Plättchen verwendet, die man leicht herausziehen und wieder hineinscheiben konnte.
- Der Lauf wurde mit dem Schaft mittels einer Zahnkupplung verbunden, die in eine dafür vorgesehene Halterung geklemmt und mit einer speziellen Klappe am Schaft fixiert wurde.
- Die Einführung eines siebartigen Verschlusses aus Platin oder Gold anstatt des bisherigen Zündlochs, um die Korrosion des Zündloches zu vermeiden.
- Die Einführung eines Rädchens am Fuß des Hammers (Gleitrolle) für eine noch schnellere und sicherere Funktion des Abzugs.

Darüber hinaus führte man in England nach 1770 ein flaches Schlossblech und einen flacheren Hahn ein, nachdem dies bei französischen Pistolen bereits seit Ende des 17. Jh.s üblich war. Während auf dem europäischen Festland die Rokoko-Voluten triumphierten, entblößte man in England die Waffen von allen Ornamenten.

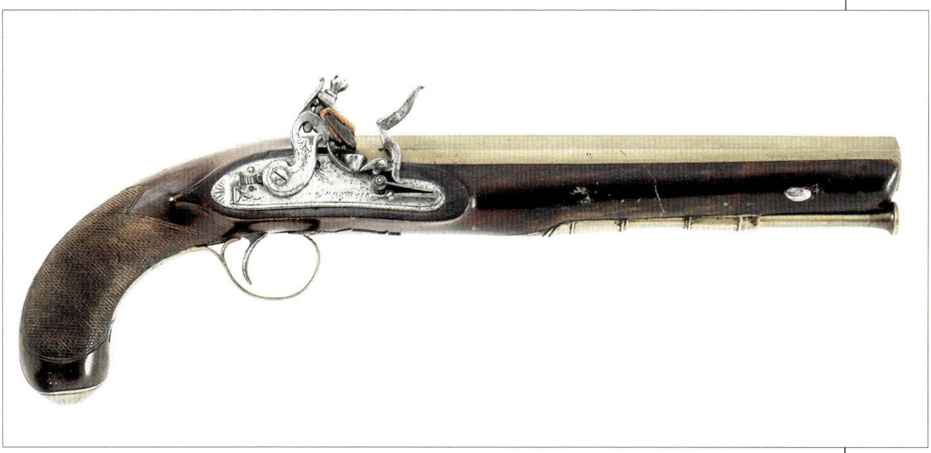

Französische Offizierspistolen

Visitenkarte

Hersteller
unbekannter Hersteller aus St.-Etienne

Zeitalter der Herstellung
etwa 19. Jh.

Gesamtlänge
35 cm

Lauflänge
20,6 cm

Das Pistolenpaar wurde Anfang des 19. Jh.s hergestellt. Der achteckige **Lauf** einer jeden Pistole ist an der Laufmündung etwas erweitert. Am Bodenstück ist die Punzierung »St.-Etienne« vorhanden. Die **Batterie** ist flach und mit schlichten Blattgravuren verziert. Der Hammer ist mit einem Gleitrad, die **Eisenbeschläge** mit Gravuren von Zweigen und Palmblättern im typischen Stil der Napoleonischen Zeit ausgestattet. Der Nussholz-**Griff** ist mit feiner Fischhaut versehen, der Ladestock besteht aus Eisen.

GESCHICHTE Die abgebildeten Pistolen erinnern an Ordonnanzpistolen des Modells »An 12«. Ende des 18. Jh.s waren die besten Laufhersteller Frankreichs in Paris beheimatet, es gab jedoch auch in St.-Etienne ausgezeichnete Waffenschmiede. Der Großteil der Sammler verbindet den Namen »St.-Etienne« mit der Staatsmanufaktur für Kriegswaffen und Exportwaffen, zudem gab es allerdings auch die hervorragenden Waffenschmied-Dynastien Lamotte, Merley und Bizalion. Bei bedeutenden Aufträgen konnte die Manufaktur von St.-Etienne auch mit Boutet in Versailles wetteifern.

WISSENSWERTES Die Offiziere fast aller Streitkräfte beschafften sich meist selbst und auf eigene Kosten ein Pistolenpaar. Diese Waffen hatten oft das gleiche Kaliber wie die Ordonnanzwaffen, da man sich so einfacher mit Munition versorgen konnte – dies war jedoch keine unabdingbare Voraussetzung.

Französische Pistolen aus Cochon

Der fein gezogene achteckige **Lauf** mit leicht erweiterter Mündung, Kimme und Korn wird bei beiden Pistolen durch das Einstecken eines Plättchens am Schaft befestigt. Das **Schlossblech** ist glatt und mit »Cochon à Fontenay« signiert. Der **Hahn** ist in Schwanenhalsform gestaltet und der Hammer mit Gleitrad ausgestattet. Alle **Beschläge** sind aus Eisen mit Kehlungen im Stil der Napoleonischen Zeit. Der **Vollschaft** besteht aus dunklem Nussholz, und der mit Rhomben verzierte und genarbte **Griff** erweitert sich zur vieleckigen Griffkappe hin. Der hölzerne **Ladestock** ist mit einem Horndöpper versehen.

GESCHICHTE Diese Steinschlosspistole ahmt nahezu originalgetreu die in Versailles unter Nicolas Noël Boutet hergestellten Waffen nach, der 1800–1818 die Manufaktur von Versailles auf eigene Rechnung betrieb. Diese Art von Struktur war von der Revolutionsregierung eingeführt worden, um die für die Armee erforderliche Menge an Gewehren herstellen zu können. Die Wahl des Standortes war ungünstig: denn in Versailles gab es zu wenig Eisen und Wasser – zwei für die Herstellung von Waffen unverzichtbare Elemente. Trotz dieses großen Nachteils gegenüber anderen Waffenherstellern wurde Boutet nur derselbe Preis wie den anderen Werkstätten zugestanden. Diese Situation brachte den Unternehmer in große Schwierigkeiten, der mit jeder verkauften Waffe Geld verlor. Seine große technische Bravour und sein Gefühl für Proportionen brachten ihm jedoch auch Aufträge für Prunkwaffen und die Unterstützung von Privaten und von der Regierung ein, wodurch er seine Verluste bei den Armeewaffen etwas ausgleichen konnte. Es reichte aber dennoch nicht, denn Boutet, der für die Qualität und die Schönheit seiner Waffen berühmt war, starb in Armut.

Visitenkarte

Hersteller
Cochon, Fontenay

Zeitalter der Herstellung
19. Jh.

Gesamtlänge
33,5 cm

Lauflänge
21 cm

Französische Marinepistole

Visitenkarte

Hersteller
unbekannter Hersteller aus Frankreich

Herstellungsjahr
etwa 1810

Gesamtlänge
21,5 cm

Lauflänge
10,7 cm

Der übergehende **Lauf** ist aus Messing und hat an der Mündung einen Laufabschlussring. Am hinteren Teil des Laufs befindet sich eine Gravur mit einer ländlichen Szene. Die **Schlossplatte** ist aus Messing. Auch die **Beschläge** sind aus Messing und mit Rillen verziert. Der **Hahn** ist im modernen Stil gehalten. Der **Schaft** aus Nussholz ist mit Silber- und Goldeinlegearbeiten geschmückt. Der **Ladestock** besteht aus gedrehtem Eisen.

GESCHICHTE Diese Waffe wurde für einen Marineoffizier gebaut und weist das klassische Messingschloss auf. Um ein perfektes Schloss herzustellen, waren zwei wichtige Schritte notwendig: zuerst das Zurechtfeilen des Schlosses, des Abzugshebels, der Nuss und des Pfannendeckels; danach die Herstellung von drei Federn – Hauptfeder, Abzugsfeder und Feder des Pfannendeckels. Das Hauptproblem eines Steinschloss-Herstellers war das Ausgleichen des Zugs der Hauptfeder und der Feder des Pfannendeckels, bis durch den richtigen Druck auf den Abzug der im Hahn eingespannte Feuerstein mit genügender Kraft und im richtigen Winkel niederging. Auf diese Weise drehte sich der Pfannendeckel, öffnete die Pulverkammer und erzeugte genügend Funken, die in die Kammer gelangen konnten.

Englisches Pistolenpaar von Manton

Dieses seltene englische Pistolenpaar wurde um 1810 gefertigt. Der glatte, damaszierte und brünierte **Kantlauf** weist rechteckige Punzierungen »Joseph Manton Patent« und »W. Parker Holborn London« auf der Zündkammer auf. Das Bodenstück ist mit Gold verziert, das hintere Laufende mit goldenen Trophäen und Visiereinrichtung ausgestattet. Das **Schloss** ist brüniert und der Hammer mit Gleitrad versehen; auf beiden Pistolen sind Goldverzierungen, Trophäen und die Goldpunzierung »Manton« vorhanden. Die **Beschläge** aus Silber sind mit Gravuren geschmückt. Die **Halbschäfte** bestehen aus Mahagoni, sind zum Teil fein genarbt und weisen einen flachen **Pistolenknauf** auf; unter dem Lauf befinden sich eine Rille und eine Tülle zum Unterbringen des Ladestocks. Der hölzerne **Ladestock** ist mit Silberdöpper versehen.

GESCHICHTE Im 17. Jh. galten alte Hufeisen als bestes Grundmaterial für Pistolenläufe. Im 18. Jh. entdeckte man, dass Hufeisennägel noch besser geeignet waren. Erstmals wird dies bei einem Büchsenmacher in Madrid, Alonso Martinez, einem Zeitgenossen von Nicolas Bis, erwähnt. Das in der zweiten Hälfte des 18. Jh.s verwendete Eisen war unter dem Namen *stubs* (englisches Wort für Stücke von Hufeisennägeln) bekannt. Mitunter wurde auch der Terminus *stubs-twist* (Damaszener-Stahl aus gebrauchten Nägeln) in Punzierungen am unteren Teil des Laufs verwendet. Englische Nägel galten allgemein als qualitativ minderwertig und man führte zur Herstellung besserer Läufe Nägel vom Kontinent ein. Die englische Herstellungsweise unterschied sich von jener im übrigen Europa: man mischte Stahl unter die Nagelstücke, sodass nach dem Verschmelzen alle Komponenten gleichmäßig verteilt waren. Wenn man die Metalloberfläche mit Säure behandelte, reagierten die beiden Komponenten entsprechend ihrer Härte auf verschiedene Weise. So erhielt man eine brünierte Oberfläche, deren Farbe von Kastanienbraun bis Schokoladefarben sein konnte. Die Säurebehandlung wurde nur von den britischen Waffenbauern vorgenommen und unterschied sich deutlich von jener in Festland-Europa, wo man es vorzog, den Läufen ein bläuliches Finish zu geben.

Visitenkarte

Hersteller
Schloss: J. Manton; Lauf: Parker Holborn

Herstellungsjahr
etwa 1810

Gesamtlänge
38 cm

Lauflänge
25,3 cm

Englische Pistolen von Richards & Co.

Visitenkarte

Hersteller
T. Richards & Co., London

Herstellungsjahr
etwa 1815

Gesamtlänge
48 cm

Lauflänge
34 cm

Das Pistolenpaar wurde Anfang des 19. Jh.s in London hergestellt. Die glatten **Läufe** weisen zwei Übergänge auf und sind zur Gänze mit Goldziselierungen bedeckt. Im oberen Teil jeder Pistole befindet sich die in Gold hervorgehobene Signatur »Theoph. Richards & Co. London«. Die **Schlösser** haben einen graziösen **Hahn** in Schwanenhalsform, eine wasserdichte Zündpfanne, ein Gleitrad an der Batteriefeder und reiche Goldziselierungen. Die **Beschläge** aus vergoldetem Silber weisen Ziselierungen in Form von Waffen-Trophäen und Flaggen auf. Die **Schäfte** sind aus Nuss, die **Griffe** genarbt; die Schaftkappen sind aus geschnitztem Ebenholz und erinnern an die französischen Waffen jener Zeit. Der Kopf der hölzernen **Ladestöcke** ist aus Bein, die Räumnadel aus Eisen.

GESCHICHTE Die häufigste Art, Metallteile einer Feuerwaffe zu dekorieren, war die Gravur. Dieser Vorgang wurde mit einem Stahlstichel durchgeführt. Nach dem Gravieren wurde das Schlossblech gehärtet. Waffen schöner Qualität wurden vornehmlich mit Gold, aber auch mit Silber damasziert: es gab zwei verschiedene Methoden, die »echte« und die »falsche Damaszierung«. Im ersten Fall wurde das Edelmetall in Vertiefungen des Basismaterials eingefüllt, die nach einem gewissen Muster angelegt waren; die schwalbenschwanzförmigen Ränder der Vertiefungen waren aufgeraut, damit das Edelmetall haften blieb und dann hineingehämmert werden konnte. Nach diesem Vorgang war die Oberfläche flach und wurde noch gefinished. Nach diesem System arbeiteten die meisten englischen und spanischen Waffenschmiede des 18. Jh.s, die üblicherweise ihre Stücke auch mit Goldlettern signierten. Das zweite System bestand in einer oberflächlichen Gravur des Metalls mit einem Graviermesser, und nachherigem Vergolden mit dünnem Blattgold.

Marinepistolen

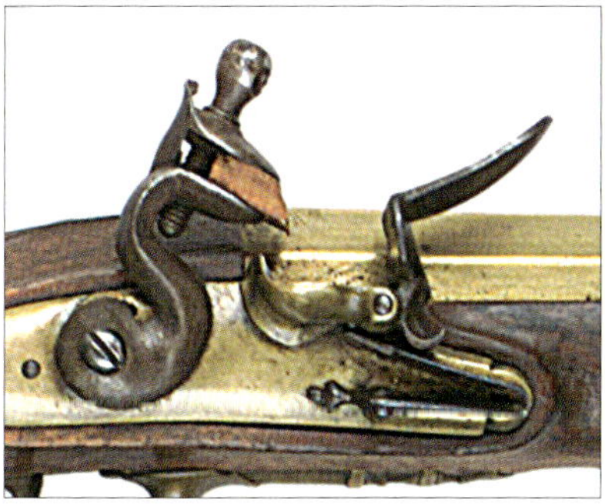

Bei Offizieren der Handelsmarine waren vor allem kurze Pistolen sehr beliebt. Dieses Pistolenpaar mit Steinschloss weist übergehende **Läufe** aus Bronze auf, die sich an der Mündung erweitern. Die **Batterien** aus Messing sind gebaucht und haben eine glatte Oberfläche. Die **Hähne** sind aus Stahl und die **Beschläge** aus Messing gefertigt. Die **Schäfte** bestehen aus Nussholz, ebenso die glatten Griffe, die an Vogelköpfe erinnern.

Visitenkarte

Hersteller
unbekannt

Zeitalter der Herstellung
Anfang 19. Jh.

Gesamtlänge
22,5 cm

Lauflänge
11,5 cm

GESCHICHTE Sowohl die Offiziere der Handelsmarine als auch der Kriegsmarine versorgten sich selbst mit ihren persönlichen Verteidigungswaffen. Marinewaffen waren fast immer aus Bronze und Messing, da diese Materialien, auch wenn ihre Oberfläche oxidierte und dunkler wurde, nicht rosteten und auch nicht so viel Pflege brauchten wie Eisenwaffen.

Ital. Taschenpistolen aus Brescia

Visitenkarte

Hersteller
Lauf:
Antonio Franzino

Herstellungsjahr
etwa 1650

Gesamtlänge
56 cm

Lauflänge
39 cm

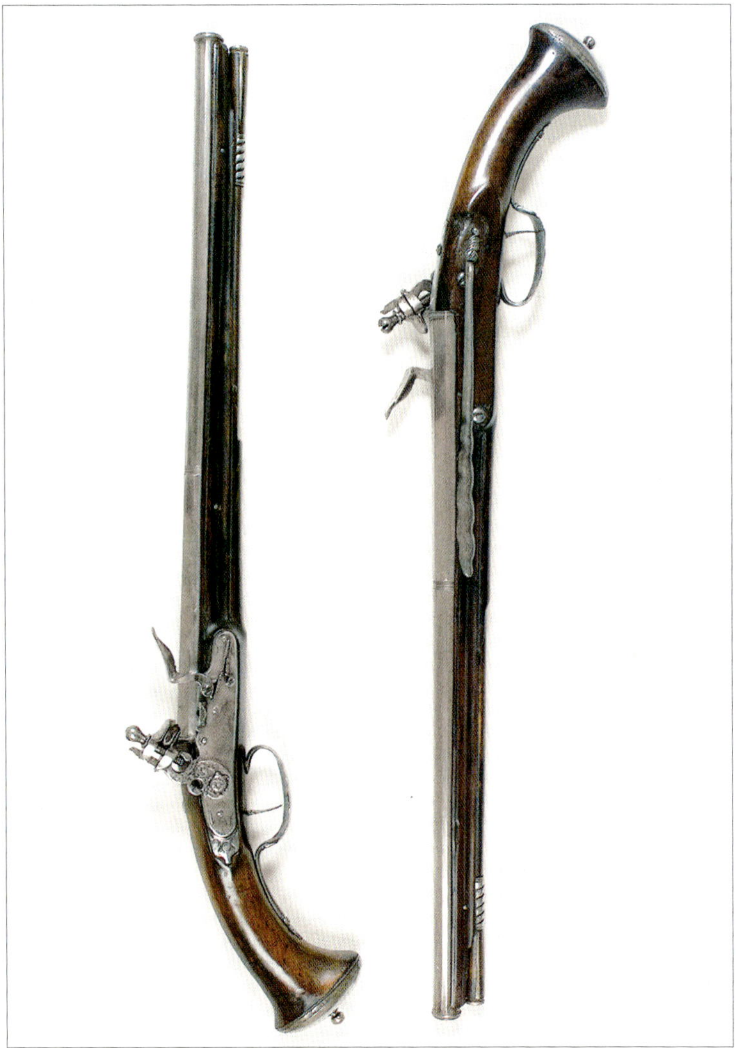

Der **Lauf** jeder der beiden Waffen ist von eckig auf rund übergehend und weist an der Mündung einen Laufabschlussring auf; der Lauf ist mit »Antonio Franzino« signiert, wobei die Buchstaben durch kleine Kleeblätter getrennt sind. Das **Schloss** ist ohne Seitenplatte durch zwei Schrauben fixiert; die flache **Schlossplatte** weist feine Gravuren und am hinteren Ende ein Blattmuster auf. Der Pfannendeckel sitzt auf einer Feder mit ungleich langen Armen; der flache **Hahn** ist mit Reliefs und Gravuren verziert. Linksseitig befindet sich ein langer Gürtelhaken in Form einer Flamme. Die **Beschläge** aus Eisen sind graviert, die elliptische, eiserne Griffkappe ist am Rand mit Gravuren und in der Mitte mit einer Kugel dekoriert. Der **Schaft** besteht aus Nussholz, der **Griff,** ebenfalls aus Nuss, hat die Form eines Fischschwanzes. Der hölzerne **Ladestock** ist mit Eisendöpper versehen.

GESCHICHTE Diese in Brescia gefertigten Pistolen stechen zwar nicht aufgrund aufwändiger Verzierungen hervor, gehören jedoch zu den seltenen Pistolenpaaren aus jener Zeit, deren Läufe noch die Originallänge besitzen.

Italienische Pistole aus dem 18. Jh.

Diese Pistole aus Brescia hat einen mit »Cominazzo« signierten, glatten **Lauf** mit zwei Übergängen: zwei Kantlauf-Teile und ein runder Teil; am zweiten Übergang befindet sich ein Ring. Das **Schlossblech** ist graviert und mit Reliefs von Trieben und Tierköpfen verziert; die **Beschläge** aus Eisen tragen Gravuren in jenem Stil, wie er Ende des 17. Jh.s in Brescia üblich war. Auf der **Seitenplatte** befindet sich ein eiserner Gürtelhaken; der hölzerne **Ladestock** ist mit einem Döpper aus gedrehtem Eisen versehen.

GESCHICHTE Die Familie Cominazzi (auch: Cominazzo) betrieb bereits ab 1498 in Gardone Val Trompia und Brescia Werkstätten; einer der letzten Nachfahren starb 1877. Fast alle Familienmitglieder waren Laufhersteller, und es handelte sich zweifellos um eine der langlebigsten Dynastien, die in diesem Zweig der Feuerwaffenherstellung tätig war. Insgesamt waren 29 Cominazzis mit der Waffenherstellung beschäftigt. Der Stammvater Lazaro Cominazzi wurde 1540 geboren und machte sich als Laufhersteller einen Namen; der letzte Vertreter der Dynastie, der sich mit Waffen beschäftigte, war der berühmte, 1811 geborene Büchsenmacher Bortolo Cominazzi. Anhand der Berufsbezeichnung gab es in der Familie 19 Laufhersteller, zwei Baumeister, einen Spediteur, einen Waffenschlosser und mehrere Büchsenmacher.

Visitenkarte

Hersteller
Lauf: Cominazzo; Schloss: V. Mari

Zeitalter der Herstellung
18. Jh.

Gesamtlänge
46 cm

Lauflänge
30 cm

Europ. Pistole mit abschraubbarem Lauf

Visitenkarte

Hersteller
Lauf: W.I.

Zeitalter der Herstellung
18. Jh.

Gesamtlänge
51 cm

Lauflänge
34 cm

Der abschraubbare, gezogene **Lauf** dieser seltenen Pistole ist von Kantlauf auf Rundlauf übergehend; beim Übergang befindet sich eine zweifache Abstufung und an der Mündung ein Laufabschlussring. Am Bodenstück ist die Marke »W.I.« eingestempelt. Die **Batterie** ist im Stil florentinischer Pistolen gehalten und mit Blumengravuren, die **Hahnschraube** mit Blütenblatt-Ziselierungen dekoriert. Der **Abzugsbügel** ist mit Rhombenmuster verziert; der nur leicht gebogene Griff weist eine Griffkappe mit Blütendekor auf. Auf der **Seitenplatte** befindet sich ein Gürtelhaken. Zum **Ladestock** aus Holz gehört eine Räumnadel in Form einer Harpune. Die Waffe weist einige Charakteristika auf, welche ihre Herkunft aus einer italienischen Werkstatt vermuten lassen.

GESCHICHTE Bevor sie ein komplett neues Produkt herstellten oder neue Moderichtungen aufgriffen, versuchten die Waffenhersteller ihre eigenen Lagerbestände und die ihrer Lieferanten zu verwerten. In jenen Jahren entwickelte sich in der Architektur der neuklassische Stil und einige umsichtige Waffenproduzenten begannen, von den gewundenen, unregelmäßigen Rokoko-Formen zur Symmetrie des Ovals zurückzukehren.

WISSENSWERTES Durch den abschraubbaren Lauf konnte die Waffe mit Kugeln geladen werden, die den Lauf genau ausfüllten, sodass der Gasdruck nicht verloren ging und mehr Energie zum Verfeuern der Kugel vorhanden war.

Florentinische Pistole

Diese Pistole aus der Apenninenregion der Toskana oder Emilia-Romagna besitzt einen runden **Lauf** mit abgehobenem Bandmuster und Gravuren am hinteren Laufende; das Zündloch wurde nachträglich in Messing hergestellt. Die **Batterie** trägt im Inneren die Jahreszahl »1765« und die Initialen »CZ«; die flache **Schlossplatte** ist mit Blattwerk-Gravur, Basreliefs und der üblichen Maske im hinteren Teil dekoriert. Der **Hahn** mit Groteskverzierungen weist am Fuß ebenfalls eine Maske auf; der Pfannenschieber wird von innen durch Nocken bewegt, der Hammer ist in Balusterform ausgeführt. Die **Beschläge** aus Eisen sind mit Basreliefs verziert, **Seitenplatte** und Schild sind in Ajourarbeit gehalten. **Schaft** und **Griff** bestehen aus geschnitztem Nussbaumholz. Der hölzerne **Ladestock** ist mit eiserner Räumnadel und Horndöpper versehen.

GESCHICHTE Die Waffe wurde sehr wahrscheinlich von Cassiano Zanotti II. aus Fiorenzuola erzeugt, einem einflussreichen Mitglied der Familie Zanotti. Diese Büchsenmacher-Dynastie hatte 1620–1951 Werkstätten in Fiorenzuola, Bruciata und Bologna.

Visitenkarte

Hersteller
Schloss: Cassiano Zanotti II., Fiorenzuola

Zeitalter der Herstellung
zweite Hälfte des 18. Jh.s

Gesamtlänge
33,5 cm

Lauflänge
20 cm

Italienische Pistole

Visitenkarte

Hersteller
Lauf: Lazarino Cominazzo

Zeitalter der Herstellung
17. Jh.

Gesamtlänge
52 cm

Lauflänge
32 cm

Diese Steinschlosspistole wurde in Norditalien gefertigt. Der **Lauf** ist im hinteren Teil gerippt und im vorderen Teil rund und weist die mit kleinen Kreisen eingefasste Signatur »Lazarino Cominazzo« auf. Die nach der in Rom üblichen Herstellungsart gefertigte **Batterie** ist mit Trieben und Monsterköpfen verziert, die Feder unter dem Pfannendeckel hat ungleich lange Arme. Die **Beschläge** aus Eisen sind mit Reliefs von Vögeln, Drachen und Pflanzenmotiven dekoriert, da die Waffe aus einer Periode stammt, in der sich anstatt der früheren durchbrochenen, flachen, platten Eisenbeschläge solche mit Basreliefs durchsetzten. Die Waffe verfügt über einen **Vollschaft** und einen **Ladestock** mit gedrehtem Eisendöpper.

GESCHICHTE Waffen dieses Typs wurden bewusst sehr auffällig dekoriert. Obwohl sie in Norditalien hergestellt wurden, waren die Hauptabsatzmärkte Süditalien und Spanien. Die Waffenhändler betrieben ihre Geschäfte vor allem in Brescia, ihre Lieferanten lebten allerdings auch in den umliegenden Orten. In Marcheno wurden die Schlösser, in Lumezzane die Schäfte, die Läufe vor allem in Gardone Val Trompia hergestellt *(oben: eine antike Landkarte)*. Im 17. Jh. waren die Büchsenhersteller aus Brescia in ganz Europa bekannt und geschätzt. Sie erhielten Aufträge aus ganz Europa und konnten ihre Vorherrschaft bis zum Ende des Jh.s aufrechterhalten. Die prestigeträchtigsten Waffen jener Zeit tragen sehr häufig Punzierungen aus Brescia.

WISSENSWERTES Viele Waffen aus Brescia aus dem 18. Jh. haben den Vorzug (oder Nachteil), nicht nach der zeitlichen Mode gefertigt zu sein; deshalb können sie, wenn nicht alle Einzelteile genauestens untersucht werden, auch mit Waffen des 17. Jh.s verwechselt werden. Bei der hier beschriebenen Pistole mit Stahlschloss sind Dekor, Abzug und der nur leicht gebogene Griff charakteristisch für einen Stil, der bis 1600 zurückzuverfolgen ist.

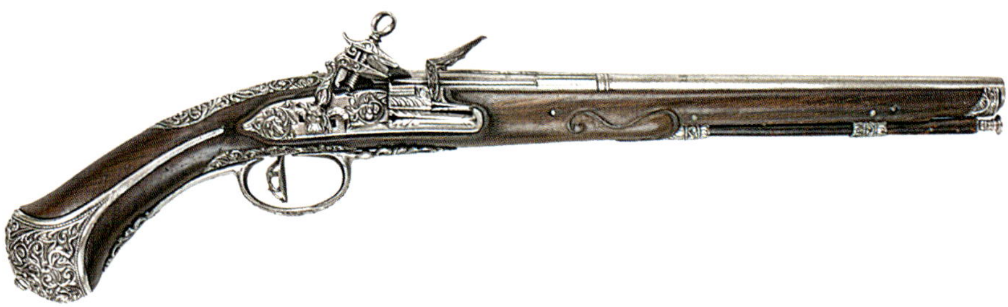

Italienische Pistole

Diese römische Pistole mit Steinschloss wurde in Mittelitalien, im Apenninengebiet der Regionen Umbrien und Marken, hergestellt. Der von sechseckig auf rund übergehende **Lauf** hat an der Laufmündung einen Laufabschlussring. Die **Batterie** ist glatt, die **Messingbeschläge** sind durchbrochen und mit Trieben und Köpfen verziert. Solches Dekor war für die Regionen Umbrien und Marken typisch; bei der abgebildeten Pistole bedecken sie fast zur Gänze den Holzschaft, dessen Bemalung Wurzelholz simuliert.

GESCHICHTE Während des 18. Jh.s waren in Italien, je nach Region und Hersteller, verschiedene Schlösser in Gebrauch. Im Norden, genauer gesagt in Brescia, wurde das Schloss nach »moderner« oder »französischer« Art gefertigt. In der Toskana und in der Emilia-Romagna war das Schnapphahnschloss oder das »florentinische Schloss« das vorherrschende Modell. In Rom und Mittelitalien wurden »römische« oder »Miquelet-Schlösser« hergestellt, die gemeinsam mit dem spanischen Schloss auch in Neapel sehr verbreitet waren. Das römische Schloss war im 17. Jh. in vielen Teilen Italiens bekannt und verbreitet; in der Mitte des 18. Jh.s wurde es vor allem in Mittelitalien verwendet. Die in den großen Städten erzeugten Schlösser trugen meist Gravuren, während jene aus kleinen Landstädtchen mit gemeißelten Ornamenten dekoriert waren. Die Waffen aus dem Appenninengebiet Umbriens und der Marken trugen häufig Groteskgravuren mit Monstern – eine ländliche Version des Stils von Brescia.

Visitenkarte

Hersteller
unbekannter Hersteller aus Italien

Zeitalter der Herstellung
18. Jh.

Gesamtlänge
48,5 cm

Lauflänge
33,5 cm

Italienische Pistole (1760)

Visitenkarte

Hersteller
unbekannter Hersteller aus Italien

Herstellungsjahr
etwa 1760

Gesamtlänge
46 cm

Lauflänge
30,7 cm

Der verzierte, von kantig auf rund übergehende **Lauf** dieser Pistole aus Mittelitalien ist am Übergang abgestuft. Das römische **Schloss** trägt Gravuren und auf der Innenseite ein Siegel. Die gravierten **Beschläge** sind aus Messing; die Griffkappe ist mit Maskenrelief und Monogrammschildern in Ajourarbeit dekoriert. Der **Vollschaft** besteht aus Wurzelholz; der Ladestock fehlt.

GESCHICHTE Diese Waffe hat ein so genanntes »römisches« Stahlschloss mit kräftiger außen liegender Feder, die von oben nach unten drückt. Einige Experten nehmen an, dass dieses System etwa 1550 in Skandinavien entstand und dann in England, Deutschland, Frankreich und Italien weiterentwickelt wurde. Nach einer anderen Hypothese wurde dieses Stahlschloss von mailändischen Truppen im Dienst Karls V. *(oben: ein Gemälde von Tizian)* in den nordischen Ländern eingeführt. Die italienischen Waffen folgten ab dem 16. Jh. der Entwicklung des römischen Schlosses, das sich dann in allen Ländern des Mittelmeeres verbreitete, wo man bereits traditionell italienische Waffen verwendete. Das in der Biskaya verwendete »katalanische« Schloss ist eine Variante des oben beschriebenen: die Außenfeder drückt den Hahn, der einen kürzeren Hals besitzt, von unten nach oben, die Hammerfeder sitzt über der Hauptfeder.

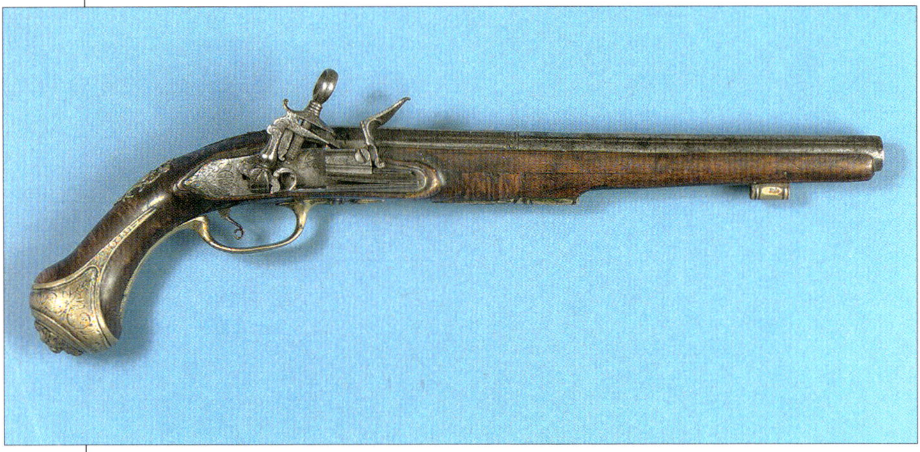

Italienisches Pistolenpaar

Visitenkarte

Hersteller
Lauf:
B. Caltrani,
Italien

Herstellungsjahr
etwa 1760

Gesamtlänge
51 cm

Lauflänge
35 cm

Hier handelt es sich um Steinschlosspistolen aus Mittelitalien; die glatten, übergehenden **Läufe** weisen Messingbänder und die Kennzeichnung »B. Caltrani« auf. Die Läufe sind mit Gravuren und Intarsien aus Messing verziert. Auf beiden Bodenstücken befindet sich ein Messingoval mit Frauenkopf-Relief. Die geschnitzten Schäfte sind mit den Läufen durch balusterförmige Messingstücke verbunden. An der Laufmündung befindet sich ein doppelter Laufabschlussring aus Messing. Die glatten **Stahlschlösser** sind nach römischer Bauart gefertigt; die **Beschläge** aus Messing tragen Gravuren mit Pflanzenmotiven auf getriebenem Grund, auf dem Griff befinden sich große Messingschilde mit en suite gearbeiteten Gravuren. Die Schäfte aus Wurzelholz haben sehr schöne Maserungen und sind rund um die Metallteile geschnitzt; der Kolben ist wenig ausladend. Die hölzernen **Ladestöcke** sind mit Beindöpper und eiserner Räumnadel versehen.

Röm. Pistolenpaar mit Steinschloss

Visitenkarte

Hersteller
Schloss:
B.M., Italien

Herstellungsjahr
etwa 1770

Gesamtlänge
34 cm

Lauflänge
19,5 cm

Die **Läufe** beider Waffen gehen vom hinteren kantigen, kannelierten Teil auf rund über und weisen an der Mündung Ringe auf. Die eleganten **Schlossbleche** haben Blumenmuster-Gravuren und tragen innen das Siegel »B.M.« in kursiver Schrift. Die **Beschläge** aus Messing sind mit Silbereinlagen und Voluten verziert; auf der Oberseite der **Griffe** sind jeweils zwei gekrönte Schilde vorhanden. Die **Nussholzschäfte** sind aus Silber und zeigen Männerköpfe im Profil. Die Gehäuse aus Nuss weisen Schnitzereien und rund um die Schlossbleche einen geschnitzten Rahmen auf. Die hölzernen **Ladestöcke** haben Messingdöpper. Gürtelhaken sind keine vorhanden.

Italienische Pistole (1690)

Diese Pistole aus Mittelitalien besitzt ein Miquelet-Schloss, das im klassischen Stil von Ripoll gefertigt wurde. Der glatte **Lauf** ist von zwei kantigen Teilen auf rund übergehend. Das **Schlossblech** ist fein graviert, die **Beschläge** bestehen aus glattem Messing, der Gürtelhaken aus Eisen. Der **Vollschaft** ist geflutet, **Griff** und Griffkappe sind mit Messingplaketten in Ajourarbeit verziert. Der hölzerne **Ladestock** ist mit Döpper und Räumnadel aus Eisen versehen.

GESCHICHTE Das »katalanische« oder »Miquelet-Schloss« war etwa drei Jahrhunderte lang weit verbreitet. Eines der Hauptmerkmale war die sehr kräftige Hauptfeder, die jedoch auch den Nachteil hatte, dass sie schwer zu spannen war. Um Abhilfe zu schaffen, bekam der Hahn einen großen Ring, um mehr Kraft anwenden zu können; außerdem konnte so der Feuerstein leichter und ohne Zuhilfenahme eines Schraubenziehers ersetzt werden. Ein weiteres bedeutendes Merkmal des Miquelet-Schlosses war das Fehlen der Nuss, da die Stellzähne in dafür vorgesehene Löcher an der Schlossplatte eingreifen konnten. Wenn sich der Hahn hob, wurde der Fuß des Hahns in einen Spalt der aus der Schlossplatte herausragenden Feder gezwängt und der Abzug entsichert, der in halber Höhe stehen blieb. Wenn man den Hahn noch weiter nach hinten zog, rastete ein weiterer Stellzahn ein; durch Auslösen des Abzugs wurde der Stellzahn gelöst und der Hahn schlug nach vorne.

Visitenkarte

Hersteller
vermutlich aus Neapel, im Stil von Ripoll

Herstellungsjahr
etwa 1690

Gesamtlänge
49 cm

Lauflänge
33 cm

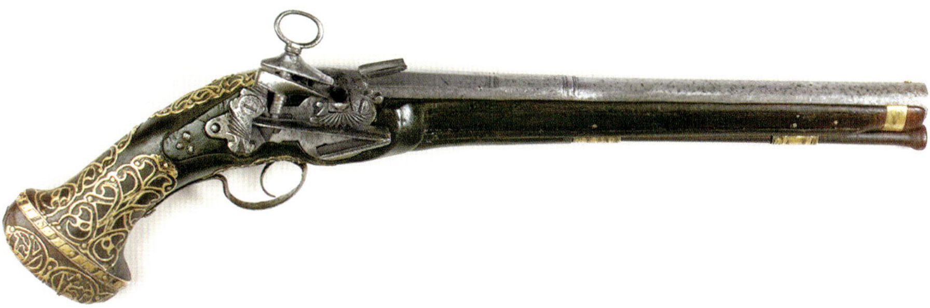

Neapolitanische Offizierspistole

Visitenkarte

Hersteller
Real Fabbrica d'Armi in Neapel

Herstellungsjahr
etwa 1800

Gesamtlänge
38 cm

Lauflänge
23 cm

Diese wertvolle katalanische Pistole hat einen glatten, von kantig auf rund übergehenden **Lauf**, Ringe am Übergang und ein Korn aus Gold. Im viereckigen Teil sind zwischen Lilien und Goldverzierungen Kennzeichnungen der *Real Fabbrica* aus Neapel vorhanden. Das **Steinschloss** enthält keine Signatur, die **Seitenplatte** aus Silber keinen Gürtelhaken. **Abzugsbügel** und **Beschläge** sind aus Silber. Der **Vollschaft** aus Nuss ist zur Gänze mit Filigrandekor aus eingelegten Silberfäden verziert.

GESCHICHTE Die abgebildete Waffe ist eine spanische Prunkpistole, die jedoch auch französischen Einfluss erkennen lässt – sie stammt in der Tat auch aus der Zeit Murats, der französischer Marschall und König von Neapel war. Der nicht nur wegen seines Mutes, sondern auch für seine zur Schau getragene Eleganz bekannte König Joachim Murat ließ sicherlich eine Offizierswaffe herstellen, die seinem Geschmack entsprach. Die *Real Fabbrica d'Armi* von Neapel wurde von Karl III. von Bourbon durch Verordnung 1757 gegründet. Es dauerte jedoch einige Jahre, bis die Produktion aufgenommen wurde. 1759 setzte Karl III., der König von Spanien geworden war, seinen Sohn Ferdinand als König von Neapel ein. Die *Real Fabbrica* konnte aber erst 1761 unter der Leitung von Luca Ricci Waffen fertigen und ausliefern. Die Belegschaft bestand zur Gänze aus Italienern, die man aus Brescia hatte kommen lassen. Die königliche Waffenfabrik fertigte hauptsächlich Waffen hoher Qualität für den Hof. Meist wurden die Waffen mit dem Schriftzug »*Fab. R. di Napoli*« punziert, das Monogramm »RF« ist jedoch auf allen für den Hof bestimmten Waffen vorhanden. Alle Monogramme und Kennzeichnungen wurden in Form tiefer, vergoldeter Punzierungen angebracht, wie es in Spanien üblich war.

Pistole nach Ripoll

Visitenkarte

Hersteller
unbekannter Hersteller aus Neapel

Herstellungsjahr
etwa 1780

Gesamtlänge
18 cm

Lauflänge
8,4 cm

Die katalanische Pistole nach der Bauart von Ripoll wurde um 1780 in Neapel hergestellt. Der runde, glatte **Lauf** zeigt gravierte Trophäen mit Gold-Tauschierarbeit. Das **Miquelet-Schloss** ist mit Gravuren verziert, der **Pfannendeckel** weist Punzierungen des Buchstaben »B« und einer Krone in Gold auf. **Schaft** und **Griff** bestehen aus glattem dunklem Nussbaumholz, der **Pistolenknauf** ist kugelförmig. Die **Beschläge** aus Silber sind durchbrochen und mit Blumenmustern verziert. Der eiserne **Abzugsbügel** ist graviert und mit Fingerhaken, der eiserne **Ladestock** mit Silberdöpper versehen.

GESCHICHTE Das Griffmodell mit kugelförmigem Knauf war typisch für die Waffen Ripolls, die er für spanische Auftraggeber fertigte. Dieser Waffentyp war vor allem Ende des 17. Jh.s europaweit geschätzt, am spanischen Hof Neapels jedoch auch noch später sehr gefragt. Der Abzugsbügel mit Fingerhaken tauchte ein Jahrhundert später bei Duellpistolen wieder auf. Das Miquelet-Schloss war mit geradem Hahn, massivem Schraubring und Pfannendeckel versehen, der auch als Schlagstück fungierte. Dieser funktionelle und einfach herzustellende Schlosstyp blieb in Spanien noch länger als zweieinhalb Jahrhunderte in Verwendung und hielt sich auch noch, als das Steinschloss im übrigen Europa nicht mehr produziert wurde.

Neapolitanisches Pistolenpaar

Visitenkarte

Hersteller
Schloss:
P. Feo, Neapel

Herstellungsjahr
etwa 1780

Gesamtlänge
33 cm

Lauflänge
21,4 cm

Das Pistolenpaar mit Steinschloss hat glatte, von vieleckig und geflutet auf rund übergehende **Läufe** mit einem Laufabschlussring an der Mündung. Die Holzteile sind mit Gravuren von Blumen- und Blattmotiven verziert. Die für den neapolitanischen Stil typischen **Stahlschlösser** sind mit gemeißelten und gravierten Blattornamenten geschmückt und enthalten auf dem Vorderteil des Pfannendeckels das Siegel »P. Feo« auf der einen und »Nap« auf der anderen Pistole. Der eiserne **Abzugsbügel** mit graviertem Messinginsert weist auch einen Fingerhaken auf. Der sehr lange Gürtelhaken endet in einer Locke. Der **Ladestock** ist aus Eisen; der **Griff** aus dunklem Nussbaum weist den klassischen kugelförmigen Pistolenknauf spanischer Waffen auf. Der Großteil des Schafts ist mit durchbrochenem und graviertem Messingblech dekoriert.

GESCHICHTE Der kannelierte Lauf erinnert an jene der lombardischen Familie Cominazzo: die europaweit geschätzten Läufe aus Werkstätten dieser Dynastie (bzw. Kopien davon) waren auch dann noch bei spanischen Waffen in Gebrauch, als sie an ihrem Ursprungsort nicht mehr verwendet wurden.

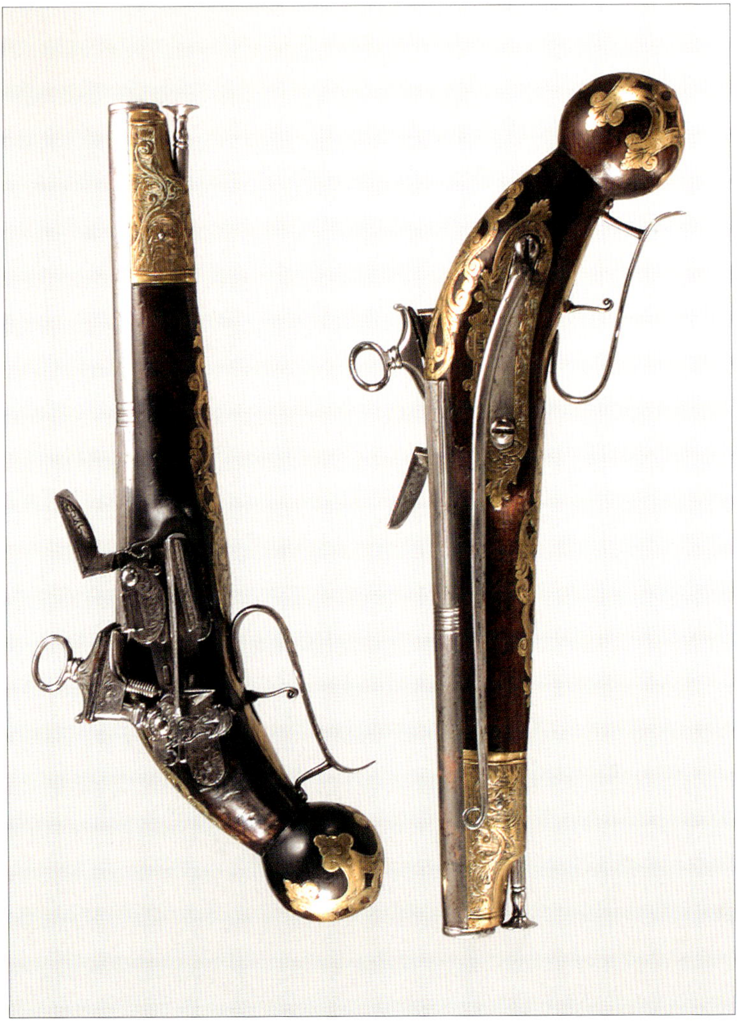

Spanisches Pistolenpaar

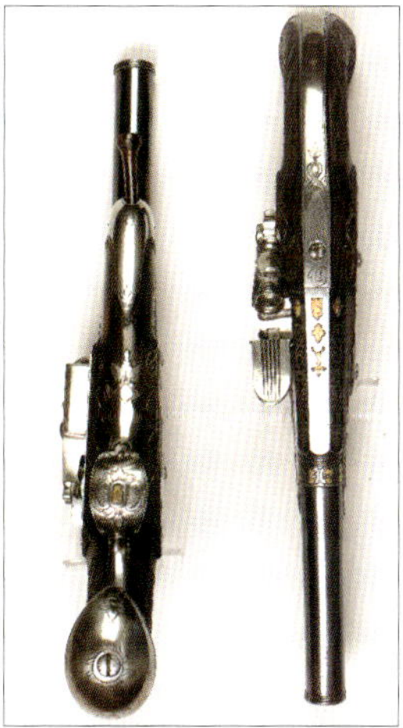

Jede der beiden spanischen Pistolen hat einen von kantig auf rund übergehende **Lauf** aus brüniertem Eisen, ein vergoldetes, mit Gravuren verziertes Verbindungsstück und einen Laufabschlussring an der Mündung. Der kantige Teil ist mit Blumenintarsien aus Silber verziert; die Zündlöcher sind aus Gold und am Bodenstück sind Goldpunzierungen mit dem vierzeiligen Schriftzug »MGV YBA RZA BAL« mit Kreuz und drei Lilien vorhanden. Die Pistolen haben ein **Miquelet-Schloss** und flache **Schlossplatten** mit Blumenmotiven im hinteren Teil. Die **Hähne** haben Hälse in Balusterform, die Studel sind mit Locken verziert, die Federn sind eingebuchtet und die **Beschläge** aus Eisen en suite gearbeitet. Die **Abzugsbügel** tragen die Kennzeichnung »V° Bustindui«. Die **Halbschäfte** aus Nussholz sind rund um die Beschläge mit Schnitzereien verziert, die **Griffe** weisen ein geschnitztes Flechtwerk auf und die **Ladestöcke** sind aus Holz.

Visitenkarte

Hersteller
Lauf:
MGV
YBA
RZA
BAL

Herstellungsjahr
etwa 1800

Gesamtlänge
33 cm

Lauflänge
22 cm

GESCHICHTE Die Dynastie Bustindui hatte viele Mitglieder, die mit der Produktion von Waffen und Waffenteilen beschäftigt waren. Agostino Bustindui arbeitete 1740–1802 in Madrid; Santos war 1800–1825 in Valencia tätig, Vincenzo ab 1823 in Eibar. In Eibar wirkte auch die Familie Ybarzabal mit Manuel Benito, Ignacio Maria (1797–1808), Pedro (1841–1856) und Teodoro (1840–1880).

WISSENSWERTES Die Handwerker in der Werkstatt Ripolls in Katalonien produzierten sowohl für das Heer als auch für die zivilen Markt. Die hier hergestellten Waffen waren aufgrund ihrer Qualität und ihres originellen Entwurfs weltweit bekannt. Nach dem 1713 beendeten Spanischen Erbfolgekrieg durften in Spanien Privatpersonen keine Waffen mehr besitzen. Ripoll geriet dennoch nicht in wirtschaftliche Schwierigkeiten, da ihn Philipp V. beauftragte, Waffen für das Heer zu produzieren. Die Manufaktur Ripolls ist auch heute noch eines der aktivsten und bedeutendsten Waffenproduktionszentren Spaniens.

Offizierspistolen

Visitenkarte

Hersteller
unbekannter Hersteller aus Neapel

Herstellungsjahr
etwa 1800

Gesamtlänge
36 cm

Lauflänge
21,2 cm

Die beiden Offizierspistolen mit Steinschloss wurden Anfang des 19. Jh.s in Neapel gefertigt. Die glatten **Läufe** sind von kantig auf rund übergehend; die beiden Teile sind voneinander durch eine Abstufung getrennt und an der Laufmündung befindet sich ein doppeltes Band; der Übergang zum Griff ist mit Blumenmotiven verziert. Die **Miquelet-Schlösser** haben glatte Batterien, die gravierten und durchbrochenen **Beschläge** sind aus Messing gefertigt, die Seitenplatten mit Gravuren und Ajourarbeit verziert. Die **Holzteile** bestehen zur Gänze aus Nuss, die **Griffe** sind mit Fischhaut mit Karo versehen, und rund um die Pfanne befindet sich ein geschnitzter Rahmen. Die eisernen **Ladestöcke** besitzen Horndöpper.

Pistolenpaar a. d. Osmanischen Reich

Das abgebildete Pistolenpaar wurde im 18. Jh. für einen reichen Auftraggeber aus dem Osmanischen Reich gefertigt. Der runde **Lauf** der beiden Pistolen weist am Bodenstück eine Inschrift auf und ist mittels langem, mit Trieben verziertem Unterring am Schaft befestigt. Die **Batterie** ist flach und auf typische Art europäischer Armeewaffen gearbeitet. Die Waffe verfügt über einen **Vollschaft** und einen zur Gänze mit Filigranblech mit Blumen-, Spiral- und Rhombenmotiven sowie mit Korallencabochon verzierten Griff. Der **Abzugsbügel** ist aus Eisen.

WISSENSWERTES Die Leidenschaft orientalischer Waffenbesitzer für reich verzierte Metallteile bei Waffen und Zubehör war überaus gefährlich – insbesondere was die Verwendung eiserner Pulverflaschen betrifft, die noch bis ins 19. Jh. gebräuchlich waren. Es bestand nämlich das große Risiko, dass sich zwischen Lauf und Flasche eine statische Ladung aufbaute und sich das Pulver in der Flasche entzündete. Später ging man langsam von den Pulverflaschen aus Eisen ab und ersetzte sie durch solche aus Horn, Holz, Leder, Messing oder Kupfer.

Visitenkarte

Hersteller
unbekannt

Zeitalter der Herstellung
18. Jh.

Gesamtlänge
54 cm

Lauflänge
36,4 cm

Albanische Pistole

Visitenkarte

Hersteller
unbekannt

Zeitalter der Herstellung
18. Jh.

Gesamtlänge
52 cm

Lauflänge
33,6 cm

Hier handelt es sich um eine albanische Steinschlosspistole aus dem 18. Jh. Der runde **Lauf** trägt Gravuren am Bodenstück. Die **Batterie** ist in der typischen Art morlakischer Waffen gehalten, der **Schaft** mit Gravuren von Blattwerk und geometrischen Mustern geschmückt und versilbert. Der Griff läuft in einem Spitz aus, der **Abzugsbügel** ist aus Eisen.

GESCHICHTE Waffen aus dem Balkan sind überaus bekannt und waren Thema verschiedenster Publikationen. Vor allem albanische Pistolen haben Merkmale, aufgrund derer sie leicht erkennbar sind. So sind die Läufe glatt und zylindrisch und das Kaliber von 14,5–17,5 mm ist ähnlich groß wie bei Gewehren. Das hintere Laufende ist meist mit einer Schraube, die durch den Griff hindurchgeht, an diesem befestigt, sodass der Schraubenkopf innerhalb des Abzugsbügels zu sehen ist. Der Pfannendeckel ist nach Art katalanischer Pistolen mit senkrechten Rillen versehen. Der Griff, der in einer langen Spitze ausläuft, ist meist komplett mit Metall oder Silber überzogen; dass er eigentlich aus Holz ist, bemerkt man erst, wenn man das Schlossblech abmontiert. Unter dem Lauf befindet sich meist eine Attrappe eines Ladestocks, der nicht herausgezogen werden kann; der echte Ladestock wurde am Schulterriemen getragen.

Pistole vom Balkan

Diese morlakische Pistole vom Balkan stammt aus dem 19. Jh. und hat einen runden, übergehenden **Lauf**. Die **Batterie** ist nach der für morlakische Waffen typischen Art gestaltet. **Schaft** und **Griff** aus Holz sind mit Messing und Eisen überzogen, das Blech ist teilweise durchbrochen und mit Pflanzenmotiven verziert. Ein kleines Metallband dient der Laufbefestigung.

GESCHICHTE Das Dekor dieser Waffen besteht fast immer aus geometrischen Mustern, da sie für den orientalischen Markt bestimmt waren; es gibt jedoch auch einige Stücke, die vermutlich für Auftraggeber aus Enklaven mit orthodoxer Religion gefertigt wurden, auf welchen auch Personen abgebildet sind. Der Abzugsbügel ist fast nie abnehmbar und wird von vier oder fünf Nägeln gehalten. Viele dieser Pistolen dienten der Bewaffnung albanischer und dalmatinischer Söldnertruppen, die jahrhundertelang im Dienst der Republik Venedig standen und auch von Venedig versorgt wurden. Ein Teil der Waffen stammte jedoch vom Schwarzmarkt, den die Kaufleute aus Brescia mit der Balkanregion, dem Nahen Osten und den Kaukasusländern aufrechterhielten.

WISSENSWERTES Wie oft an den Punzierungen erkennbar ist, wurden viele Läufe der auf dem Balkan verwendeten Waffen in Gardone Val Trompia hergestellt.

Visitenkarte

Hersteller
unbekannt

Zeitalter der Herstellung
19. Jh.

Gesamtlänge
47,5 cm

Lauflänge
31,2 cm

Morlakische Pistole vom Balkan

Visitenkarte

Hersteller
unbekannt

Zeitalter der Herstellung
19. Jh.

Gesamtlänge
50,5 cm

Lauflänge
28,5 cm

Die abgebildete morlakische Pistole stammt aus dem 19. Jh. Der runde **Lauf** weist am Bodenstück eine unbekannte Punzierung auf. Die Pistole hat die typische **Batterie** mit anthropomorphem **Hahn; Schaft** und **Griff** sind komplett mit Messing überzogen und mit Blattwerk verziert; der Griff läuft in einer Spitze aus.

GESCHICHTE Die einfache Bauweise dieser Waffen war für die Truppen von großem Vorteil, da sie auch von einem Schmied repariert werden konnten. Auch die dafür nötigen Mengen an Pulver und Blei konnten in den entlegensten Dörfern besorgt werden. Jener Waffentyp war sehr lange in gleicher Bauart in Verwendung, weshalb es oft schwierig ist, eine Datierung vorzunehmen. Das Herstellungsdatum derartiger Pistolen kann zwischen 1750 und 1890 liegen.

WISSENSWERTES Waffen dieses Typs sind in verschiedenen Museen anzutreffen, wie etwa im Ungarischen Nationalmuseum in Budapest, im Archäologischen und Ethnographischen Museum in Tirana, im Heeresmuseum von Belgrad, im Museum Stibbert in Florenz, der Armeria Reale in Turin, im Heeresmuseum in Paris, in der Wallace Collection in London und im Waffenmuseum von Lima.

Türkische Offizierspistolen

Die beiden Pistolen haben **Damastläufe** und sind am Bodenstück mit eingelegten Goldarabesken und an der Laufmündung mit verschiedenen arabischen Inschriften und Punzierungen versehen. Die **Batterien** mit Gravuren von Trophäen und Blattwerk stammen aus einer europäischen Werkstatt. Die **Beschläge** bestehen ebenso wie die Verzierungen aus feinem Pflanzenmotiv-Geflecht aus Silber. **Schaft** und **Griff** bestehen aus Nussholz, die hölzernen **Ladestöcke** sind mit Silberdöppern versehen.

WISSENSWERTES In der Türkei nahmen das Reiterheer und die Janitscharen eine bedeutende Rolle ein. Die Janitscharen wurden nach einem System der »Knabenlese« (Devschirme) eingezogen, indem in den christlichen Familien jeder fünfte Sohn zwangsrekrutiert wurde. Die Rekruten wurden nach den sehr strengen Regeln des Islam und nach türkischem Brauch erzogen, die Janitscharenregimenter erwiesen sich aber von Zeit zu Zeit als ungehorsam und bildeten eine Art Staat im Staat. Das Janitscharenheer bestand aus mehr als 100.000 Mann und war die eigentliche Kraft der osmanischen Armee: die Soldaten waren bestens ausgebildet und organisiert, gehörten zur technischen Avantgarde und verfügten über berühmte Kanonengießereien. Die Offiziere liebten jedoch auch traditionelle Waffen, die zwar gegenüber den standardisierten Waffen der Truppe Nachteile aufwiesen, aber als Zeichen der Herkunft, der Unabhängigkeit und des persönlichen Geschmacks getragen wurden.

Visitenkarte

Hersteller
unbekannt

Herstellungsjahr
etwa 1800

Gesamtlänge
51 cm

Lauflänge
34,6 cm

Pistolenpaar vom Balkan

Visitenkarte

Hersteller
unbekannt

Zeitalter der Herstellung
19. Jh.

Gesamtlänge
42 cm

Lauflänge
26 cm

Der runde, glatte **Lauf** der beiden Pistolen ist komplett mit kalligrafischen arabischen Buchstaben bedeckt, die mittels Radierung angebracht wurden. Die **Batterie** westeuropäischer Herkunft weist einen viereckigen **Pfannendeckel** und einen **Hahn** in Schwanenhalsform auf. **Schaft** und **Griff** aus dunklem Holz sind mit Intarsien aus Silberfäden und Messingplaketten mit gravierten Blättern versehen; Ladestock ist keiner angebracht. Der **Abzugsbügel** ist aus Messing, das Griffende aus graviertem Messing hat Seitenbänder von ungewöhnlicher Länge und Form.

WISSENSWERTES Lauf und Stahlschlösser vieler am Balkan verwendeter Steinschlosswaffen stammten aus Brescia, das damals zur Republik Venedig gehörte. Für den Export konnten die Handelsbeziehungen genutzt werden, welche die venezianischen Händler im gesamten Mittelmeerraum unterhielten. Musterbeispiele können im Heeresmuseum von Istanbul (Askeri Müze) bewundert werden, das seit 1959 in der früheren Militärakademie untergebracht ist. Das Museum zeigt Waffen und Armeeausrüstungen vom 12.–20. Jh.

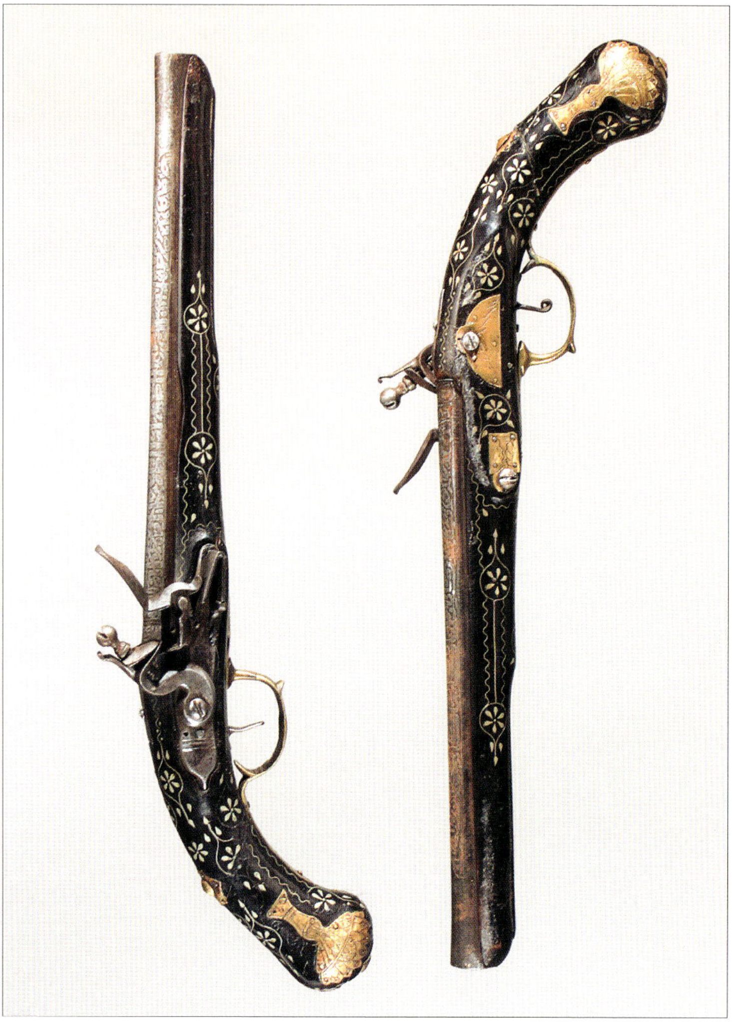

Kosakenpistole

Visitenkarte

Hersteller
unbekannt

Herstellungsjahr
etwa 1800

Gesamtlänge
45 cm

Lauflänge
32,3 cm

Die Pistole wurde mit einem Mechanismus ausgestattet, wie er bei morlakischen Waffen typisch war. Der übergehende **Lauf** ist komplett mit Pflanzenmotiven in Gold-Tauschierarbeit verziert. Die **Batterie** ist vergoldet und trägt in der Mitte die Punzierung des Büchsenmachers, der **Abzug** in Form einer Kugel ist ebenso wie die Schrauben mit Goldeinlagen verziert. **Holzschaft** und **Holzgriff** sind mit Leder sowie silbernen Ringen und Bändern überzogen, die mit geometrischen Motiven und Inschriften nielliert sind.

GESCHICHTE Die Kosaken waren Wehrbauern, die sich zur Ausübung militärischer Tätigkeiten verpflichteten und denen im Gegenzug Land zur Bebauung überlassen wurde. Die militärische Stellung ging vom Vater auf den Sohn über und sie hatten selbst für ihre Bewaffnung zu sorgen. Es gab Don-, Kuban-, Terek-, Astrachan-Kosaken, Sibirische Kosaken, Orenburg-, Ural-, Transbaikal-, Semireche-, Amur-, Ussuri-, Kaukakus-Kosaken, sowie Kosaken aus Kutais, Georgien und Daghestan. Während der Friedenszeiten war nur ein Drittel der Kosaken im Dienst. Ein weiteres Drittel durfte nach Hause zurückkehren, musste jedoch das eigene Pferd immer bereitstehen haben; das dritte Drittel war auch von dieser Pflicht entbunden. Die Kosaken ritten kleine muskulöse Pferde und konnten große Anstrengungen aushalten. Während Kriegszeiten konnten die Kosakentruppen über gut 190.000 Mann verfügen. *(Foto oben: ein Aquarell, das bewaffnete Kosaken unter General Suvarov 1799 darstellt.)*

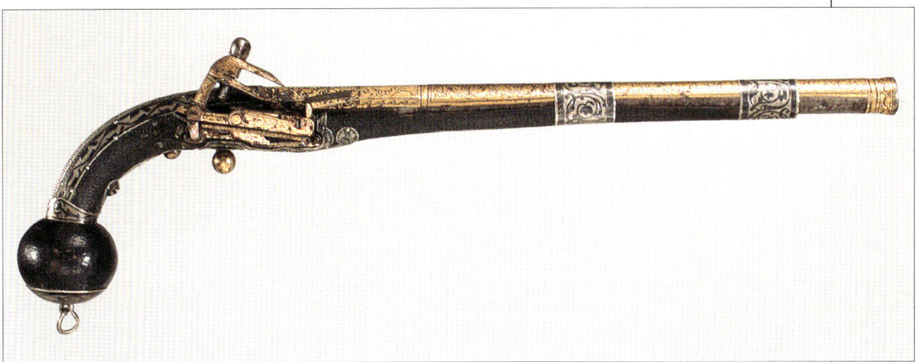

Kaukasische Pistole

Visitenkarte

Hersteller
unbekannt

Zeitalter der Herstellung
19. Jh.

Gesamtlänge
50 cm

Lauflänge
33 cm

Der **Damastlauf** dieser Pistole ist rund, zeigt drei Linien an der Oberseite und zwei kürzere am Bodenstück; die Verzierungen sind in *Koftgari*-Technik (Oberflächentauschierung, *siehe Seite 56)* ausgeführt. Die **Batterie** ist in der typischen Art morlakischer Schlösser gefertigt und zur Gänze mit Blumenmuster in Gold-Tauschierarbeit dekoriert; diese Art des Dekors wiederholt sich am Pfannendeckel. Das **Schlossblech** ist abnehmbar. Der **Vollschaft** aus hellem Nussholz ist mit Perlmuttintarsien in Rhombenform sowie Augen aus Messing dekoriert.

GESCHICHTE Die Kosakenuniformen bestanden aus einer engen Tunika, Taillengürtel und Hosen, die in die Stiefel gesteckt wurden. Die Tunika war gewöhnlich grün, bei den Regimentern des Zaren rot und für die Regimenter des Großherzogs und Thronfolgers blau. Die Kuban- und Terek-Kosaken waren mit der schwarzen, kragenlosen tscherkessischen Tunika mit weiten Ärmeln bekleidet und hatten um die Taille einen Ledergürtel. Unter der Tunika hatten sie eine Weste aus schwarzer, roter oder blauer Seide, auf der Schulter einen Ziegen- oder Lammfellmantel. Vor der Tunika befanden sich zwei Patronentaschen. Im Winter trugen sie eine Pelzkappe mit Stoff-Kalotte, deren Farbe sich nach der Zugehörigkeit richtete, im Sommer hatten sie hingegen eine flache Stoffmütze auf dem Kopf. Die Bewaffnung bestand aus einer langen Lanze, Säbel und Karabiner. Die Terek- und Kuban-Kosaken bewaffneten sich auch mit einem Kurzschwert, dem *Kindjal,* und einer Steinschlosspistole, die je nach Rangordnung mehr oder weniger dekoriert war und erst Ende des 19. Jh.s durch eine Perkussionswaffe ersetzt wurde.

Kaukasische Morlaken-Pistole

Diese kaukasische Pistole wurde etwa 1800 hergestellt. Der lange, runde **Lauf** ist über der Zündkammer mit Basreliefs verziert. Die **Batterie** ist glatt und trägt eine runde Punzierung aus Messing. Der **Holzschaft** und der schlanke **Holzgriff** sind mit schwarzem Leder überzogen. Der **Lauf** wird von drei Eisenbändern umfasst, der **Abzug** ist kugelförmig, der Griffknauf besteht aus einem rund geschliffenen roten Stein. An der Griffkappe befindet sich ein glatter Eisenring.

GESCHICHTE In der Reitkunst hatten die Kosaken keine Konkurrenz zu fürchten. Sie waren dafür bekannt, keine Sporen, sondern Lederpeitschen zu verwenden. Schon von Kindheit an verbrachten sie viel Zeit mit Pferden und trainierten auch mit ungezähmten Tieren. Ein guter Reiter konnte von den unmöglichsten Positionen aus schießen; außerdem konnte er vom Pferd springen und wieder aufsteigen, ohne die Geschwindigkeit zu verringern, von einem galoppierenden Reittier auf ein anderes wechseln, aufrecht auf dem Sattel stehen, sich hinunterbeugen, um während des Ritts Dinge vom Boden aufzunehmen und auf den Bauch des Pferdes rutschen, um sich so vor den Feinden zu verbergen. Diese Fähigkeiten stärkten die einzelne Persönlichkeit, jedoch nicht den Zusammenhalt der Truppe. Auch machten die verschiedenen Schulungstechniken zum Umgang mit dem Pferd die für Kavallerieregimenter typischen Manöver in geschlossener Ordnung unmöglich.

Visitenkarte

Hersteller
unbekannt

Herstellungsjahr
etwa 1800

Gesamtlänge
42 cm

Lauflänge
29,7 cm

Türkische Prunkpistolen

Visitenkarte

Hersteller
unbekannt

Herstellungsjahr
etwa 1800

Gesamtlänge
44 cm

Lauflänge
27,8 cm

Bei diesem Pistolenpaar handelt es sich um Steinschlosspistolen aus dem Jahr 1800. Die übergehenden, glatten **Läufe** haben an der Mündung einen Laufabschlussring und Goldeinlagen am Bodenstück. Die **Stahlschlösser** sind mit Trophäen und Voluten in Gold-Tauschierarbeit verziert. **Vollschaft** und **Griff** sind aus Nussholz mit Verbrämungen und Plaketten aus Silber. Die **Beschläge** aus in Feuer vergoldetem Silber enthalten Blumengravuren und die **Ladestöcke** sind aus Holz.

GESCHICHTE Im 19. Jh. lehnten einige muslimische Länder jedweden Handel mit Europa ab. Die Türkei unterhielt jedoch Handelsbeziehungen mit dem Alten Kontinent und versuchte, den Waffenmeistern ihre Geheimnisse zu entlocken, um ihrer eigenen Feuerwaffen-Produktion wieder Glanz zu verleihen, die bereits im 15. Jh. in ganz Europa wegen ihres Könnens bei der Konstruktion von Kanonen beneidet wurde.

WISSENSWERTES In der Türkei, aber auch in den Balkanländern, in Russland und Persien hielten sich sowohl moderne Steinschlösser als auch Schnapphahn-Schlösser unglaublich lange und waren in Verwendung, bis Hinterladerwaffen zur Verfügung standen.

Türkisches Pistolenpaar

Dieses türkische Pistolenpaar mit Steinschloss hat übergehende Damastläufe, die komplett mit Silberintarsien bedeckt sind. **Vollschäfte** und **Griffe** sind mit Silberapplikationen in Ajourarbeit und mit Gravuren geschmückt. Die flachen Pfannendeckel und die punzierten **Beschläge** aus Silber sind mit Blumengravuren dekoriert. Die hölzernen **Ladestöcke** haben Silberdöpper.

Visitenkarte

Hersteller
unbekannt

Herstellungsjahr
etwa 1810

Gesamtlänge
44 cm

Lauflänge
29 cm

Französische Pistole 1763/1766, Typ 2

Visitenkarte

Hersteller
Manufacture de St.-Etienne

Herstellungsjahr
1775

Gesamtlänge
40,2 cm

Lauflänge
23 cm

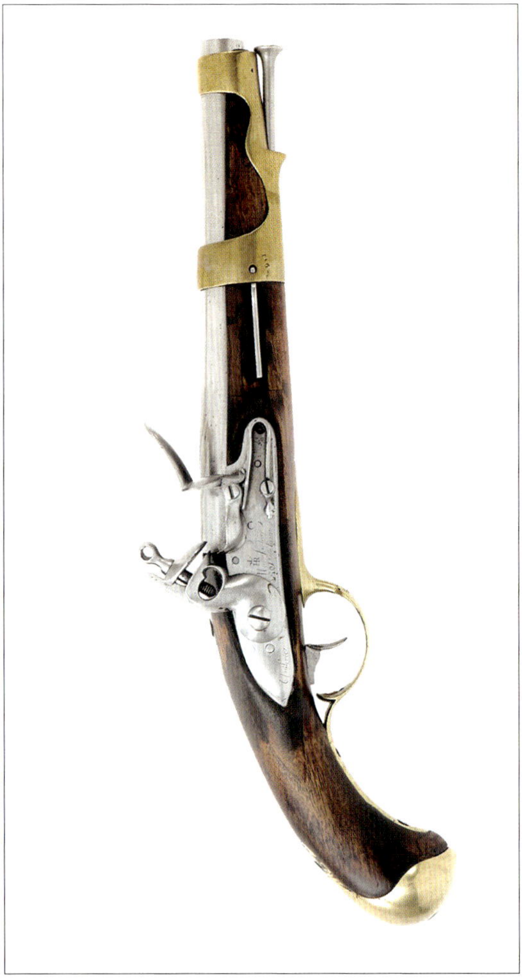

Diese Pistole ist der zweite Typ einer für Kavallerie und Dragoner bestimmten Ordonnanzpistole Modell 1763/1766. Sie ist kleiner als die Pistolen vom Typ 1, da jene eine Gesamtlänge von 48 cm und eine Lauflänge von 31 cm aufwiesen. Eine weitere Besonderheit der als »Typ 2« bezeichneten neuen Bauart ist die nicht profilierte Mündung. Der glatte, runde **Lauf** zeigt am Bodenstück Prüfmarken und weitere Punzierungen. Das **Stahlschloss** mit runder **Schlossplatte** trägt die Inschriften »Manufacture de St.-Etienne« und »Tuilerie«. Anfangs verwendete man dasselbe Schloss wie bei Typ 1; ab 1770 wurden abgerundete Schlösser aus St.-Etienne oder viereckige aus Charleville und Mauberge angebracht. Der **Vollschaft** besteht ebenso wie bei Typ 1 aus Nussbaumholz, ist jedoch kürzer und neu proportioniert. Die **Beschläge** sind aus Messing, der **Ladestock** besteht aus gedrehtem Eisen. Die Waffe wiegt 1,23 kg.

GESCHICHTE Die Dimension des anfangs gebauten Modells wurde als zu groß empfunden, weshalb man einen zweiten Typ herausgab, der sich nicht nur durch die Größe, sondern auch bei den Beschlägen unterschied; die Änderungen wurden bei den Aufträgen von 1769 (etwa 4000 Stück) bereits berücksichtigt. Pistolen vom Typ 2 wurden bis 1779 produziert, als man sie durch das Modell 1777 ersetzte. Insgesamt wurden 1773–1779 24.000 Paare vom zweiten Typ des Modells 1763/1766 hergestellt.

WISSENSWERTES Am hinteren Laufende der abgebildeten Pistole befindet sich die Prägung »1775« für das Herstellungsjahr, das jedoch nur auf den Pistolen der Jahrgängen 1773, 1774 und 1775 vermerkt ist. Die Datierung – auf Wunsch des damaligen Betriebsleiters angebracht, unter seinem Nachfolger aber wieder weggelassen – darf jedoch nicht mit der Bezeichnung für spezielle Modelle verwechselt werden.

Französische Pistole Modell 1777

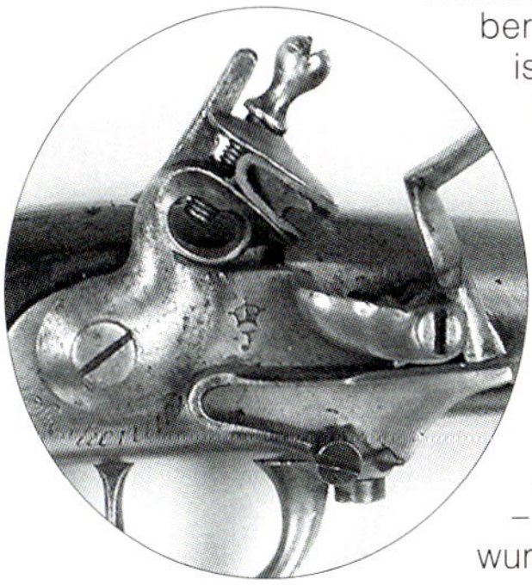

Diese Armeepistole mit Kastenschloss hat ein Kaliber von 17,1 mm und wiegt 1,407 kg. Der **Lauf** ist oben rund, weist unten vier Kanten auf und hat eine ausgesprochen konische Form. Das Ende des Bodenstücks ist eckig, der Griff deutlich stärker gebogen als beim Modell 1763/1766. Griffkappe und **Abzugsbügel** sind aus Messing, der Gürtelhaken besteht aus Eisen. Die Pistole hatte ein **Kastenschloss** und unterscheidet sich insofern von anderen gleichzeitig hergestellten Modellen. **Hahn, Batterie** und Zündpfanne sind wie beim Gewehrmodell 1777 gestaltet – dieses für Langwaffen vorgesehene System wurde nur 1778 auch für Pistolen verwendet. Der gesamte Mechanismus befindet sich innerhalb eines Kastens *(im Detailfoto oben)*, an welchem der Lauf befestigt ist und der unterhalb des Griffs nach hinten reicht. Der **Ladestock** aus Eisen hat die Form eines großen Nagels; es gibt auch ein Modell, dessen Ladestock mit einem Ring für das Bandelier versehen war und in dem auch ein Schraubenzieher untergebracht werden konnte.

GESCHICHTE Die Herstellung und Instandhaltung dieser Waffe war alles andere als einfach: Es war auch die einzige Waffe *»à coffre«* (mit Kastenschloss), die in der französischen Armee zugelassen wurde. Sie wurde später durch das Modell »An 9« ersetzt und mit Beginn der Revolution nicht mehr erzeugt. Die beschriebene Waffe wurde in St.-Etienne nach der Konzeption von General De Gribeauval gebaut. Er war Statthalter und Artillerist und verwendete die in seinem Korps üblichen Systeme weiter. Die Staatsmanufaktur musste sich nach sehr strengen Normen richten, die einen enormen organisatorischen Aufwand erforderten – die genaue Einhaltung der Normen bei der Herstellung der Waffen war jedoch von entscheidender Bedeutung. Alle verwendeten Materialien wurden strengstens kontrolliert und in allen Produktionsstadien wurde das genaue Kaliber der Läufe überprüft, damit die perfekte Passgenauigkeit der Teile und ihre Austauschbarkeit gewährleistet waren. Auch zwei Offiziersmodelle wurden angefertigt. Das erste, in Charleville hergestellte Modell, von dem 274 Stück produziert wurden, war insgesamt 33,4 cm und sein Lauf 18,9 cm lang. Vom zweiten Modell wurden 171 Stück in Mauberge erzeugt – es hatte eine Gesamtlänge von 32,3 cm und eine Lauflänge von 18,9 cm. Diese Offizierswaffen hatten einen sehr dünnen Lauf und wogen nur etwa 1 kg.

Visitenkarte

Hersteller
Manufacture de St.-Etienne

Herstellungsjahr
1777

Gesamtlänge
35 cm

Lauflänge
18,9 cm

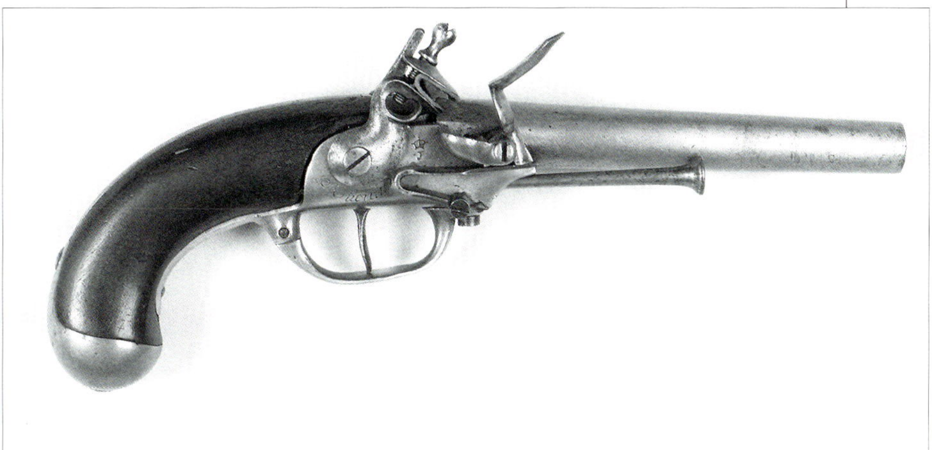

Kavalleriepistolen Modell 1787

Visitenkarte

Hersteller
unbekannt

Zeitalter der Herstellung
Ende 18. Jh.

Gesamtlänge
48,5 cm

Lauflänge
31,6 cm

Das Pistolenpaar der Modellreihe 1787 ist mit Miquelet-Schloss ausgestattet. Die **Läufe** sind zur Mündung hin rund, am Laufanfang kantig und leicht profiliert. Sie tragen Goldpunzierungen mit dem Schriftzug »Regim.to de Caball.a de Santiago« und die **Schlossplatte** die Marke »V«. Der **Nussschaft** enthält ebenfalls Punzierungen; die glatten **Messingbeschläge** zeigen kleine Schilde mit gravierten Wappen und bei einer der beiden Pistolen ist auf dem Bodenstück ein Wappen vorhanden. Der **Ladestock** besteht aus Eisen.

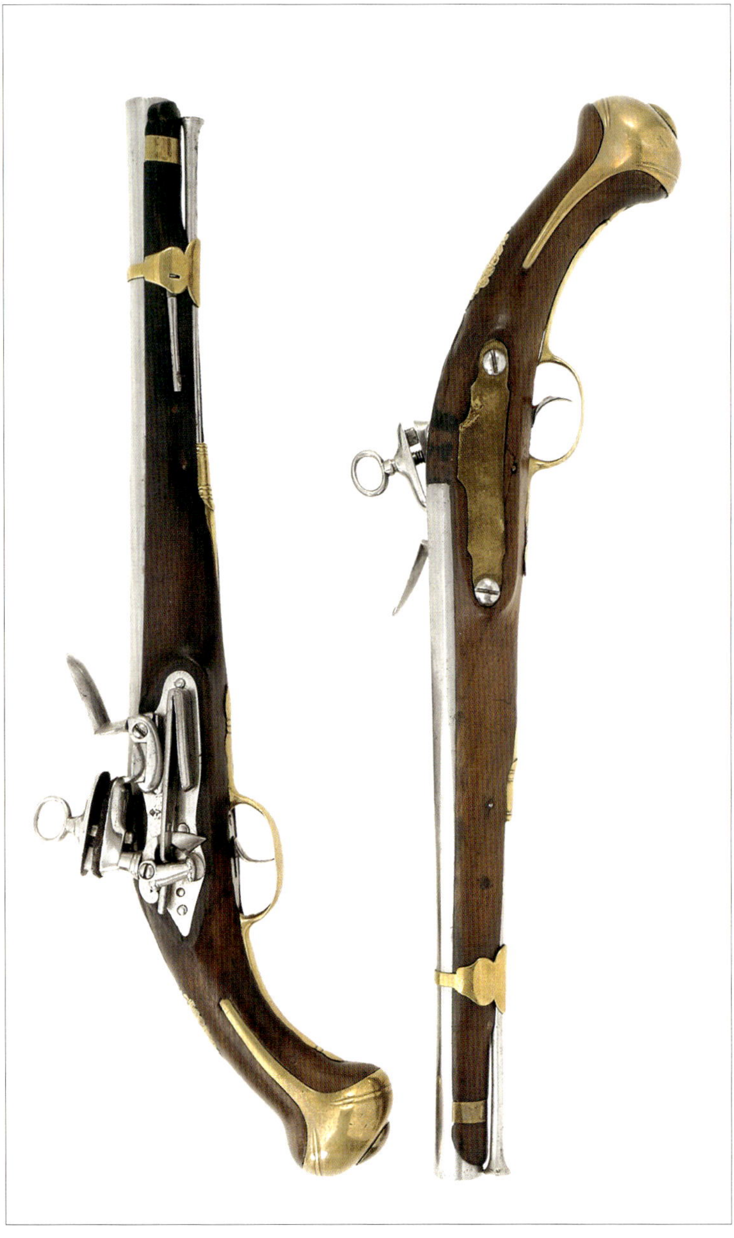

Französische Pistole Modell An 9

Diese 1,29 kg schwere Steinschlosspistole hat einen glatten und runden **Lauf**. Die **Schlossplatte** ist gebaucht und weist die Punzierung »St.-Etienne« auf, die **Beschläge** sind aus Eisen. Der Griff aus dunklem Nussbaumholz ist noch stärker gebogen als beim Modell 1763/1766. Eine Variante mit einem Gürtelhaken, der mit einer zweiten Schraube am Griff befestigt war, sodass er sich nicht verdrehen konnte, wurde nur an die Marinesoldaten verteilt. Der eiserne **Ladestock** weist einen Döpper mit Nagelkopf auf.

GESCHICHTE Das am antiquarischen Markt eher seltene Modell wurde nur vier Jahre lang produziert. Ab 1804 hieß es »An 12« und es wurden bis 1807 etwa 66.000 Stück hergestellt. Das verwendete Pulvergranulat bestand aus 6/8 Salpeter, 1/8 Holzkohle und 1/8 Schwefel und war mit 300–400 Körnern je Gramm eher grob. Außerdem verschmutzte es den Lauf so stark, sodass dieser nach jeweils 50–60 Schüssen gereinigt werden musste. Bei starkem Wind mussten die Kugeln mit in das Patronenpapier gewickelt werden. Ein Feuerstein reichte für etwa 50 Schuss und wurde mit einem Bleistück eingespannt, das meist aus einer Kugel zurechtgehämmert wurde; diese Praxis wurde dann in der Armee verboten, da die Soldaten die schlechte Angewohnheit hatten, die Kugel mit dem Gewehrschaft zurechtzuklopfen und dabei das Gewehr beschädigen konnten.

WISSENSWERTES Zu den vielen notwendigen Maßnahmen während des Kampfgeschehens gehörte auch, gleich nach dem Schuss zu kontrollieren, ob Rauch aus dem Zündloch kam; dadurch konnte man sicherstellen, dass die Ladung wirklich abgebrannt war, und so ein doppeltes Laden der Waffe vermeiden.

Visitenkarte

Hersteller
Manufacture de St.-Etienne

Zeitalter der Herstellung
Anfang 19. Jh.

Gesamtlänge
33 cm

Lauflänge
18,8 cm

Kavalleriepistole Console

Visitenkarte

Hersteller
unbekannter Hersteller aus Österreich

Herstellungsjahr
etwa 1800

Gesamtlänge
43 cm

Lauflänge
26,8 cm

Oben: ein Stich mit einer Darstellung der österreichischen Kavallerie während der Napoleonischen Kriege.

Sie hat ein flaches **Steinschloss**, einen runden, glatten **Lauf**, einen **Ganzschaft** aus Nussholz und **Beschläge** aus Messing. Das **Korn** ist Teil des Beschlags, der im Mündungsbereich den Lauf umgibt. Die Waffe stammt direkt von der Kavalleriepistole Modell 1798 ab und ist im Gegensatz zu dieser anstatt 47,5 nur noch 43 cm lang.

GESCHICHTE Das als »Console« bezeichnete Modell wurde von Giuseppe Console (1778–1849) patentiert; er war Generaldirektor der staatlichen Lottogesellschaft und für seine Erfindungen im Bereich der Waffen bekannt. 1812 wurde er für den Entwurf eines Flintenschlosses geehrt; 1826 stellte er ein Stahlschloss für Schießpulver vor; 1828 übersiedelte er nach Österreich, um seine Waffenstudien fortzusetzen und 1833 patentierte er schließlich sein System, das von der österreichischen Artillerie übernommen und bei den alten Steinschlosswaffen angebracht wurde. Ein ebenfalls von ihm eingeführtes System bestand im Vergrößern des Zündlochs, um eine Kupfertülle mit Knallquecksilber hineinstecken zu können. Ein »S«-förmiger Pfannendeckel hielt die Tülle in Position und eine Raste blockierte sie von oben. In den Hahn wurde anstatt des Feuersteins ein Eisenstück eingespannt; beim Aufschlagen des Hahns auf den »S«-förmigen Pfannendeckel entzündete sich das Knallquecksilber, das wiederum die Treibladung zündete.

Franz. Offizierspistolen von Dumarest

Visitenkarte

Hersteller
Vital Dumarest, St.-Etienne

Herstellungsjahr
etwa 1810

Gesamtlänge
35 cm

Lauflänge
19,3 cm

Die beiden Offizierspistolen mit Steinschloss aus napoleonischer Zeit sind vom Waffenbauer Vital Dumarest signiert, der 1800–1825 in St.-Etienne tätig war. Die gezogenen **Sechskantläufe** sind leicht profiliert, weisen eine kastanienfarbige Brünierung und ein Dekor von Zweigen, Palmetten und Rhomben auf. Auf der Oberseite des Laufes befindet sich die Inschrift »*Tordu ferre etoffe*«, das Bodenstück ist abgestuft. Der **Vollschaft** aus hellem Nussholz weist den klassischen runden Knauf auf, wie er von Boutet, dem Direktor des Arsenals von Versailles und besten Waffenbauers Napoleons, bevorzugt wurde. Der Griff ist mit feiner Fischhaut versehen. Die **Batterie** besteht aus Stahl, weist eine lange Signatur des Herstellers auf und ist komplett mit Gravuren in Form von Vögeln, Bäumen und Laubwerk versehen. Auch **Abzugsbügel** und Kalotte sind graviert. Der **Ladestock** besteht aus Horn.

Kavalleriepistole An 13

Visitenkarte

Hersteller
Manufacture Impériale de Charleville, Frankreich

Herstellungsjahr
1812

Gesamtlänge
35,2 cm

Lauflänge
20,7 cm

Der runde, glatte **Lauf** dieser Waffe trägt die gravierten Kennzeichnungen »EF« und »1812«. Sie ist dem Modell An 9 sehr ähnlich, jedoch ist das Bodenstück mit »An 13« markiert. Auf dem **Schlossblech** ist der Schriftzug »Man.re Imp.le de Charleville« zu sehen. Die **Beschläge** aus Messing haben dieselbe Markierung wie der Lauf. **Vollschaft** und **Griff** bestehen aus Nussbaumholz, der **Ladestock** ebenso wie beim Modell An 9 aus Eisen. Auch der Schaft ist jenem des Vorgängermodells sehr ähnlich, ist jedoch kürzer und gibt einen Teil des Laufes frei. Anstatt eines Griffabschlusses mit zwei Bändern wurde hier eine kapuzenartige Griffkappe mit Ringhalter angebracht; die Ladestockfeder wurde entfernt.

GESCHICHTE Das abgebildete Modell wurde 1806–1819 hergestellt. Insgesamt wurden davon 300.000 Stück erzeugt.

Pistole der königlichen Leibgarde

Die eigentliche Bezeichnung müsste »Steinschlosspistole Typ 1814, erstes Modell« heißen. Der runde, brünierte, glatte **Lauf** besteht aus Damaszenerstahl; er trägt die Goldinschrift »Gardes du Corps du Roi«; das Bodenstück ist mit 1814 datiert und enthält Punzierungen und vergoldete Gravuren. Das **Schloss** weist die Aufschrift »Mauberge Manut.re R.le« des Modells An 9 auf. Die **Beschläge** sind aus vergoldeter Bronze, der Abzugsbügel endet in einer Lilie. Der Nussbaumgriff ist stark gebogen und hat einen ellipsenförmigen Knauf; auf einem kleinen Silberschild befinden sich Gravuren von Laubwerk, von drei Lilien und der Königskrone. Der **Abzug** ist brüniert und alle Schraubenköpfe sind fein graviert. Der eiserne **Ladestock** hat keine Feder und weist ein Ende in Form eines Nagelkopfes auf. Die Waffe wiegt insgesamt 1,050 kg.

GESCHICHTE Mit der Produktion dieser Pistole war die königliche Manufaktur von Mauberge beauftragt; 123 Paare wurden 1814 und 387 Paare im Jahr 1815 hergestellt. Das Modell wurde in zwei Versionen erzeugt, da es außer von der königliche Leibwache auch von den Musketieren verwendet wurde; in diesem Fall trug die Griffkalotte das Kreuz der Musketiere. Die Modelle wurden unter der Aufsicht von P. Bouny und J. N. Cazamajou hergestellt, deren Prüfmarken auf dem Schloss und auf dem Lauf zu finden sind. 1816 wurde ein zweites Modell für die Leibgarde mit einer Gesamtlänge von nur 30 cm produziert.

Visitenkarte

Hersteller
Manufacture Royale de Mauberge, Frankreich

Herstellungsjahr
1814

Gesamtlänge
36,5 cm

Lauflänge
21,4 cm

Französische Offizierspistolen

Visitenkarte

Hersteller
Manufacture de St.-Etienne

Zeitalter der Herstellung
Anfang 19. Jh.

Gesamtlänge
35 cm

Lauflänge
20,5 cm

Kaliber
17,1 mm

Das Pistolenpaar mit Steinschloss wurde Anfang des 19. Jh.s in Frankreich hergestellt. Der **Achtkantlauf** beider Pistolen ist an der Mündung leicht erweitert; am Bodenstück befinden sich Punzierungen von St.-Etienne. Die **Batterie** ist flach und mit Blattgravur versehen und der Pfannendeckel verfügt über kein Gleitrad. Der **Hahn** hat die Form eines Schwanenhalses. Es sind jeweils zwei kleine **Seitenplatten** vorhanden, davon eine in Form einer Fledermaus. Die **Eisenbeschläge** mit Gravuren in Form von Zweigen und Palmblättern sind im typischen Stil der napoleonischen Zeit gehalten. Der **Vollschaft** besteht aus Nussbaumholz, der **Griff** weist ein feines Fischhautmuster mit Karo auf. Die **Ladestöcke** sind aus gedrehtem Eisen; einige Exemplare sind jedoch auch mit Ladestöcken aus Walfischbein versehen. Als Kaliber war 17,1 mm mit Mikrozügen vorgeschrieben.

GESCHICHTE Die Standardwaffen der Armee hatten meist eine Gesamtlänge von 32 cm oder mehr. Mitunter tragen jene Waffen auf der Oberseite des Laufs die Marke eines Regiments (Husaren, Artillerie etc.). Bei nicht anerkannten Marken ist jedoch Vorsicht geboten.

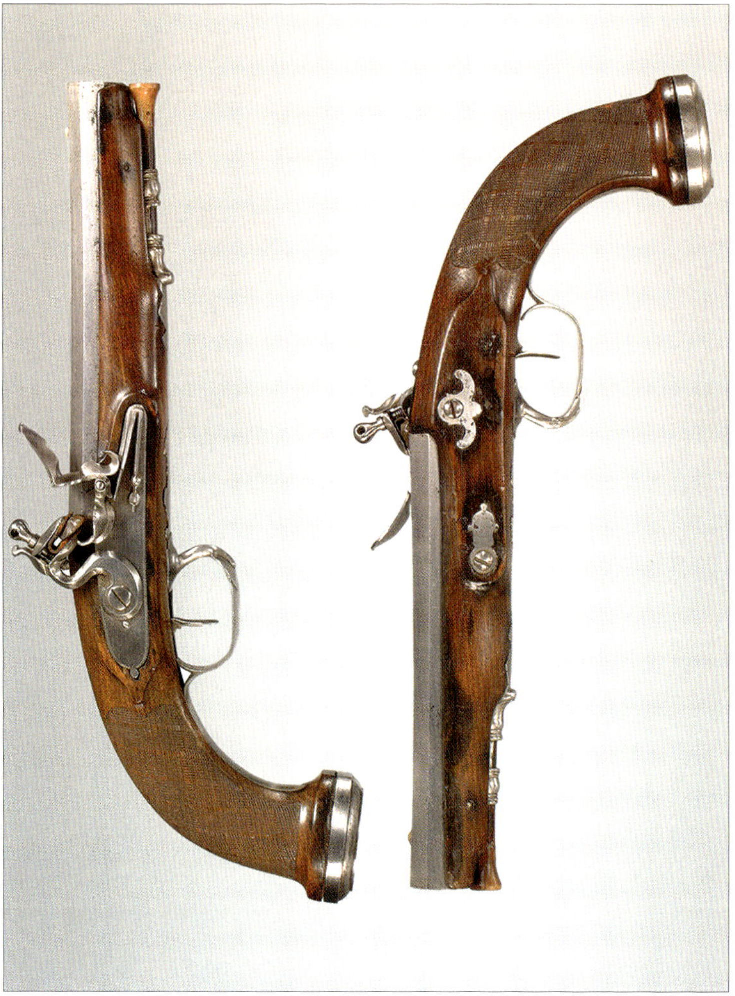

Versuchspistole Biagio Ignesti

Visitenkarte

Hersteller
Ignesti Biagio, Neapel

Zeitalter der Herstellung
Anfang 19. Jh.

Gesamtlänge
34,5 cm

Lauflänge
19,6 cm

Der runde, glatte **Lauf** weist am Bodenstück kaum sichtbare Kanten auf. Die abgerundete Schlossplatte ist mit dem kursiven Schriftzug »Ignesti a Napoli« signiert. Seitlich ist noch eine weitere flache Platte vorhanden, die mit einer Schraube am Schaft befestigt ist; dieselbe Schraube hält auch eine Schutzleiste, die dem gesamten Mechanismus entlangläuft und vorne mit einem Messingring fixiert ist. Der **Halbschaft** weist keinen Abzugsbügel auf. Die **Beschläge** sind aus Messing. Der **Ladestock** ist derselbe, wie er ab dem Modell 1822 T verwendet wurde.

GESCHICHTE Diese außergewöhnliche Pistole war vermutlich eine umgearbeitete französische Kavalleriewaffe vom Modell 1816, die vom Waffenhersteller Ignesti (1800–1826 in Neapel tätig) umgebaut wurde. Der Umbau bestand vor allem im Ersetzen der V-Feder durch eine Feder mit nur einem Arm; dadurch sollte sicherlich ein Bruch der V-Feder, wie es oft an der Faltstelle vorkam, verhindert werden. Eine zweite, sehr bedeutende Veränderung war der seitliche Abzug am hinteren Ende des Schlossblechs. Möglicherweise wurde beim Umbau nicht nur das Schlossblech gekürzt, um Platz für den Abzug zu schaffen, sondern auch der Rahmen ersetzt, damit nach dem Entfernen des Abzugsbügels keine Spuren zurückblieben. Die einzige logische Begründung für einen derartigen Umbau wäre, dass der Besitzer der Waffe keinen Zeigefinger mehr hatte und er daher den Abzug mit dem Daumen betätigen musste.

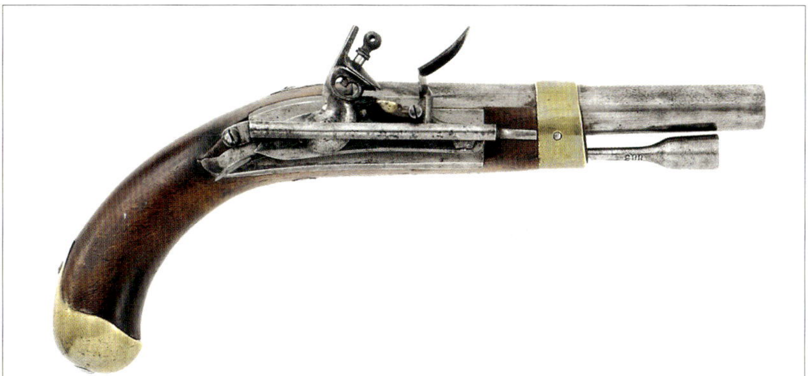

Marine-Tromblon von Nock

Visitenkarte

Hersteller
Henry Nock, London

Zeitalter der Herstellung
erste Hälfte 19. Jh.

Gesamtlänge
39 cm

Lauflänge
23,3 cm

Oben: die Schlacht von Trafalgar am 21. Oktober 1805, einer der größten Erfolge der englischen Marine.

Charakteristisch für diese Pistole ist der schwere, runde, zur Mündung sich erweiternde **Bronzelauf** mit sehr großem Kaliber (an der Mündung 30 mm); auf dem Bodenstück befindet sich der Schriftzug »London«. Die Pistole hat ein **Steinschloss,** eine flache **Schlossplatte** und der **Hahn** ist – typisch für das Patent von Henry Nock – teilweise verdeckt. Auf dem mit glatten **Messingbeschlägen** versehenen Nussbaum-**Schaft** befindet sich die Zahl 23 als Prüfmarke, die sich auch auf dem Abzugsbügel wiederholt. Der hölzerne **Ladestock** ist mit einem Messingdöpper versehen.

GESCHICHTE Der patentierte Tromblon-Lauf Henry Nocks war anfangs für das Dragoner-Gewehr Modell 1796 gedacht. Pistolen wurden nur sehr wenige nach diesem Patent hergestellt. Auffällig am abgebildeten Modell ist die Anordnung von Hauptfeder und Batteriefeder innerhalb der beiden Schlossplatten, wo sich auch ein Teil des Hahns befindet. Auf der inneren Platte ist das Schloss befestigt, die äußere dient als Abdeckung und Schutz für den Mechanismus. Henry Nock bekam 1779 den Auftrag, die Schlösser für die Gewehre der Ostindienkompanie herzustellen. Zu seinen Kreationen gehören die berühmten Entenfußpistolen, die er für die britischen Marineoffiziere baute, mehrläufige Waffen, mit denen gleichzeitig mehrere Schüsse abgegeben werden konnten. Er erfand auch ein Gewehr, das vom Bodenstück aus zu laden war, und ein Steinschloss-Gewehr mit mehreren Läufen, die rund um den Hauptlauf angebracht waren. Eine weitere Erfindung Henry Nocks war eine Zündkammer in Glockenform, in der sich das Pulver schneller entzünden konnte.

Piemontesische Offizierspistole

Der glatte **Achtkantlauf** mit **Korn** trägt die Aufschrift *»Tordu«* und die typische ovale Punzierung von Leclerc. Mündung und Bodenstück sind verbrämt und mit Gold- und Silberbändern verziert. Das **Stahlschloss** mit flacher **Schlossplatte** ist auch mit Gleitrolle an der Batteriefeder und mit der Signierung »Turin« versehen. Der **Vollschaft** besteht aus Nussbaumholz, der **Griff** ist mit Fischhaut versehen. Die **Beschläge** sind aus Messing und der hölzerne **Ladestock** ist mit einem gedrechselten Döpper versehen.

GESCHICHTE Der Lauf wurde sehr wahrscheinlich vom 1807–1810 in Paris tätigen Büchsenmacher und Laufhersteller Jean Leclerc gefertigt. Sein Geschäft war in der Rue des Gravillieres Nr. 35, bevor er seine Werkstatt in die Rue des Gravillieres Nr. 78 verlegte. Genau genommen könnte das Modell auch von den Brüdern Leclerc, den Söhnen von Jean Leclerc, stammen, die ebenfalls Laufhersteller waren und 1835–1840 in Paris arbeiteten. Ein weiterer Leclerc, Gio Batta, war Waffenhersteller in Turin, wo seine Tätigkeit 1775-1819 nachgewiesen ist. *(Oben: ein Gemälde, das piemontesische Soldaten während der Schlacht von Novara 1849 darstellt).*

Visitenkarte

Hersteller
Lauf: Leclerc

Zeitalter der Herstellung
erste Hälfte 19. Jh.

Gesamtlänge
36 cm

Lauflänge
20,7 cm

Franz. Pistole mit drei verdrehbaren Läufen

Visitenkarte

Hersteller
Schloss: J. S. Charlet, Lyon

Herstellungsjahr
etwa 1650

Gesamtlänge
30,5 cm

Lauflänge
15,7 cm

Die abgebildete Pistole ist ein sehr seltenes Stück. Der verdrehbare Block aus drei glatten, runden **Läufen** wird von Eisenplättchen zusammengehalten, die durchbrochen und mit Blattwerk verziert sind. Das Bodenstück trägt Gravuren von geometrischen Mustern und einer Landschaftsszene. Die Hauptfeder des **Steinschlosses** ist graviert und mit dem Schriftzug »J. S. Charlet a Lion« signiert. Auf dem **Hahn** befinden sich Gravuren in Form von Voluten und einer Maske. Die gravierten **Beschläge** sind aus Eisen und die **Seitenplatte** zeigt eine allegorische Szene. Nach jedem Schuss können durch Druck auf den **Abzugsbügel** die Läufe entriegelt und manuell weitergedreht werden. Der **Halbschaft** besteht aus dunklem Wurzelholz.

GESCHICHTE Man empfand es bald als unumgänglich, Waffen mit einer noch höheren Feuerkraft zur Verfügung zu haben; zu den ersten Versuchen in dieser Richtung können die Waffen mit Tromblon-Lauf gezählt werden. Diese fast immer einläufigen Waffen hatten jedoch auch Nachteile, da ihre Angriffskapazität auf einer großen Anzahl von Projektilen basierte. Um eine größere Feuerkraft zu erreichen, dachte man daher an Waffen mit mehreren Läufen, die jeweils einzeln zu laden waren.

WISSENSWERTES Die hier beschriebene französische Pistole mit drei drehbaren Läufen war ursprünglich Teil der Kollektion Henk Visser und wurde von Sotheby's 1991 bei der großen Londoner Auktion *»The Visser Collection: Fine, Rare and Important Arms«* verkauft. Sie war als Losnummer 49 ausgeschrieben und wurde von einem italienischen Sammler erstanden. Mit dem Verkauf bei der Auktion Nr. 9 am 16./17. November 2002 des Versteigerungshauses Czerny's Auction in Sarzana tauchte sie erneut auf dem Antiquitätenmarkt auf.

Franz. Pistolenpaar mit zwei verdrehbaren Läufen

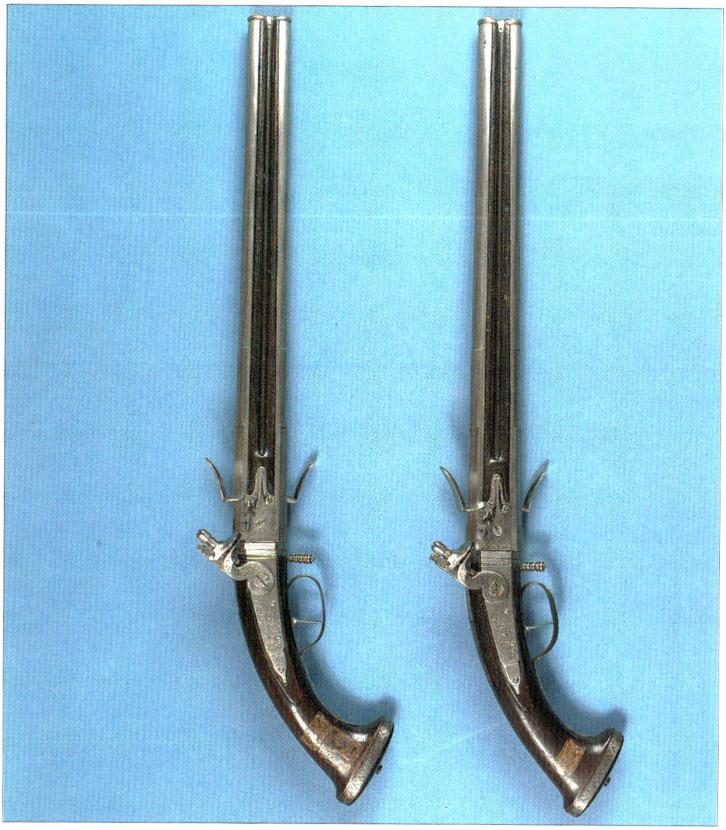

Visitenkarte

Hersteller
Jean Paul Cleft, Grenoble

Herstellungsjahr
etwa 1660

Gesamtlänge
58 cm

Lauflänge
38,9 cm

Die beiden Pistolen wurden 1660 in Grenoble vom Büchsenmacher Jean Paul Cleft hergestellt. Die glatten **Läufe** sind von zwei eckigen Teilstücken auf rund übergehend. Es gibt Abschlussringe an den Laufmündungen und schlichte Gravuren am Bodenstück sowie am ersten Übergang. Vor dem Abzugsbügel ist ein balusterförmiger Hebel aus gedrehtem Eisen angebracht, der zum Entriegeln der Läufe diente, sodass diese weitergedreht werden konnten. Auf der vorderen Hälfte des Schlossblechs befinden sich Zündpfanne, Feder und Pfannendeckel. Die **Schlossplatte** ist flach und weist Blumenmuster-Gravuren sowie die Signierung »Jean Paul Cleft« auf. Der flache Hahn ist in archaischer Form gestaltet, der eiserne **Abzugsbügel** mit Gravuren verziert. Die **Holzgriffe** beider Pistolen bestehen jeweils aus zwei Teilen. Die flachen Griffkappen bestehen aus dunklem Horn und weisen in der Mitte einen Eisenknopf mit Gravuren in Form von Blumen und Ringen auf. Die hölzernen **Ladestöcke** mit Eisendöpper liegen zwischen den Läufen.

GESCHICHTE Jean Paul Cleft war 1650–1700 in Grenoble als Büchsenmacher aktiv. Meist waren mehrläufige Waffen mit nur zwei Läufen versehen, es gibt jedoch auch welche mit bis zu 14 Läufen. Das Hauptproblem war dabei das Gewicht des Laufbündels, wodurch die Handhabung der Waffe sehr schwierig wurde. Noch üblicher war ein Modell mit sieben Läufen, deren sechs um einen zentralen Lauf angeordnet waren. Bei dieser Waffe, die bei der englischen Marine bevorzugt wurde, konnte man alle Läufe gleichzeitig abschießen.

Italienisches Pistolenpaar mit zwei verdrehbaren Läufen

Visitenkarte

Hersteller
Giovanni Sofiantini, Florenz

Herstellungsjahr
etwa 1700

Gesamtlänge
43 cm

Lauflänge
26,4 cm

Die beiden Pistolen haben jeweils zwei übereinander liegende **Läufe**, die von kantig auf rund übergehen und an kleinen Kehlungen verbunden sind. Die vordere Hälfte des **Schlossblechs** ist mit Gravuren verziert und enthält Zündpfanne, Federn und Batterie. Die **Seitenplatte** ist mit Ajourarbeit, Grotesken und Voluten geschmückt. Beide Pistolen haben kleine eiserne Gürtelhaken; die **Beschläge** aus Messing – sie können mit etwa 1750 datiert werden – tragen Ziselierungen in Form von Blättern und Büsten. Die **Batterien** weisen den kursiven Schriftzug »Giov. Sofiantini« bzw. »A Firenze« auf. Die **Griffe** aus dunklem Nussholz stammten vermutlich aus derselben Zeit wie die Beschläge.

GESCHICHTE Giovanni Sofiantini war 1750–1780 Waffenschlosser in Florenz; er verwendete auch die Signaturen »Sofiantino«, »Soffianti« und »Sofentini«. Um 1700 waren auch gleichnamige Berufskollegen in Brescia tätig. Das beschriebene Pistolenpaar wurde sicherlich für einen Auftraggeber von hohem Rang gefertigt. Obwohl es in Florenz hergestellt wurde, ist außer auf den Seitenplatten und auf den Schilden der Griffe kein Einfluss der zu dieser Zeit hier typischen spätbarocken Mode zu erkennen. Die Ausfertigung der dargestellten Pistolen erforderte eine äußerst präzise Arbeit, vor allem wenn man die damals verwendeten Werkzeuge in Betracht zieht. Ähnliche Pistolen waren in Frankreich und Deutschland wesentlich häufiger, in Italien jedoch eher selten.

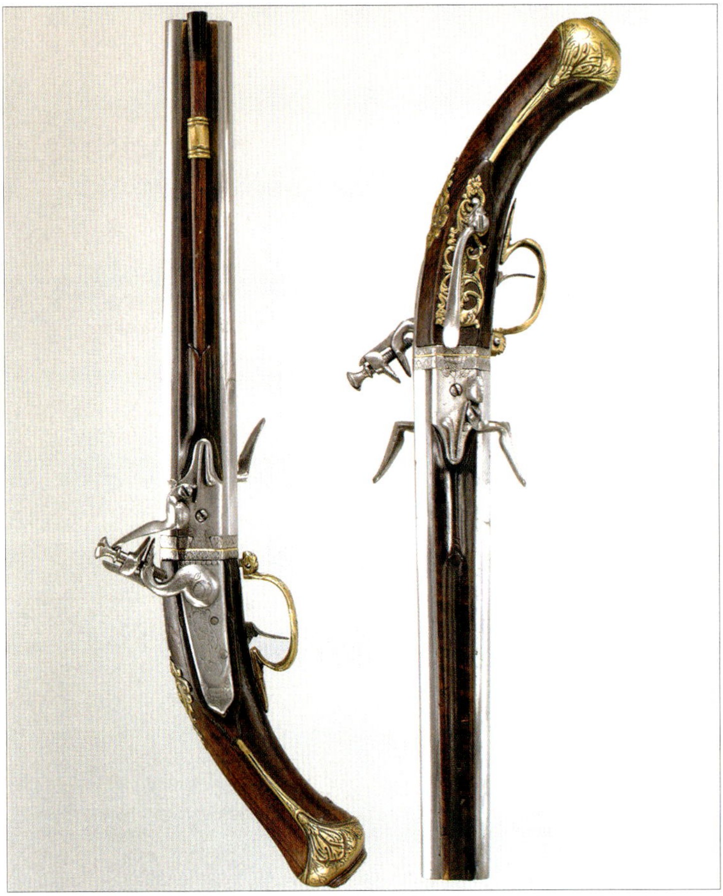

Deutsche Wenderpistole mit zwei Läufen

Die beiden übergehenden **Läufe** weisen einen Ring am Übergang, ein silbernes **Korn** und die Signierung »Joseph Hauer« auf. Die flache **Schlossplatte** ist mit Gravuren in Form von Blumenmustern und Jagdszenen dekoriert, die sich auf den **Silberbeschlägen** wiederholen. **Schaft** und **Griff** aus Nussbaumholz sind mit geschnitzten Reliefs verziert. Das Drehen der Läufe, auf welchen sich jeweils Zündpfanne und Pfannendeckel befinden, geschieht manuell nach Zurückschieben des **Abzugsbügels**. Die vordere **Schlossplatte** weist am Rand die Aufschrift »A Bamberg« auf. Der hölzerne **Ladestock** hat einen Silberdöpper.

GESCHICHTE Der Waffenhersteller Joseph Hauer betrieb 1700–1750 eine Werkstätte in Bamberg. Aus der gleichen Familie sind auch Anderle (1671), Andreas (1750–1760) und Stephen (1780) bekannt, die alle in Würzburg tätig waren.

WISSENSWERTES Zu den bedeutendsten vor dem 18. Jh. gemachten Verbesserungen bei Feuerwaffen gehören die Damastläufe. Früher waren solche Läufe aus dem Nahen Osten eingeführt worden oder entstammten der Kriegsbeute aus den Türkenkriegen und waren dann auf europäische Waffen montiert worden. Nun begannen auch die deutschen, englischen und russischen Schmiede, Damastläufe herzustellen. In Deutschland war man damals sehr dem Wendergewehr mit verdrehbaren Läufen zugetan und auch bei Pistolen begann man, das Wendersystem anzuwenden. Die Griffe aus dieser Zeit sind asymmetrisch und bereits den spätbarocken Formen sehr ähnlich.

Visitenkarte

Hersteller
Joseph Hauer, Bamberg, Deutschland

Herstellungsjahr
etwa 1700

Gesamtlänge
48 cm

Lauflänge
39,6 cm

Vierläufige Wenderpistole aus England

Visitenkarte

Hersteller
Galton, London

Herstellungsjahr
etwa 1780

Gesamtlänge
18 cm

Lauflänge
7 cm

Kurze Taschenpistolen mit vier verdrehbaren Läufen wurden vor allem in England verwendet. Bei der hier abgebildeten Waffe werden die Läufe zum Laden abgeschraubt. Um die Waffe schussbereit zu machen, werden die **Läufe** mit den jeweiligen Zündpfannen, Pfannendeckeln und Innenfedern verdreht. Das **Eisenschloss** ist mit Blumengravur verziert und trägt die Inschrift »Galton London«. Der **Griff** aus Eisen ist ebenfalls mit Blumengravur dekoriert und besitzt seitlich ausgebauchte Griffschalen. Durch Zurückschieben des **Abzugsbügels** wird das Laufbündel entsperrt, das von Hand um 180 Grad gedreht werden kann. Zum Abschrauben der Läufe wird ein sechseckiger Spezialschlüssel in den dafür vorgesehenen Einschnitten an den Laufmündungen angesetzt. Nach dem Einfüllen des Pulvers wird die Kugel auf einer konischen Hülse positioniert und der Lauf wieder angeschraubt. Sobald die Zündpfannen gefüllt und die Pfannendeckel geschlossen sind, können vier Schüsse aus der Waffe abgefeuert werden. Der gesamte Ladevorgang erfordert nur relativ wenig Zeit.

Pistole Patrick mit drei feststehenden Läufen

Diese Waffe hat drei zum Laden abschraubbare, runde, glatte, brünierte, von 1–3 nummerierte **Läufe**. Das Messingschloss mit seitlichem Drehmechanismus und Sicherungsschieber am Rücken ist mit Gravuren von Trophäen verziert und mit »Patrick Liverpool« signiert. Der **Griff** aus Nussbaumholz mit feiner Fischhaut ist mit einem rhomboidförmigen Silberschild dekoriert. Auf dem Pistolengriff befindet sich ein Löwenkopf als Messingrelief. Bei dieser Waffe mussten zuerst die drei Läufe geladen und dann die in der Mitte montierte Zündpfanne gezündet werden. Die beiden oberen Läufe wurden gleichzeitig abgeschossen. Nach der ersten Salve musste der seitliche Wählmechanismus um 90 Grad und damit der innere Block gedreht werden, sodass die zweite Zündpfanne zum Vorschein kam. Diese wurde nun gezündet, der Pfannendeckel neuerlich abgesenkt und somit konnte mit dem unteren Lauf ein dritter Schuss abgegeben werden.

Visitenkarte

Hersteller
Patrick, Liverpool

Herstellungsjahr
etwa 1800

Gesamtlänge
17 cm

Lauflänge
6,1 cm

Pistole mit vier feststehenden Läufen

Visitenkarte

Hersteller
Richards, England

Herstellungsjahr
etwa 1800

Gesamtlänge
20 cm

Lauflänge
7,1 cm

Die vier feststehenden **Läufe** sind rautenförmig angeordnet und von 1 bis 4 nummeriert. Das **Eisenschloss** ist mit »Richards« signiert und trägt Gravuren in Form von Trophäen. Der glatte, flache **Griff** besteht aus Nussbaumholz. Auf dem Pistolenrücken befindet sich ein **Sicherungsschieber** und auf der Seite ein Drehmechanismus, der auf drei Positionen gestellt werden kann: Position »Null« entspricht dem oberen Lauf, durch eine Drehung um 45 Grad erreicht man die zweite Position für die beiden mittleren Läufe. Durch eine weitere Drehung der Scheibe um 45 Grad wird der Zündmechanismus in Verbindung mit dem unteren Lauf gebracht.

GESCHICHTE Zu den mehrläufigen Pistolen gehören auch die so genannten »Entenfuß-Pistolen«. Diese Waffen, die meist mit 4–5 fächerförmig angeordneten Läufen ausgestattet waren, wurden vor allem auf Schiffen verwendet. Entenfuß-Pistolen gehören zu den am häufigsten gefälschten Waffen, da sie relativ leicht von einem Waffenmechaniker aus vergleichsweise wertlosen einläufigen Pistolen aus jener Zeit nachgebaut werden können.

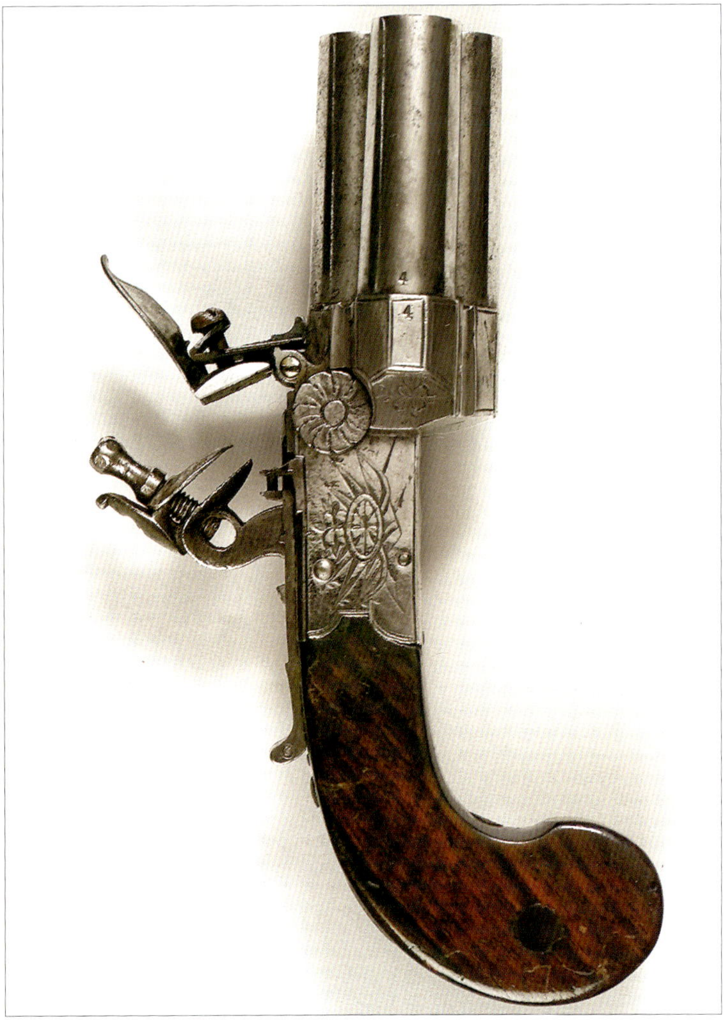

Prunkpistole

Visitenkarte

Hersteller
unbekannter Hersteller aus St.-Etienne

Zeitalter der Herstellung
erste Hälfte 19. Jh.

Gesamtlänge
35,5 cm

Lauflänge
18,9 cm

Diese Perkussionspistole hat einen glatten **Kantlauf** aus Damast, der sich an der Mündung etwas erweitert und den goldenen Schriftzug »C.n a Rubans Damasse« und an Bodenstück und Mündung Goldverzierungen aufweist. Die **Batterie** mit schöner Blattwerkgravur trägt in der Mitte ein Schild mit der Aufschrift »à St. Etienne«. Die **Eisenbeschläge** sind mit Gravuren versehen, der **Ladestock** ist ebenfalls aus Eisen und der **Halbschaft** aus Nussbaum verfügt über einen **Griff** mit Fischhaut.

GESCHICHTE Die beschriebene Pistole erinnert sehr an das Offiziersmodell 1816/1822 T mit Steinschloss, das 1840 zu einer Perkussionspistole umgebaut wurde. Dieser Waffentyp war ursprünglich nicht durch militärische Normen standardisiert. Die Offiziere beschafften sich ihre Waffen selbst und die verschiedenen Hersteller richteten sich bei deren Herstellung nur vage nach militärischen Standards. Das abgebildete Modell wurde nie umgebaut – es handelt sich um eine bereits ursprünglich mit Piston versehene Pistole, die jedoch nach dem Stil der 30 Jahre zuvor erzeugten Steinschlosswaffen gebaut wurde.

Taschenpistolen in Kasten

Visitenkarte

Hersteller
unbekannter Hersteller aus Belgien

Herstellungsjahr
etwa 1850

Gesamtlänge
17,5 cm

Lauflänge
9 cm

Die **Damastläufe** mit kannelierter Außenkontur sind an der Vorderseite des Bodenstücks angeschraubt. Die aus einem Stück bestehenden **Eisenschlösser** sind mit Blumengravuren und zwei Eisenbändern dekoriert, die oberhalb und unterhalb des Griffs weiterlaufen. Das Zündhütchen wird rechts in eine geschmiedete Vertiefung in Form eines Halbkreises gesteckt, dessen obere Fortsetzung eine V-förmige Visierscheibe bildet. Die glatten **Griffe** bestehen aus Elfenbein. Die **Perkussionsschlösser** weisen einen seitlichen **Hahn** mit hohlem, graviertem Kopf und hohem, aber nicht gerieftem Kamm auf. Der glatte **Abzug** ist verdeckt und wird erst beim Spannen des Hahns sichtbar. Auf dem Bodenstück ist die Markierung »ELG« zu sehen. Die beiden kurzen Taschenpistolen befinden sich in einem mit rotem Samt ausgelegten **Kasten** aus Nussbaumholz, der auch eine Pulverflasche aus Elfenbein und eine Kugelzange enthält.

GESCHICHTE Die besondere Art des Hahns wurde zu jener Zeit entwickelt, als die Zündhütchen, um weich genug zu sein, aus sehr dünnem Kupferblech hergestellt wurden und, sobald der Schlagbolzen des Hahns darauf schlug, oft zersplitterten. In einem solchen Fall wurden bei dieser Waffe die Teile nicht weggeschleudert, sondern verblieben im Kopf des Hahns.

Pistolenpaar mit Hahn auf der Laufunterseite

Die beiden Pistolen haben eiserne **Achtkantläufe** mit Mikrozügen und lange Verbindungsstücke, die sich zum **Griff** hin verlängern und diesen verstärken. Die Schäfte sind mit dem Schriftzug »Par Brevet J. B. Cessier St.-Etienne« versehen. Die **Hähne** befinden sich jeweils in der Mitte unter dem Lauf; die **Abzugsbügel** sind aus Eisen und mit Fingerhaken versehen. Die **Griffe** bestehen aus Nussbaumholz mit Fischhaut; der Pistolengriff ist mit einer kleinen Skulptur verziert.

GESCHICHTE Dieser Waffentyp war in Europa sehr selten anzutreffen, wurde jedoch in den Vereinigten Staaten sehr geschätzt. Die kleineren Modelle wurden auch als *bootleg* (Pistolen für den Stiefelschaft) bezeichnet, da sie durch die Position des Hahns unterhalb des Laufs leicht in den Stiefel gesteckt werden konnten. Außerdem war nun das Visier nicht mehr durch den Hahn verdeckt. Das beschriebene Pistolenpaar wurde von Jean Baptiste Cessier hergestellt, der 1839–1845 in St.-Etienne tätig war. Auch zahlreiche weitere Namensvettern, die in der französischen Stadt wirkten, sind geschichtlich belegt: darunter ein Büchsenmacher namens Cessier und M. H. Cessier, dessen Aufenthalt 1819–1845 nachgewiesen ist. Ein weiterer Träger dieses Namens arbeitete 1825–1840 in Paris und wurde bei der Weltausstellung 1827 erwähnt.

Visitenkarte

Hersteller
Jean Baptiste Cessier, St.-Etienne

Herstellungsjahr
etwa 1845

Gesamtlänge
37,5 cm

Lauflänge
23 cm

Französische Scheibenpistolen

Visitenkarte

Hersteller
Roguet,
St.-Etienne

Herstellungsjahr
etwa 1840

Gesamtlänge
35,5 cm

Lauflänge
20,2 cm

Beide Pistolen weisen einen fein damaszierten **Achtkantlauf** mit Mikrozügen, **Korn** mit Kornführung, Kimme am hinteren Laufende und ein graviertes **Stahlschloss** mit vorliegender Feder auf, das innerhalb einer stilisierten Schriftrolle die Signatur »Roguet a St.-Etienne« trägt. Die **Halbschäfte** bestehen aus Nussholz, die **Griffe** sind mit korbartiger Schnitzerei versehen. Die **Abzüge** haben Mikrometerschrauben für die Regulierung; die **Eisenbeschläge** weisen Gravuren und der eiserne **Ladestock** Messingdöpper auf. Das Pistolenpaar ist in einem **Nussholz-Kasten** mit zwei Ebenen aufbewahrt; das Innere des Kastens ist mit blauem Tuch ausgelegt, der Name des Herstellers in Gold eingeprägt. Auf der oberen Ebene liegen die Pistolen, die

Pulverflasche aus getriebenem Kupfer, eine eiserne Kugelzange, die Ölflasche, das aufschraubbare Piston, eine Munitionsdose aus Buchsbaumholz sowie zwei Putzstockaufsätze, nämlich Dochthalter und Kugelzieher. Im unteren Kastenteil befinden sich Ladestöcke, Hammer und eine Pistondose – alles aus Messing und gedrechseltem Buchsbaumholz. Die Kastenmaße sind 60 x 21 x 12 cm.

WISSENSWERTES Meist wurden nur Duellpistolen im Kasten aufbewahrt; die ungewöhnliche Anordnung dieses Pistolenpaars in zwei Ebenen deutet jedoch darauf hin, dass es sich um Scheibenwaffen handelt.

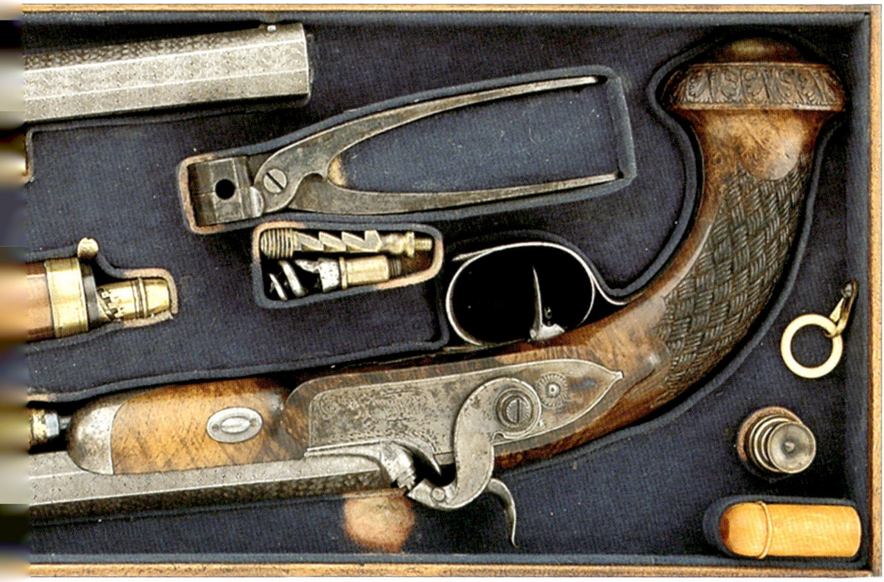

Taschenpistole mit abschraubbarem Lauf

Visitenkarte

Hersteller
unbekannter Hersteller aus Belgien

Zeitalter der Herstellung
erste Hälfte 19. Jh.

Gesamtlänge
15 cm

Lauflänge
6,7 cm

Der glatte **Lauf** ist abschraubbar, das **Schloss** mit Blumengravur verziert. Der **Griff** besteht aus Elfenbein; der **Abzug** ist verdeckt und kommt zum Vorschein, wenn der **Hahn** angehoben wird.

GESCHICHTE Nachdem es infolge von mannigfachen Experimenten der englischen, französischen und amerikanischen Büchsenmacher schließlich gelang, eine Zündkapsel aus Kupfer mit sicherer Handhabung und guter Funktion herzustellen, erlebte die Taschenpistole eine weite Verbreitung.

Taschenpistole aus Eisen

Visitenkarte

Hersteller
unbekannter Hersteller aus Europa

Zeitalter der Herstellung
erste Hälfte 19. Jh.

Gesamtlänge
18,5 cm

Lauflänge
8,9 cm

Diese Perkussionstaschenpistole weist einen glatten **Achtkantlauf** auf. Die Mechanik funktioniert nach dem Box-Lock-System: Lauf, **Schloss** und Griff bestehen aus einem einzigen Metallblock, der Zugang zum Mechanismus erfolgt über eine seitlich angebrachte, abnehmbare **Schlossplatte**.

Duellpistolen in Kasten

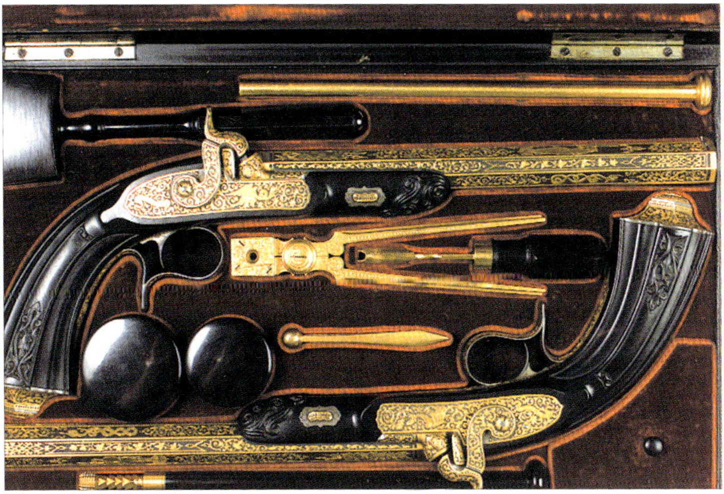

Visitenkarte

Hersteller
Devisme, Paris

Herstellungsjahr
etwa 1850

Gesamtlänge
44,5 cm

Lauflänge
27 cm

Jede der beiden Pistolen weist am Laufende eine Nummer (1 bzw. 2) auf. Der **Sechskantlauf** ist zur Gänze mit Goldverzierungen (Triebe, Waffentrophäen, Drachen, Krieger mit Wappenschilden) überzogen. Auf der Oberseite des Laufes befindet sich die Signatur »Devisme Arquebusier«, auf der Unterseite die Inschrift »Acier Tordu«. Das **Perkussionsschloss** enthält eine Signatur in einer stilisierten Schriftrolle und ist mit Voluten und einem feuerspeienden Drachen dekoriert. Die Ziselierungen auf den **Beschlägen** sind *en suite* gearbeitet; auf der silbernen **Seitenplatte** wiederholen sich die Motive des Schlosses mit einem Drachen und Blumenvoluten. **Schaft** und **Griff** aus Ebenholz enthalten Schnitzereien mit Blumenmotiven. Die Kugelzange *(links)* ist zur Gänze vergoldet und mit *en suite* gearbeiteten Gravuren verziert. Der Kasten für das exzellente Pistolenpaar ist aus Ebenholz; der Deckel ist mit Messingdekor versehen, das Innere mit weinrotem Samt ausgelegt. Die Kastenmaße sind 44 x 26 x 7 cm.

GESCHICHTE Die Firma Devisme wurde von F. P. Devisme gegründet, einem Schüler und Nachfolger Debouberts. Er war Mitte des 19. Jh.s (1843–1870) in Paris tätig; anfangs arbeitete er in der Rue Helder 12 und ab 1850 am Boulevard des Italiens 36. Devisme war einer der besten Konstrukteure von Prunkwaffen.

WISSENSWERTES Laut mündlicher Überlieferung soll dieser Kasten einst ein Geschenk von Viktor Emanuel II. an den portugiesischen König gewesen sein.

Belgische Pistole

Visitenkarte

Hersteller
Liegi

Herstellungsjahr
etwa 1850

Gesamtlänge
20,5 cm

Lauflänge
14 cm

Sie hat einen brünierten, gezogenen **Achtkantlauf**; Zündkammer und Verbindungsstück zwischen Lauf und Schaft sind aus graviertem und poliertem Stahl. Auf der linken Seite befindet sich die Punzierung »Liegi«. Das **Stahlschloss** mit rückliegender Feder ist ziseliert; die Schlossplatte mit außergewöhnlichem rechtwinkeligem Profil verläuft fast bis zum Griffende. Der Griff aus geädertem Nussbaumholz ist stark abgewinkelt. Der eiserne **Abzugsbügel** ist mit Ziselierungen versehen; der **Ladestock** befindet sich im Griff, sein flacher Kopf bildet die Griffkappe.

GESCHICHTE Diese Pistole mit fast rechtwinkeligem Griff und ungewöhnlichem Ladestock gehört zu einer beschränkten Serie von Waffen, die nach dem Patent von Gustave Delvigne hergestellt wurden. Delvigne (1799–1876), Offizier der Königlichen Garde in Paris, erfand 1836 ein System mit verkleinerter Pulverkammer; später patentierte er einen Revolver des Typs »Chamelot-Delvigne«, der als reglementierter Revolver unter der Bezeichnung »Modell 1873« bei der französischen Armee Verwendung fand.

Russische Prunkpistole

Diese Pistole verfügt über einen glatten, runden **Lauf** mit **Korn**; das **Stahlschloss** mit vorliegender Feder ist fein graviert und weist die kyrillische Inschrift »Tula-P. Goltiakov« auf. Der **Halbschaft** besteht aus Nussbaum, die **Beschläge** aus reinem Silber sind punziert und mit Blumengravur geschmückt. Auf dem Pistolengriff befindet sich ein kleines silbernes Schild *(im Detailfoto links)* mit Zarenkrone, zweiköpfigem Adler und dem Monogramm »HI« in kyrillischer Schrift – ein Hinweis, dass die Waffe einst Zar Nikolaus I. gehörte. Der **Ladestock** ist aus Eisen.

GESCHICHTE Diese Waffe, die Nikolaus I. gehörte, bildete mit dem in der Eremitage von Sankt Petersburg aufbewahrten und im Band *Fine Arms from Tula* von 1977 beschriebenen Exemplar ein Paar. Bei russischen Waffen ist der Name des Herstellers nur sehr selten, fast immer jedoch der Herstellungsort angegeben (hier: Tula-St. Petersburg). Die berühmtesten russischen Handwerker, die zu jener Zeit in Tula arbeiteten, waren A. Leontiew, Ivan Lialin, W. Kalesnikow und Ivan Puschkin, der die Schäfte mit gravierten und vergoldeten Kupferplaketten inkrustierte. In Sankt Petersburg wirkte auch der äußerst geschickte schwedische Waffenhersteller Johan-Adolph Grecke.

Visitenkarte

Hersteller
Piotr Goltiakov, Tula, Russland

Herstellungsjahr
etwa 1850

Gesamtlänge
28 cm

Lauflänge
14,5 cm

Kosakenpistolen in Kasten

Visitenkarte

Hersteller
Nagel & Menz, Baden-Baden

Herstellungsjahr
1870

Gesamtlänge
37 cm

Lauflänge
24,7 cm

Der Kasten enthält eine morlakische Prunkpistole. Der **Lauf** ist von eckig auf rund übergehend und ebenso wie das glatte **Schloss** mit rückliegender Feder mit Goldtauschierarbeit verziert. Auch der seitlich auf der **Schlossplatte** befindliche Druckknopf zum Lösen des Kipplaufs ist mit vergoldeten Voluten und Trieben dekoriert. Der **Griff** aus Ebenholz ist mit Fischhaut versehen. Die Griffkappe besteht aus einer Elfenbeinkugel, die geöffnet werden kann und Platz für vier Reservepatronen bietet. Am Ende des Knaufs befindet sich ein Aufhängering. Der **Abzug** hat die Form einer Kugel. **Batterie** und Lauf sind mehrfach signiert; die Verstärkung auf der Oberseite des Schafts

ist mit dem vergoldeten Monogramm »A. P.« versehen. Die Waffe befindet sich in einem **Holzkasten**, der außen mit grünem Maroquinlider überzogen ist und einen vergoldeten Rahmen mit dem gravierten und in Ajourarbeit gearbeiteten Adler des Zarenreiches aufweist. Innen ist der Kasten mit weinrotem Samt ausgelegt, auf dem Deckel befindet sich die Signatur der Firma Nagel & Menz aus Baden-Baden. Der Kasten misst 41 x 22 cm, enthält einen Munitionsbehälter, einen Schraubenzieher, ein Werkzeug für die Demontage des Schlagbolzens und einen Putzstock. Auch diese Werkzeuge sind vergoldet.

GESCHICHTE Die Hersteller dieser exzellenten Waffe arbeiteten in Straßburg und im Kurort Baden-Baden, die zu jener Zeit gerne vom hohen russischen Adel besucht wurden.

Pistole M 1822 T bis

Visitenkarte

Hersteller
Manufacture Royale de Mauberge, Frankreich

Herstellungsjahr
Lauf: 1826

Gesamtlänge
35 cm

Lauflänge
20,4 cm

Kaliber
17,7 mm

Die hier beschriebene Kavalleriepistole ist ein von einer Steinschloss- zur Perkussionspistole umgebautes Exemplar. Vom ursprünglichen **Schloss** mit vorliegender Feder wurden der Hahn mit den Spannbacken, Zündpfanne, Pfannendeckel und Batteriefeder entfernt; zudem wurden unnötige Schraublöcher verdeckt und die Vertiefung, in der sich die Zündpfanne befunden hatte, durch ein angeschraubtes Stück ausgefüllt.

GESCHICHTE Von diesem Modell gibt es auch Exemplare, die von vornherein als Perkussionswaffe gebaut wurden, bei welchen natürlich keine überflüssigen Schraublöcher oder Vertiefungen durch eine zuvor angebrachte Zündpfanne vorhanden sind. Das Kaliber wurde durch Ausbohren vergrößert – von den ursprünglichen 17,1 mm auf 17,6 mm beim Modell 1822 T und auf 17,7 mm mit vier Zügen beim Modell 1822 T bis. Der hohle Kopf des Ladestocks bekam eine kegelstumpfartige Form. Der Hahn mit Schlagnase und gerieftem Sporn ist auf der alten Nuss des Steinschlosses montiert. Der Abschluss des Bodenstücks wurde mitunter ersetzt; in diesem Fall ist am hinteren Laufende das Datum 1822 zu sehen. Die Kennzeichnungen sind noch vom Originalmodell vorhanden; auf der linken Seite befindet sich die Kennzeichnung »C. de 17,6« für das Modell 1822 T, während die Markierung »C. de 17,7 NA« auf einen neuen Lauf und das Kaliber 17,7 mm der umgebauten M 1822 bis hinweist. Bei der Jahreszahl können folgende Kürzel für die Umbaufirma stehen: »MR« (Manufacture Royale) »MN« (Manufacture Nationale) und »MI« (Manufacture Impériale).

Kavalleriepistole Augustin

Der runde, glatte **Lauf** ist mit mehreren Punzierungen versehen; das **Schloss** ist mit »843« datiert. Die **Beschläge** sind aus Messing, **Schaft** und **Griff** aus dunklem Buchenholz. Bei der Waffe befindet sich kein Ladestock, da dieser am Schulterriemen getragen wurde. An der Griffkappe ist ein Tragriemenring befestigt. Das vorschriftsmäßige Kaliber beträgt 16,98 mm.

GESCHICHTE Das System Augustin war eine Modernisierung des Röhrchenzünders von Console und wurde ab 1840 bei der gesamten österreichischen Armee eingeführt. Der alte Mechanismus wurde mit neuer Zündpfanne mit speziellem Pfannendeckel versehen, der sich direkt auf die Pfanne senkte. Man schuf einen massiven Zündstift und der Kopf des Hahns wurde abgeflacht. Zum Zünden wurde eine Kapsel in das Zündloch gesteckt und der Pfannendeckel abgesenkt; der flache Kopf des Hahns schlug auf den Zündstift, wodurch die Kapsel gezündet wurde. Eine weitere bedeutende Verbesserung des Systems Augustin bestand in einer neuen Pulvermischung für die Kapsel. Sie bestand aus Kaliumchlorat, Holzkohle und Schwefel, wurde in ein Kupferröhrchen gefüllt und zum Schutz vor Feuchtigkeit mit Kitt versiegelt.

WISSENSWERTES Vincenz Freiherr von Augustin wurde 1780 geboren, war Feldzeugmeister der österreichischen Armee und gründete 1814 die österreichische Raketenbatterie. 1848 wurde ihm die Verwaltung des Wiener Arsenals übertragen und 1849 wurde er zum Generalartilleriedirektor ernannt. Augustin starb 1859.

Visitenkarte

Hersteller
unbekannt

Herstellungsjahr
etwa 1843

Gesamtlänge
44 cm

Lauflänge
26,5 cm

Kaliber
16,98 mm

Russische Pistole M 1809

Visitenkarte

Hersteller
Manufaktur von Tula, Russland

Herstellungsjahr
1845

Gesamtlänge
40 cm

Lauflänge
25 cm

Kaliber
17,78 mm

Diese Perkussionspistole für die russische Armee entstand durch Umbau der Ordonnanzpistole mit Steinschloss M 1809. Sie weist einen **Halbschaft** aus Nussbaum und das typische regulierbare **Korn** aus Messing auf. Auf dem glatten **Lauf** befindet sich das Datum »1844«. Das runde **Schloss** ist ein umgebautes Steinschloss; es trägt eine kyrillische Inschrift und das Datum »1845«. Die **Beschläge** sind aus Messing und enthalten Punzierungen. Auf der **Seitenplatte** befindet sich die Jahreszahl »1844«, auf dem **Pistolenknauf** ein kleines Schild mit russischem Wappen. Die Waffe wiegt insgesamt 1,4 kg.

GESCHICHTE Das russische Dragonerkorps *(rechts: ein Offizier)* wurde 1631 gegründet, 1670 zählte es bereits 11.500 Mann. Man kann sich leicht vorstellen, dass der Bewaffnung einer derart mächtigen Kavalleriekompanie besondere Aufmerksamkeit gewidmet wurde. Unter der Herrschaft Peters des Großen wurde die erste standardisierte Pistole (Kaliber: 17,3 mm) eingeführt. Eine häufig bei der Kavallerie verwendete Waffe war die Karabinerpistole. Sie war, um sie leichter laden zu können, mit einem relativ kurzen Lauf ausgestattet, was aber wieder den Nachteil einer sehr niedrigen Treffsicherheit mit sich brachte. Um diesem Problem abzuhelfen, wurde der Stutzen M 1788, ein Gewehr mit gezogenem Lauf, erfunden. Diese sehr gut funktionierende Waffe war jedoch schwer herzustellen, wurde daher nur in geringer Stückzahl produziert und fand ausschließlich bei Spezialkorps Anwendung. Die Pistole war somit weiterhin die Standardwaffe der Kavallerie, die fast 50 Jahre lang mit dem 1809 eingeführten Modell ausgerüstet wurde. 1839 wurde der Schaft unter dem Lauf verkürzt, um eine Gewichtsverringerung zu erreichen.

Amerikanische Kavalleriepistole 1842

Der **Rundlauf** dieser Pistole ist an der Mündung glatt abgeschnitten und hat ein Kaliber von .54" oder 13,6 mm. Das **Korn** befindet sich 11 mm hinter der Laufmündung. Der eiserne **Ladestock** ist mittels drehbarem Scharnier am Lauf befestigt. Das **Schloss** mit vorliegender Feder trägt den Schriftzug »U. S. H. Aston – Middle.tn Conn. 1850«. Der **Hahn** ist wie bei einigen Jagdgewehren im vorderen Teil offen. Die **Beschläge** sind aus Messing und von der Griffkappe verläuft ein Band über den Pistolenrücken bis zum Laufende. Der **Halbschaft** aus amerikanischem Nussholz weist einige militärische Punzierungen auf. Die Waffe wiegt 1,25 kg.

GESCHICHTE Diese Waffe war die erste Vorderladerpistole mit Perkussionsschloss, die bei der amerikanischen Armee eingeführt wurde. Sie wurde in der Kavallerie und zum kleinen Teil auch bei der Marine verteilt; die Pistolen für die Marine trugen auf der Schlossplatte eine Punzierung in Form eines Ankers. Gleichzeitig mit der Herstellung des beschriebenen Modells ließ man auch die Pistole M 1836 von privaten Firmen zur Perkussionswaffe umbauen. Das Modell 1842 wurde vor allem bei der amerikanischen Kavallerie verwendet, bis es hier durch die vollendeteren Colt und Remington Revolver ersetzt und an andere Garnisonen weitergegeben wurde. Das Modell 1842 wurde von mehreren Herstellern gefertigt; die bedeutendsten waren Ames, der auch die Marineversion herstellte, die Armeria von Palmetto und Johnston in Middletown, Connecticut. In dieser amerikanischen Stadt hatte auch H. Aston seinen Sitz, der 1851 die Firma »H. Aston & Company« gründete. Der aus England eingewanderte Aston begann bei Simeon North in Middletown zu arbeiten; 1843 kündigte er, um seine eigene Firma zu gründen. Spätere Teilhaber bei H. Aston & Co. waren auch Nelson Aston, John North, Silvestre C. Bailey, Peter Aston und I. N. Johnson. Die Gesellschaft bekam den Armeeauftrag zur Lieferung von 30.000 Pistolen zu je $ 6,50.

Visitenkarte

Hersteller
H. Aston, Middletown, USA

Herstellungsjahr
1850

Gesamtlänge
37,5 cm

Lauflänge
22,7 cm

Kaliber
13,6 mm

Französische Offizierspistolen

Visitenkarte

Hersteller
unbekannter Hersteller aus Frankreich

Herstellungsjahr
1820

Gesamtlänge
43 cm

Lauflänge
28 cm

Kaliber
17,1 mm

Dieses Perkussionspistolenpaar ist ein Umbau von Kavalleriepistolen M 1777 mit Steinschloss. Der von facettiert auf rund übergehende **Lauf** ist gut 9 cm länger als jener der ursprünglichen Waffe. Das **Schloss** aus Messing ist mit Gravuren in Form von Laubwerk und ebenso wie der Griff mit Trieben und Einfassungen verziert. Die Waffe wiegt etwa 1,2 kg und ist deutlich leichter als jene Version der gleichen Waffe, die für die Truppe hergestellt wurde. Bei Offizierswaffen – auch bei der hier beschriebenen – war auch das **Schloss** zierlicher gehalten. Der **Ladestock** steckt in einer Bohrung an der rechten Seite des Laufes. Gürtelhaken ist wie bei allen Offizierswaffen keiner vorhanden. Das Kaliber beträgt 17,1 mm.

GESCHICHTE Das ursprüngliche Pistolenmodell hatte vor dem Umbau eine spezielle »S«-förmige Batteriefeder, die genau die unteren Konturen der Zündpfanne nachzeichnete. Direkt vor dem Hahn ist ein abgedecktes Schraubloch zu sehen, wo beim Originalmodell die Feder von einer Schraube gehalten wurde. Unmittelbar vor dem Piston befindet sich das zweite verschlossene Schraubloch von der Befestigung des Pfannendeckels. Zu jener Zeit des Übergangs vom Steinschloss zum Perkussionsschloss waren geschickte Handwerker, die solche Umbauten vornehmen konnten, äußerst gefragt.

Zweiläufige Pistole von Zanotti

Die runden, übereinander liegenden **Läufe** sind mit Gravuren geschmückt. Die **Messingbeschläge** weisen Gravuren mit Blumenmotiven auf, der **Vollschaft** aus Nussbaum ist mit Schnitzereien verziert. Die Pistole hat **Schlösser** mit rückliegender Feder und mit Tierköpfen verzierte Hähne.

GESCHICHTE Die Schlösser tragen innen die Punzierung »G.Z. 1848«. Sie bezieht sich auf den Waffenschlosser Giovanni Zanotti, der 1822 in Ferrara zur Welt kam und 1894 starb. Er war Mitglied einer der großen italienischen Dynastien im Bereich der Waffenherstellung. Die Familie Zanotti arbeitete mehrere Generationen lang in Bruciata bei Lugo, zwischen Bologna und Ravenna. Zur Dynastie gehörten Cassiano II. (Büchsenmacher in der Nähe von Fiorenzuola, 1620–1680), Pietro (Büchsenmacher in Fiorenzuola, 1678–1746), Cassiano III (Büchsenmacher in der Nähe von Bruciata, 1705–1786), Stefano II. (Büchsenmacher in der Nähe von Bruciata, 1775–1850), Cassiano IV. (Waffenschlosser in Bruciata, 1776–1812), Pietro II. (Büchsenmacher in Ravenna, 1777–1815), Pietro III. (Büchsenmacher in Bruciata, 1798–1890), Francesco (Büchsenmacher in der Nähe von Bruciata, um 1800), Giovanni (Waffenschlosser in Ferrara, 1822–1894), Edoardo (Laufhersteller in Bruciata, 1824–1912), Leopoldo (Waffenschlosser in Bruciata, 1851–1913), Giacinto (Waffenhersteller in Bologna, 1835–1919), Stefano III. (Waffenschlosser in Bologna, 1838–1878), Massimo (Waffenschlosser in Bologna, 1860–1923), Tomaso (Waffenschlosser in Bologna, 1864–1946), Leopoldo II. (Waffenschlosser in Bologna, 1868–1951), Stefano IV. (Ziseliermeister in Bologna, 1882–1926), Fabio (Schafthersteller in Gardone Val Trompia um 1903), Renato (Schafthersteller in Gardone Val Trompia um 1909) und Stefano (Büchsenmacher in Gardone Val Trompia).

Visitenkarte

Hersteller
Giovanni Zanotti, Ferrara

Herstellungsjahr
1848

Gesamtlänge
30 cm

Lauflänge
16,9 cm

Amerikanische Pepperbox

Visitenkarte

Hersteller
Allen & Thurber, Worchester, USA

Herstellungsjahr
etwa 1847

Gesamtlänge
20 cm

Lauflänge
10 cm (4")

Das runde, facettierte **Laufbündel** besteht wie bei allen Pepperbox-Modellen aus einem einzigen Stahlblock, in den die Läufe gebohrt wurden. Zwei Laufschienen, welche die Läufe trennen, tragen die Inschrift »Allen & Thurber Worchester Patented 1837 Cast Steel«. Der **Hahn** schlägt direkt auf das obere Zündhütchen und verdeckte die Visierlinie. Das **Schloss** ist mit Blumengravur verziert und die Griffschalen bestehen aus amerikanischem Nussbaumholz.

GESCHICHTE Von dieser Waffe, die allgemein als »Standard« oder »Medium Size« bezeichnet wurde, gibt es Modelle mit Kalibergrößen von .31" und .32" für fünf oder sechs Schuss; der Durchmesser des Laufbündels kann 3", 4" oder 5" betragen. Es gibt viele Pepperbox-Varianten ohne Abzugsbügel mit ringförmigem Abzug; das beschriebene Modell wurde jedoch nur mit Abzugsbügel hergestellt. Die Firma Ethan Allen arbeitete mit anderen Betrieben und Partnern zusammen:

- Ethan Allen, Grafton, Massachusetts (1831–1837);
- Allen & Thurber, Grafton, Massachusetts (1837–1842);
- Allen & Thurber, Norwich, Connecticut (1842–1847);
- Allen & Thurber, Worchester, Massachusetts (1847–1854);
- Allen & Thurber & Co., Worchester, Massachusetts (1854–1856);
- Allen & Wheelock, Worchester, Massachusetts (1856–1865);
- E. Allen & Company, Worchester, Massachusetts (1865–1871).

24-läufige Pepperbox

Diese seltene 24-läufige Pepperbox wurde um 1850 in Rio de Janeiro hergestellt. Die runden **Läufe** sind abschraubbar und mit Nummern von 1–24 markiert; das Bodenstück trägt die gleichen Nummern. Das **Schloss** ist mit Blumengravur und dem in Gold eingelegten Namen des Herstellers »Laport Irmaos Rio de Janeiro« versehen. Der Bündelrevolver hat einen **Ringabzug**, wie er bei den von Mariette hergestellten Waffen typisch war.

GESCHICHTE Der belgische Büchsenmacher Gilles J. Mariette war um 1837 in Lüttich tätig; er gilt als Erster, der eine derartige Waffe entworfen hat. Die belgischen Waffenhersteller versahen jenen Waffentyp gewöhnlich mit der Punzierung »Mariette Breveté«, auch wenn Mariette vermutlich keine Tantiemen für die Nutzung seines Namens bekam. 1840 verbesserte der britische Büchsenmacher Cooper das Modell von Mariette; einige Sammler bezeichnen auch die Waffen Mariettes mit »Cooper«.

WISSENSWERTES Die *Pepperbox* (»Pfefferbüchse«) hat ihren Namen vermutlich von der Form des Laufbündels, das an einen Pfefferstreuer erinnert. Im Spanischen bezeichnete man diese Waffe als *avisperos* (Zellen eines Bienenstocks).

Visitenkarte

Hersteller
Laport Irmaos, Rio de Janeiro

Herstellungsjahr
etwa 1850

Gesamtlänge
25 cm

Lauflänge
11 cm

Besteck mit Pistolen

Visitenkarte

Hersteller
Ex Richter, Deutschland

Herstellungsjahr
1717

Gesamtlänge
Löffel und Messer: 22,5 cm; Gabel: 21,5 cm

Lauflänge
5 cm

Diese Schusswaffen haben die Form von Messer, Gabel und Löffel. Das **Messer** hat eine Eisenklinge mit abgerundeter Spitze und Gravuren in Lünettenform im unteren Teil und ist mit »Ex Richter« signiert. Der silberne Griff trägt Gravuren von Blumen und eines Drachen mit rundem Maul, in dem der Lauf verborgen ist. Der Schussmechanismus besteht aus einem Stahlschloss mit feststehendem Abzug. Der silberne **Löffel** ist mit 1717 datiert; das Dekor ist das gleiche wie beim Messer, jedoch flach angeordnet. Die **Gabel** besteht aus Eisen, hat einen silbernen Griff und trägt die Aufschrift »In Richberg«. Sie hat wie das Messer einen runden Griff mit Drachenkopf, in dem sich der Lauf befindet. Das Schuss-Besteckset ist in einer mit Intarsien geschmückten **Holzkassette** mit geschwungenem Rand aufbewahrt, deren Dekor aus Messing, Silber und Elfenbein an die Arbeit des französischen Kunsttischlers Boulle erinnert. Das Innere ist mit karminroter Seite ausgelegt.

GESCHICHTE Der Hersteller Johann Michael Richter wirkte nach dem dänischen Autor Stockel um 1720. Waffen in der Art des abgebildeten Sets sind äußerst selten; ein ähnliches Besteck wurde von Le Page in Paris hergestellt und befindet sich heute in der Sammlung W. Keith Neal.

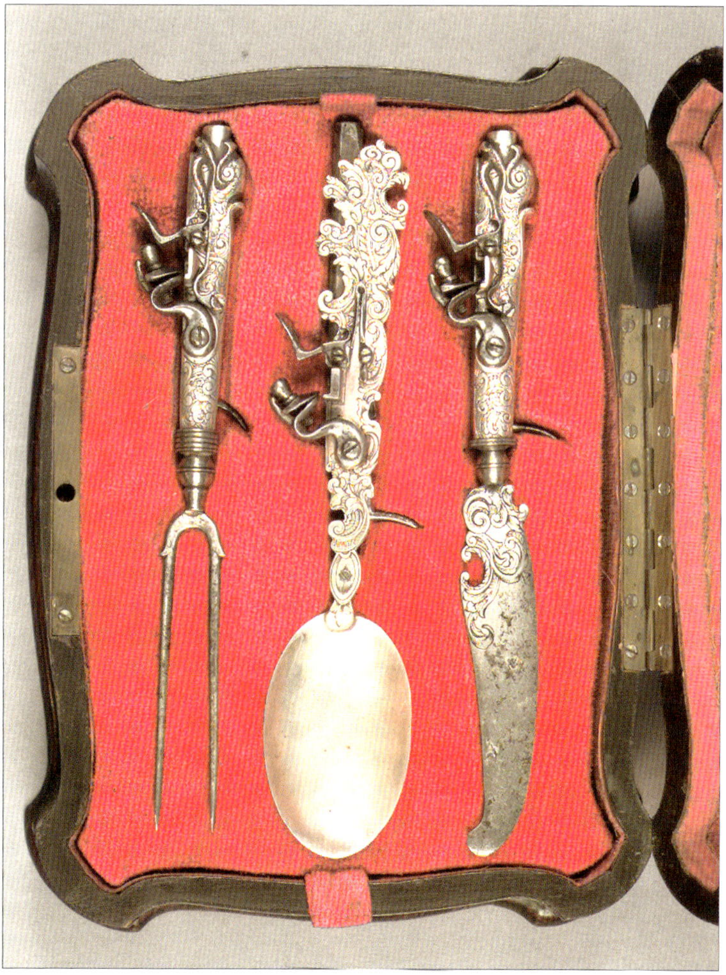

Schwertpistole

Die hier beschriebene Waffe ist eine Steinschlosspistole mit übergehendem **Kanonenlauf**; die **Klinge** weist auf der rechten Seite drei Kanneluren auf. Auf dem **Schloss** befindet sich die Gravur eines Drachen; eine lange Feder mit Studel und eine an der Klinge befestigte Gliederkette (wie sie beim Radschloss üblich war) dienen zum Spannen und Auslösen des Hahns. Auf dem Lauf befindet sich die Signatur »Franz Richter«; der **Silberbeschlag** ist mit dem Buchstaben »R« punziert. Eine silberne, muschelförmige Schaftkappe verdeckt den **Abzug**. Stichblatt und Knauf sind profiliert; der kegelstumpfförmige **Schwertgriff** besteht aus Ebenholz. Da der kurze Lauf abschraubbar ist, verfügt die Pistole über keinen Ladestock.

GESCHICHTE Das Jagdschwert war eine typische Jagdwaffe mit halblanger Klinge und war vermutlich vor allem dafür gedacht, der verwundeten Jagdbeute den Gnadenstoß zu geben. Welchen Vorteil jedoch eine Kombination von Schwertklinge und Pistole mit sich brachte, ist unklar; vielleicht sah man darin eine Möglichkeit, weniger Waffen mit sich tragen zu müssen und setzte sie für die persönliche Verteidigung ein. Jagdschwerter kamen besonders in Deutschland, Frankreich und England zur Anwendung. Meist wurden sie in einer mit Leder überzogenen Metallscheide getragen und mitunter befanden sich darin auch Messer und Gabel.

Visitenkarte

Hersteller
Franz Richter, Deutschland

Herstellungsjahr
etwa 1780

Gesamtlänge
74 cm

Lauflänge
16,5 cm

Belgisches Pistolenpaar mit Bajonett

Visitenkarte

Hersteller
unbekannter Hersteller aus Lüttich

Herstellungsjahr
etwa 1800

Gesamtlänge
mit offenem Bajonett: 30 cm

Lauflänge
10,4 cm

Die runden, abschraubbaren **Läufe** des Taschenpistolenpaars sind mit den Ziffern 1 und 2 nummeriert und mit aufklappbaren Bajonetten versehen, die mittels Scharnier an der Mündung befestigt sind. Das **Eisenschloss** ist mit Prüfmarken aus Lüttich punziert und zeigt Gravuren in Form von Explosionen und Blitzen. Auf dem mit Stahlperlen verzierten Pistolengriff befindet sich auch ein Sicherungsschieber für den **Hahn**. Der Nussbaumgriff hat Griffschalen mit von Basreliefgirlanden umrahmter Schuppenfischhaut.

GESCHICHTE Die Bezeichnung »Bajonett« steht mit der französischen Stadt Bayonne, die einst für die Herstellung von Messern berühmt war, im Zusammenhang. Obwohl die Nützlichkeit einer Verteidigungswaffe mit kleinem Bajonett umstritten war, wurden viele Pistolen und Tromblone damit bestückt. Die Klinge wurde zum Lauf geklappt und in einer Halterung beim Abzugsbügel fixiert. Wenn man den Abzugsbügel einige Millimeter zurückschob, schnellte das Bajonett (das nun nicht mehr durch die Feder gehalten wurde) nach vor und brachte die Klinge in die für den Gebrauch richtige Stellung, in der sie durch einen mit einer Feder verbundenen Zahn arretierte wurde.

Beil mit Pistole

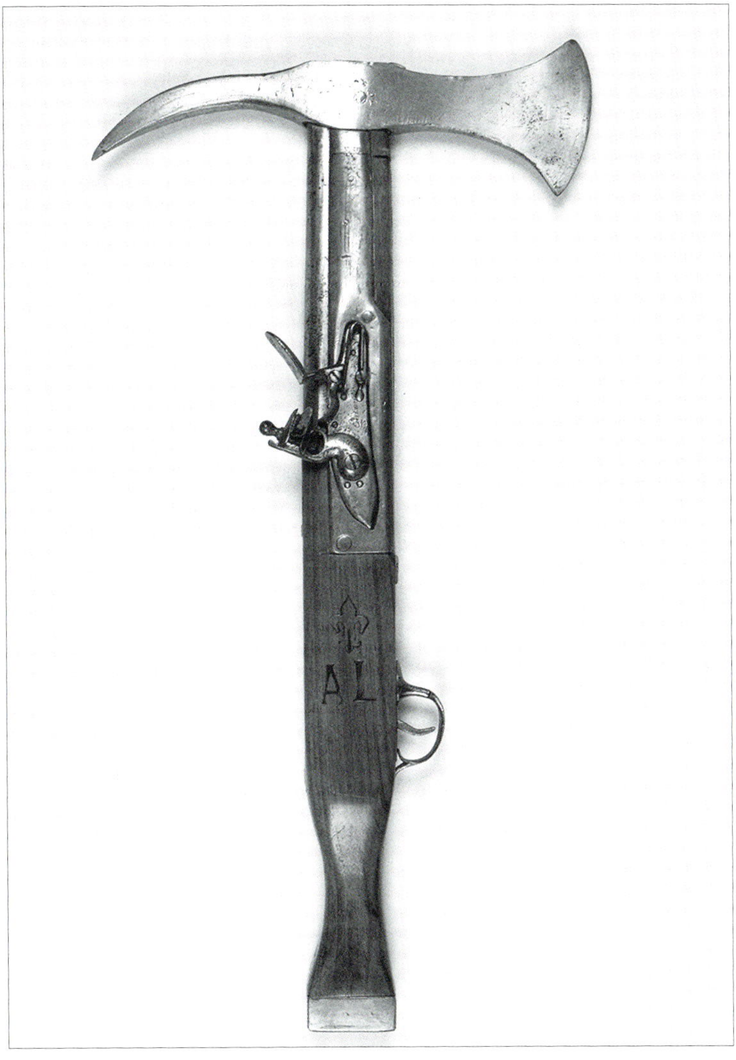

Visitenkarte

Hersteller
unbekannt

Herstellungsjahr
etwa 1809

Gesamtlänge
51 cm

Lauflänge
19 cm

Diese Waffe mit Steinschloss wurde von einem Handwerker unter Verwendung eines bei der Armee verwendeten **Schlosses** mit der Inschrift »St.-Etienne« hergestellt. An der Mündung des mit »1809« punzierten runden **Laufes** ist ein Enterbeil angebracht.

GESCHICHTE Die Kombination von Beil und Feuerwaffe ist für Polen und Ungarn typisch, wo sie unter dem Namen *fokos* bekannt ist. Ursprünglich hatte die Waffe einen geraden Griff mit Inkrustationen von Perlmutt, Hirschhorn und Bein; der Beilkopf war meist klein und eher dekorativ als zweckmäßig. Es war eine wenig praktische Waffe, da Beil und Pistole einander beeinträchtigten – durch den geraden Griff lag die Waffe nicht gut in der Hand, das Beil an der Laufmündung veränderte das Gleichgewicht und behinderte den Visiervorgang. Originalmodelle dieses Typs machten großen Eindruck, die Feinbearbeitung war jedoch generell von minderer Qualität, sodass die Waffe dadurch einen eher derben Gesamteindruck erweckte.

Jagdmesser mit Pistole

Visitenkarte

Hersteller
Lacroix, Châteaubriant, Frankreich

Herstellungsjahr
etwa 1850

Gesamtlänge
34 cm

Lauflänge
7,5 cm

Diese Kombination von Jagdmesser und Perkussionspistole weist einen glatten **Achtkantlauf** mit der Signatur »Lacroix« und eine zusammenklappbare **Klinge** mit Spitze auf. Das **Eisenschloss** ist mit Blumengravur, eine seitliche Schutzkappe mit Blumenmotiven in Basreliefs verziert. Auf der gegenüberliegenden Seite befindet sich ein Gürtelhaken mit Ziselierungen. Der **Griff** ist aus Eisen, die Griffschalen bestehen aus hellem Bein. Wenn man die Klinge bei der Laufmündung zusammenklappte, konnte sie seitlich am Lauf und in einer speziellen Nut am Griff fixiert werden.

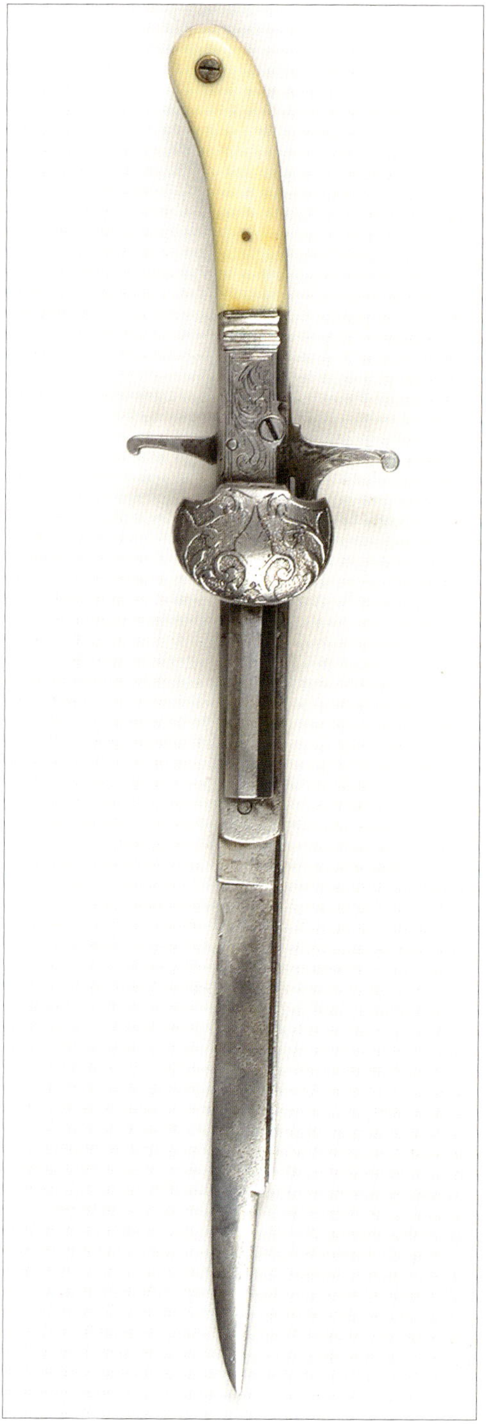

GESCHICHTE Kombinationen von Klingen und Perkussionspistolen sind relativ selten, auch wenn einige Modelle sogar patentiert wurden; ganz wenige derartige Stücke wurden sogar mit mehreren Läufen ausgestattet. Die Geschichte berichtet von drei in der Waffenherstellung tätigen Lacroix: Pierre war 1783 Büchsenmacher in St.-Etienne, ein weiterer Lacroix war um 1800 Büchsenmacher in Paris; der Hersteller der hier beschriebenen Kombinationswaffe war ab 1845 Büchsenmacher in Châteaubriant.

WISSENSWERTES
Man kann nicht ausschließen, dass die Klinge ursprünglich von einer Feder gehalten wurde und es sich bei der Waffe sozusagen um ein Springmesser handelte.

Englisches Pistolenpaar mit Bajonett

Visitenkarte

Hersteller
Meredith, Großbritannien

Herstellungsjahr
etwa 1850

Gesamtlänge
mit offenem Bajonett: 33 cm

Lauflänge
12,8 cm

Jede der beiden Pistolen hat einen glatten **Achtkantlauf**, ein mit Gravuren versehenes **Schloss** mit rückliegender Feder und einen **Hahn** in Form eines stilisierten Tieres. Die **Beschläge** aus Eisen sind mit Gravuren verziert; der genarbte Nussbaum-**Griff** mit gravierter Metallgriffkappe ist stark gekrümmt. Der eiserne **Ladestock** ist angelenkt und liegt am Lauf an. Der Sicherungshebel befindet sich linksseitig gegenüber dem Hahn.

GESCHICHTE Dieses englische Pistolenpaar mit klappbarem Bajonett ist aufgrund seines Ausklinksystems und des oben angebrachten Bajonetts ungewöhnlich. Vermutlich wurde eine bereits fertige Waffe auf besonderen Wunsch des Besitzers umgebaut, ohne die Verwendbarkeit besonders zu berücksichtigen.

Miniaturpistole

Visitenkarte

Hersteller
unbekannt

Herstellungsjahr
etwa 1850

Gesamtlänge
38 mm

Lauflänge
16,5 mm

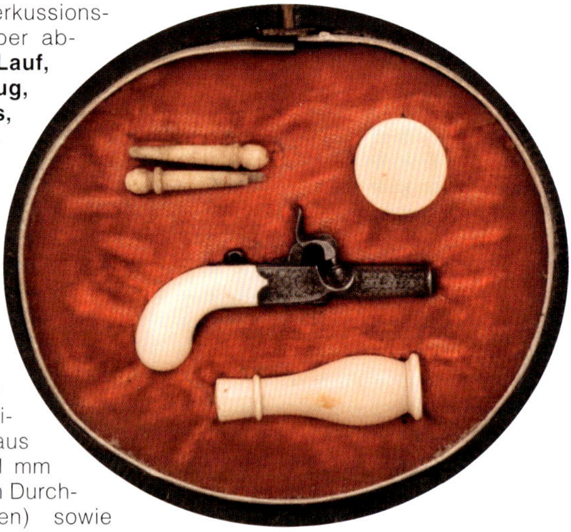

Diese winzige Perkussionspistole verfügt über abschraubbaren **Lauf,** verdeckten **Abzug,** graviertes **Schloss,** **Griff** aus Elfenbein und einen kleinen Ring am hinteren Laufende. Sie befindet sich gemeinsam mit einer Elfenbein-Dose zur Aufbewahrung der Zündhütchen (es sind noch einige Originalkapseln aus dem 19. Jh. von 1 mm Länge und 1,2 mm Durchmesser vorhanden) sowie Pulverflasche und Putzstock aus Elfenbein in einem ledernen **Kasten**.

WISSENSWERTES Miniaturpistolen waren üblicherweise als Anhänger für Uhrketten oder als Zierrat für eine Brosche gedacht.

Berloque-Pistole

Visitenkarte

Hersteller
Mechanische Werkstätte Göbharter, Österreich

Herstellungsjahr
1905–1960

Gesamtlänge
30–50 mm

Lauflänge
8–28 mm

Diese Waffengattung wurde im Französischen *berloque* oder *breloque* (womit allgemein Anhänger für die Uhrkette bezeichnet wurden) genannt und im 19. und 20. Jh. erzeugt. Im ALFA-Katalog von 1911 werden aufsteckbare *pistolets-breloques* (Broschen) angeboten, die vom österreichischen Uhrmachermeister Franz Pfanni erfunden und von der 1905 gegründeten Mechanischen Werkstätte Göbharter erzeugt wurden. Berloque-Pistölchen gibt es in verschiedenen Varianten: mit Perlmutt-Griffschalen oder Metall-Griffschalen mit graviertem Kaninchen; mit Lauflängen von 8–28 mm; mit einem Gewinde an der Mündung zum Aufschrauben eines Raketenaufsatzes; oder auch mit klassischem Lauf ohne Ring. Im ALFA-Katalog wurde auch der winzige fünfschüssige Xythos-Revolver mit Stiftfeuerpatronen angeboten.

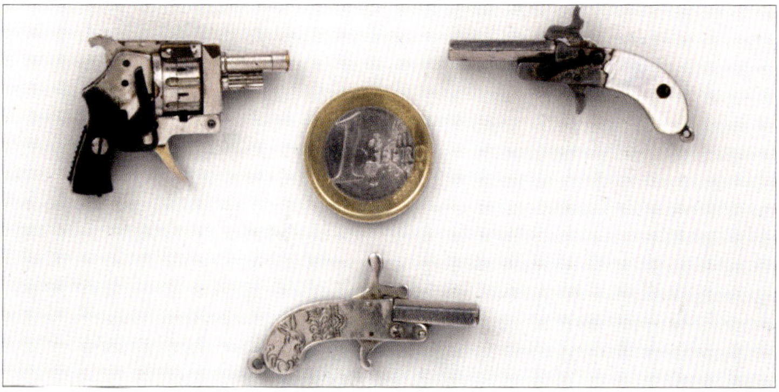

Französische Dolchpistole

Die in Paris hergestellte Dolchpistole trägt die Inschrift »Dumonthier Brevete«. Die beiden runden **Läufe** befinden sich links und rechts der geraden, zweischneidigen **Klinge**. Der Handschutz wird zum Teil durch die **Hähne** gebildet. Direkt hinter dem Handschutz befindet sich der verdeckte **Abzug** – ein Einzelabzug, der durch zweimaliges Abdrücken abwechselnd den rechten und linken Lauf abschießt. Ein Nachteil der Waffe besteht darin, dass der linke Hahn nicht ausgelöst werden kann, solange der rechte noch gespannt ist. Die Waffe mit **Griff** aus dunklem Horn befindet sich in einem mit Leder überzogenen **Futteral** aus Zink mit einer Gürtelbefestigung aus graviertem Metall.

GESCHICHTE Der Büchsenmacher Dumonthier hatte bereits 1850 eine Werkstätte in der Rue Saint-Martin 194 in Paris. Die Firma Dumonthier et Chartron war auf die Produktion von Kombinationswaffen spezialisiert, wie mit Revolvern ausgestattete Dolche, Messer und Schwerter. Typisch für ihre Produkte waren der Doppellauf und der mit dem Handschutz aus einem Stück gefertigte Hahn.

WISSENSWERTES Es wurden verschiedene Griffvarianten hergestellt, wie etwa Messinggriffe mit tiefen Querrillen, Griffe mit Gravuren und Griffkappen in Form von Tierköpfen. Auch die Klinge konnte verschieden lang sein – die längste maß 59 cm.

Visitenkarte

Hersteller
Dumonthier, Paris

Herstellungsjahr
etwa 1850

Gesamtlänge
37 cm

Lauflänge
10,4 cm

Revolvermesser

Visitenkarte

Hersteller
Liegi

Herstellungsjahr
etwa 1870

Gesamtlänge
mit offenem Messer
24 cm

Lauflänge
6 cm

Trommel
6 Schuss

Kaliber
5 mm

Der abgebildete Revolver verfügt über **Achtkantlauf, Korn** und eine sechsschüssige **Trommel** für Stiftfeuerpatronen vom Kaliber 5 mm. Die langen Griffschalen lassen eine Vertiefung zum Einklappen der **Klinge** frei, welche die Aufschrift »Brevetè S.D.G.C.« trägt. Diese Art einer Kombination von Klappmesser mit Revolver ist äußerst selten.

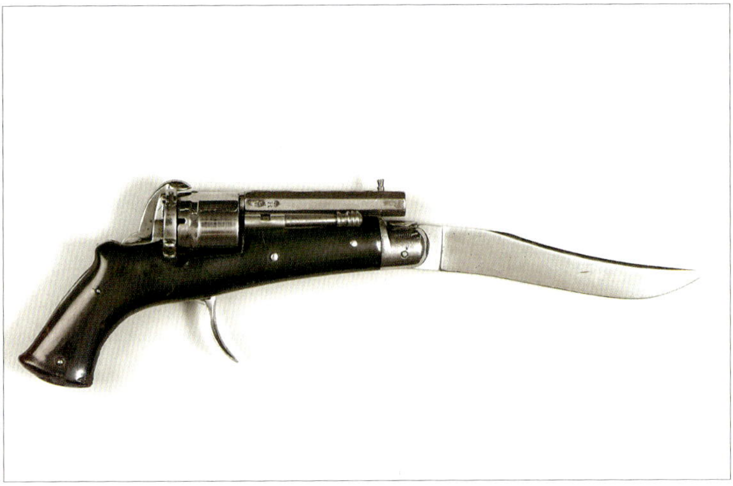

Schlagring-Messer-Pistole

Visitenkarte

Hersteller
Liegi

Herstellungsjahr
etwa 1870

Gesamtlänge
geschlossen:
27 cm

Lauflänge
11,8 cm

Diese Waffe mit **Achtkantlauf** weist am Bodenstück und am **Hahn** Blumengravuren auf. Das Gehäuse aus Messing ist mit Blumengravuren verziert, die Griffschalen aus hellem Horn sind am Metallkörper angeschraubt. In der unter dem Lauf befindlichen Scheide befindet sich eine flammenförmige **Klinge,** die an der Angel mit »Namure« signiert ist. Der **Abzug** dient auch als Korkenzieher. Der **Griff** ist klappbar und kann als Schlagring verwendet werden. Das hier beschriebene einschüssige Modell ahmt die berühmte von Dolne patentierte Trommelpistole mit Flammenklinge nach.

Messerpistole

Diese Hinterlader-Messerpistole weist zwei brünierte **Läufe** und eine klappbare zweischneidige **Klinge** auf. Im **Griff** mit Elfenbein-Griffschalen befindet sich auch ein Patronenbehälter. Die Pistole hat zwei wegklappbare **Abzüge**, wovon einer die Form eines Korkenziehers, der andere die Form einer Ahle hat. Mit zwei Läufen ist dieser Waffentyp äußerst selten.

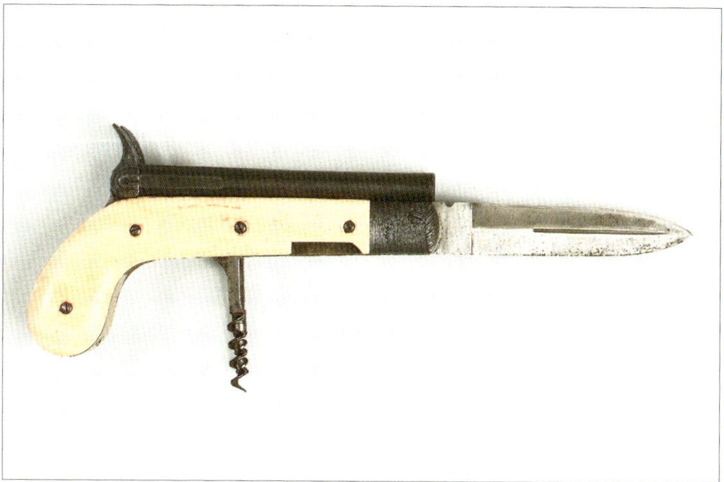

Visitenkarte

Hersteller
unbekannt

Herstellungsjahr
etwa 1875

Gesamtlänge
22,5 cm

Lauflänge
10 cm

Katar-Pistolen-Kombination

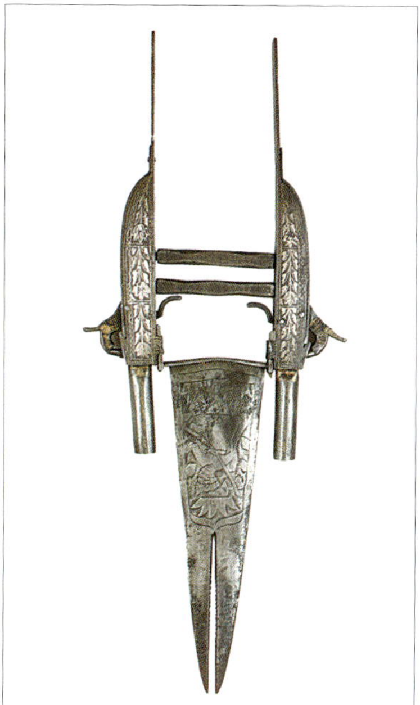

Die abgebildete Waffe ist eine Kombination eines Katars und zweier Perkussionspistolen. Ein Katar ist eine dolchartige, für Indien typische Waffe mit großer, mitunter gespaltener Klinge; das Ungewöhnliche an dieser Waffe ist der horizontale Griff, mittels dessen die Klinge mit geschlossener Faust geradlinig vom Körper weg gestoßen werden kann. Die Klinge der abgebildeten Waffe ist mit Figuren und zarten Silbereinlagen mit Blumenmotiven dekoriert. Die Pistolen sind beidseitig des Katars angebracht und verfügen über einen geschlossenen Rahmen und einen in der Mitte befindlichen **Hahn**. Durch die Art der Anordnung können die Abzüge mit Zeigefinger und kleinem Finger betätigt werden.

WISSENSWERTES Klassische Katar-Modelle haben zweischneidige Klingen mit Mittelteilung und einer Verstärkung an der Spitze; die beiden seitlichen Verstärkungen dienen als Handschutz.

Visitenkarte

Hersteller
unbekannter Hersteller aus Indien

Zeitalter der Herstellung
19./20. Jh.

Gesamtlänge
49 cm

Lauflänge
7 cm

Smith & Wesson Norwich No. 1

Visitenkarte

Hersteller
Smith & Wesson, USA

Herstellungsjahr
1854/55

Gesamtlänge
23,5 cm

Lauflänge
10,1 cm (4")

Magazin
8 Schuss

Kaliber
.30"

Das hier beschriebene Waffenmodell wurde 1854/55 unter der Bezeichnung »Norwich No. 1« (nach dem Produktionsort Norwich in Connecticut) von Smith & Wesson hergestellt. Die Pistole weist ein **Magazin** für acht selbstangetriebene Patronen vom Kaliber .30" und einen runden englischen Griff auf. Der **Lauf** ist genau 101 mm lang, im hinteren Teil achteckig und im Bereich der vorderen zwei Drittel rund. Von dieser Waffe wurden nur 1200 Exemplare angefertigt.

GESCHICHTE 1854 war für die Entwicklung der Waffen ein äußerst bedeutendes Jahr: H. Smith und D. Wesson meldeten ein Patent für eine Pistole an, die unter dem Lauf eine mittels Hebel bedienbare Patronenkammer besaß. Diese Waffe war das Ergebnis der Forschungen von Hunt, Jenning und Smith, die 1846 mit der Erfindung des Repetiergewehrs mit einem unter dem Lauf angebrachten Röhrenmagazin begonnen hatten. Vom Modell »Norwich No. 2« wurden nur 400 Stück hergestellt; es hatte ein Kaliber von .38", einen klassischen amerikanischen Griff und einen 203 mm (8") langen Lauf. Nach der Herstellung von insgesamt 1600 Stück wurde das Patent an die Volcanic Repeating Arms Co. in New Haven abgetreten. Jene Gesellschaft produzierte 1855–1857 etwa 3000 Exemplare des Modells mit einem Kaliber von .38" und einem Lauf von 152 mm (6") Länge. Die Exemplare von Volcanic unterscheiden sich von jenen von Smith & Wesson durch ihren durchgehenden Achtkantlauf.

Volcanic Pocket

Im oben offenen **Messinggehäuse** dieser Pistole befindet sich ein Repetiermechanismus, der mit dem ringförmigen Abzugsbügel bedient wird. Die Volcanic Pocket verfügt über einen **Achtkantlauf** und ein rundes **Röhrenmagazin**, das unter dem Lauf anliegt und von hinten zu füllen ist. Der Verschluss ist zylindrisch und seine Verlängerung spannt gleichzeitig den **Hahn**. Der Griff besteht aus amerikanischem Nussbaumholz.

GESCHICHTE Präsident der Volcanic Repeating Arms Co. in New Haven war Oliver Winchester, der als Hemdenfabrikant zu Geld gekommen war und es in die Volcanic-Werke investiert hatte. Nach Konkurs der Firma wurde Winchester einziger Besitzer und organisierte die Volcanic-Werke unter dem Namen New Haven Arms Co. neu. Zwischen 3. April 1857 und 1860 wurden unter dem Werksmeister Benjamin Tyler Henry weitere 3200 Stück des Modells produziert, die sich, von der Punzierung abgesehen, durch einen weniger weit auslaufenden Griff und durch das Weglassen einiger Schlossschrauben von den zuvor hergestellten Exemplaren unterschieden. Es wurden folgende Modelle erzeugt:

- Unterhebel No. 1 Pocket Pistol, mit einer Lauflänge von 3 1/2" und einem Kaliber von .30", wie die rechts abgebildete Pistole;
- Unterhebel No. 1 Pocket Pistol, mit einer Lauflänge von 6" und einem Kaliber von .30";
- Unterhebel No. 2 Navy Pistol, mit einer Lauflänge von 6" und einem Kaliber von .38";
- Unterhebel No. 2 Navy Pistol, mit einer Lauflänge von 8" und einem Kaliber von .38";
- Unterhebel Navy Pistol, mit einer Lauflänge von 16", einem Kaliber von .38" und abnehmbarer Griffkappe;
- Unterhebel Carabine mit Lauflängen von 16 1/2", 21" und 25", einem Kaliber von .38" und abnehmbarer Griffkappe. Aus den beiden zuletzt genannten Pistolen, deren Länge nicht beschränkt war, wurden schließlich das Henrygewehr und die legendäre Winchester weiterentwickelt.

Visitenkarte

Hersteller
Volcanic Repeating Arms Co., New Haven, USA

Herstellungsjahr
1854

Gesamtlänge
24,5 cm

Lauflänge
10 cm

Magazin
8 Schuss

Kaliber
.30"

Rolling Block

Visitenkarte

Hersteller
Remington, USA

Herstellungsjahr
1871

Gesamtlänge
33 cm

Lauflänge
22 cm (8")

Kaliber
.50"

Diese Hinterladerpistole hat ein Kaliber von .50" und einen runden **Lauf** von 8" Länge mit der staatlichen Prüfmarke »US«. Auf dem **Schloss** befinden sich die Inschrift »Remington Ilion N.Y. U.S.A.« und die Jahreszahlen der Patente »1864« und »1866«.

GESCHICHTE 1866 begann die Firma Remington mit der Produktion dieser einschüssigen Pistole des Typs Rimfire (mit Randfeuer-Kartuschenmunition) vom Kaliber 50 als »Modell Navy 1865« – insgesamt wurden 1000 Exemplare mit einem 8,5-Zoll-Lauf hergestellt. 1866 wurden zwei bedeutende Veränderungen am Modell vorgenommen: die Einführung einer Patrone vom Kaliber 50 unter dem Namen Centerfire (Zentralfeuer) und eine Verkürzung des Laufs auf 7". Es sind zwar keine gesicherten Daten vorhanden, man schätzt jedoch, dass bis 1870 5500 Stück erzeugt wurden. Das abgebildete Modell wurde1872-1888 unter dem Namen »Army 1871« produziert, wobei für die Armee die Lauflänge wieder auf 8" geändert wurde. Von jener Waffe wurden etwa 6000 Stück hergestellt. In der Folge wurde eine neue Version namens »Target 1891« in den Kaliberversionen 22 LR, 25 Stevens sowie 32 S&W und mit von achtkantig auf rund übergehenden Läufen von 8", 10" und 12" produziert. Vom letztgenannten Modell wurden nach historischen Quellen nur 116 Stück erzeugt; es ist jedoch möglich, dass die Daten unvollständig sind und wesentlich mehr Exemplare hergestellt wurden.

Schwerkraftlader-Pistole Colette

Sie weist einen gezogenen **Sechskantlauf** und oberhalb ein rohrförmiges **Magazin** auf. **Stahlschloss, Abzugsbügel** und Griffkappe sind mit volutenförmigen Gravuren versehen. Der Nussholz-**Griff** ist kanneliert. Im Magazin befinden sich 18 Spezialpatronen, bestehend aus einem hohlen Projektil mit Zündkapsel und Pulverladung, hergestellt nach dem 1854 angemeldeten Patent von Gaupillat, einem Pariser Waffen- und Patronenfabrikanten.

GESCHICHTE Diese Waffe wurde 1852 vom Lütticher Erfinder und Büchsenmacher V. Herman konzipiert und von Victor Colette, der 1850–1870 ebenfalls Büchsenmacher in Lüttich war, hergestellt. Oberhalb des Laufes befindet sich das Magazin, das nach Entfernen eines Deckels von vorne befüllt wurde. Durch Bewegen des Hahns wurde die Kammer gehoben, sodass durch Senkrechthalten der Waffe die Patrone durch Schwerkraft in die Kammer gleiten konnte. Der Hebel unter dem Bodenstück diente dazu, die Kammer wieder zu senken und die Patrone hinter den Lauf zu bringen.

Visitenkarte

Hersteller
Colette, Lüttich

Zeitalter der Herstellung
erste Hälfte 19. Jh.

Gesamtlänge
30 cm

Lauflänge
19 cm

Magazin
18 Schuss

Französische Scheibenpistole

Visitenkarte

Hersteller
unbekannter Hersteller aus Frankreich

Herstellungsjahr
etwa 1870

Gesamtlänge
37 cm

Lauflänge
24 cm

Kaliber
6 mm

Diese Waffe hat einen achtkantigen, gezogenen **Kipplauf** mit verstellbarer Kimme, feststehendem **Korn** und 6-mm-Kaliber (Flobert). Das **Schloss** ist mit Gravuren verziert und mit innen liegendem **Hahn** und **Abzug** mit Mikrometerschraube versehen. Durch das Drehen des **Abzugsbügels** nach vorne wird der Lauf entriegelt und kann nach unten geklappt werden.

GESCHICHTE Als direkte Weiterentwicklung der Duellpistolen verbreiteten sich Ende des 19. Jh.s die Scheibenpistolen. Ihr Siegeszug ist unter anderem auch der Flobertpatrone zu verdanken, mit deren Hilfe mit nur geringem Aufwand sehr gute Leistungen beim Präzisionsschießen erzielt werden konnten und die darüber hinaus den Ladevorgang in hohem Maße vereinfachten. Louis-Nicolas Flobert war der Erfinder der Randfeuer-Kartuschenmunition, deren von Smith & Wesson 1854 zu Kaliber .22" veränderte Version auch heute noch eine der meistproduzierten Patronen ist. Bereits 1843 hatte Flobert versucht, eine kleine Rundkugel mit Knallsäure als Treibmittel in eine Kupferpatrone einzufügen; er ließ diese Idee 1849 gleichzeitig mit einer Pistole mit Kartuschenmunition patentieren. Flobert unterbreitete eine seiner Patronen-Versionen (die damals außer mit Knallsäure auch mit Schwarzpulver versehen waren) auch Napoleon III. und bot ihm an, die Armee damit zu beliefern, bekam jedoch keinen Auftrag.

Colt Deringer No. 3 Thuer

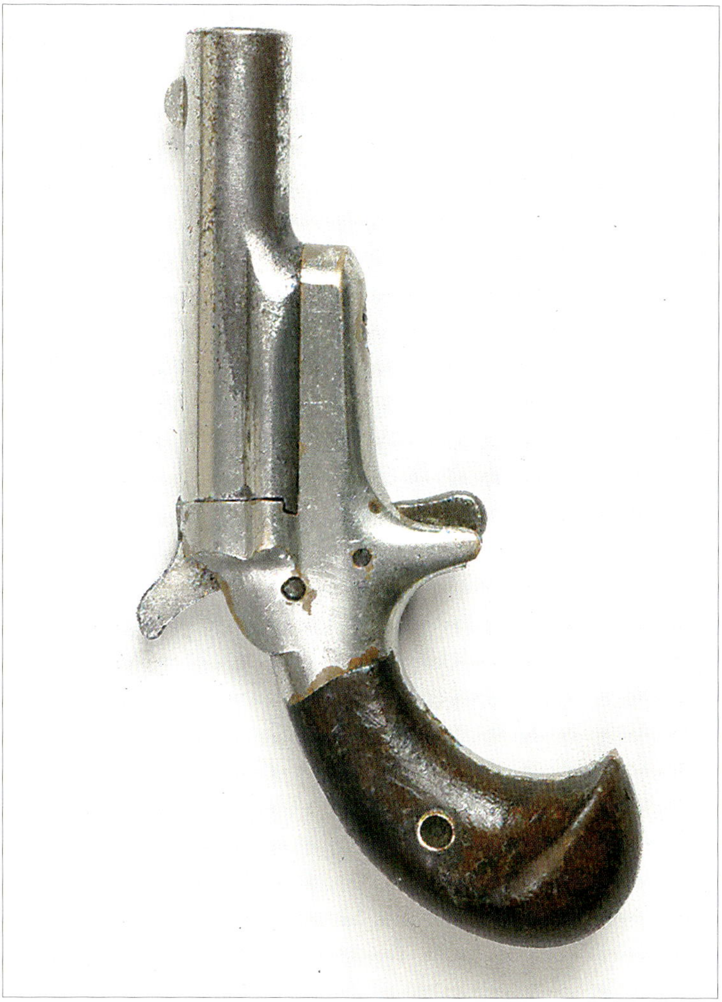

Visitenkarte

Hersteller
Colt, USA

Herstellungsjahr
1875

Gesamtlänge
12,5 cm

Lauflänge
6,4 cm

Kaliber
.41"

Der **Lauf** dieser Pistole vom Kaliber .41" RF kann zum Laden seitlich gekippt werden. Der Vogelkopfgriff ist mit Griffschalen aus amerikanischem Nussbaumholz versehen; der mexikanische **Abzug** hat die Form eines Spornes.

GESCHICHTE Der Colt Deringer wurde in drei verschiedenen Modellen erzeugt. Das erste war die direkte Weiterentwicklung der Deringer von National Arms Co. in Brooklyn, New York, einer Niederlassung, die Colt 1870 gekauft hatte. Von dieser Deringer wurden etwa 10.000 Stück verkauft – 1860–1865 von Moore's, dann wurde Moore's von National übernommen, wo die Produktion der Waffe noch 1865–1870 fortgesetzt wurde. Das erste Deringer-Modell der Marke Colt wurde 1870–1890 erzeugt; es hatte Kaliber .41", bestand ganz aus Metall, hatte einen Kipplauf und wurde in 6500 Exemplaren hergestellt. Das zweite Modell, ebenfalls Kaliber .41" mit Kipplauf war dem ersten sehr ähnlich, hatte jedoch Griffschalen aus Holz. Es wurde ebenfalls 1870–1890 hergestellt – insgesamt 9000 Stück. Das dritte, hier beschriebene Modell war äußerst erfolgreich; es wurde 1875–1910 in einer Gesamtstückzahl von 45.000 produziert.

Smith & Wesson Scheibenpistole

Visitenkarte

Hersteller
Smith & Wesson, USA

Herstellungsjahr
1885

Gesamtlänge
35,5 cm

Lauflänge
25 cm

Kaliber
.22" LR

Die Pistole mit rundem, gezogenem **Kipplauf** weist auf der Visierschiene ein **Korn** und eine regulierbare Kimme auf. Das Kaliber beträgt 22 LR. Das **Schloss** ist mit »S & W« punziert; die Griffschalen aus genarbtem Holz sind mit Messingwappen der Produktionsfirma versehen.

GESCHICHTE Diese Waffe wurde von Smith & Wesson herausgebracht, um der steigenden Nachfrage nach Scheibenwaffen entgegenzukommen; sie wurde in drei verschiedenen Modellen angeboten. Das erste war ein Nachfolgemodell der als »No. 2 Single Action Third Model« bezeichneten Pistole und kam unter dem Namen »Single Shot Model 1891« heraus; es wurde 1893–1905 in 1251 einschüssigen Exemplaren mit Läuflängen von 6", 8" und 10" und in den Kalibermaßen 22 LR, 32 S&W oder 38 S&W produziert. Die Griffschalen waren aus Hartgummi. Das zweite Modell mit dem Namen »Single Shot« wurde mit dem Schloss der 38 S&W hergestellt; von diesem wurden 1905–1909 insgesamt 4617 Stück vom Kaliber 22 LR, mit 10-Zoll-Lauf und ebenfalls mit Hartgummi-Griffschalen erzeugt. Das dritte Modell ist hier abgebildet; es wurde »Perfected Single Shot« genannt und in 6949 Exemplaren von 1909–1923 produziert. Es hatte einen 10-Zoll-Lauf und Griffschalen aus Holz; das Schloss war jenes der Pistole »38 Perfected«. Diese Waffe unterschied sich deutlich von ihren Vorgängern, da sie mit *Double-Action*-Abzug ausgestattet war; auf Anfrage auch mit 8-Zoll-Lauf.

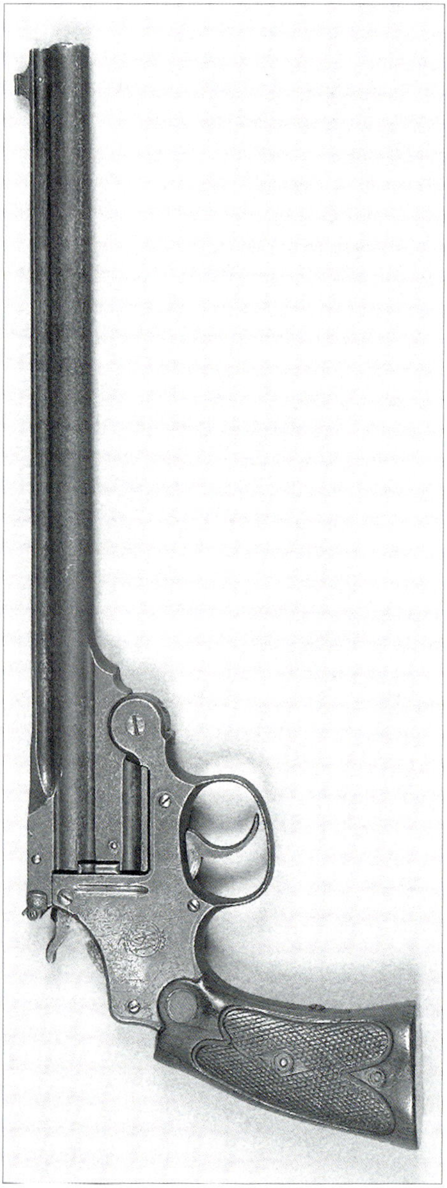

WISSENSWERTES Eine wenig bekannte Variante sah die Verwendung einer längeren Patrone als der standardmäßigen 22 LR vor; diese kürzere Munition musste vom Schützen beim Laden in die Züge hineingepresst werden, wodurch der Abzug schwerer zu betätigen, die Treffgenauigkeit jedoch höher wurde. Diese Waffe wurde unter dem Namen »Olympic Model« vertrieben.

Pistole Venditti

Diese Pistole hat einen achtseitigen **Lauf**, einen ringförmigen **Abzugsbügel** mit Hebehebel, **Griffschalen** aus genarbtem Nussbaumholz, eine Griffkappe mit Fangriemenring und ein **Messingschloss** mit seitlichen **Schlossplatten** aus Eisen, die mit Blumengravur geschmückt sind. Die Waffe ist mit der Punzierung »Sistema Venditti« versehen; unterhalb des Laufes ist ein rohrförmiges Magazin für neun Patronen angebracht.

GESCHICHTE Der Büchsenmacher Pietro Venditti arbeitete in der 2. Hälfte des 19. Jh.s in Lancusi (heute zu Fisciano) in der Provinz Salerno. 1875–1877 meldete er mehrere Patente für Waffen an, die der Volcanic sehr ähnlich waren. Da viele Patent-Archive aus der Bourbonenzeit verloren gegangen sind, kann nicht ausgeschlossen werden, dass Venditti bereits früher Patente besessen hatte, die er dann nach der Einigung Italiens erneuerte. Das erste Modell Venditti hatte drei Magazine, wodurch 26 Schuss (die erste Patrone bereits im Lauf) zur Verfügung standen – Patronen mit integrierter Treibladung vom Typ Hunt, weshalb kein Auswerfer notwendig war. Das Nachfolgemodell, das wie die Volcanic über nur ein Magazin verfügte, war für zehn Hülsenpatronen vorgesehen, wobei sich eine Patrone bereits im Lauf befand. Einer der wenigen Unterschiede zur Volcanic ist beim Ladeblock wahrzunehmen, der sich nach rechts (anstatt nach links) dreht. Der innere Mechanismus ist nahezu identisch. Von diesem Modell gibt es auch Exemplare, die mit Patronen mit integrierter Treibladung funktionieren und daher keinen Auswerfer benötigen.

WISSENSWERTES Der Büchsenmacher Venditti hatte sein Handwerk bei der Reale Fabbrica in Neapel erlernt; vermutlich hatte er jedoch einen Förderer namens Gaetano Papa, dessen Initialen innerhalb der Griffschalen vieler Venditti-Pistolen aufscheinen.

Visitenkarte

Hersteller
Venditti, Lancusi, Italien

Zeitalter der Herstellung
zweite Hälfte 19. Jh.

Gesamtlänge
32 cm

Lauflänge
17,5 cm

Magazin
9 Schuss

Kaliber
9 mm

Pistole Le Merveilleux

Visitenkarte

Hersteller
Rouchouse, Paris

Zeitalter der Herstellung
19. Jh.

Gesamtlänge
12,7 cm

Lauflänge
7,5 cm

Magazin
5 Schuss

Kaliber
6 mm

Diese brünierte, mit Blumengravur verzierte Handballenpistole weist elfenbeinfarbene Griffschalen (aus gepresstem hitzebeständigem Kunststoff) und die Signatur »Le Merveilleux« auf. Vorne links befindet sich ein kleiner Hebel, der zum Abnehmen der Griffschale gedreht wird. Unten links dient ein weiterer Hebel zum Spannen der inneren Magazinfeder.

GESCHICHTE Dieser sehr kleine Handrepetierer wurde in Frankreich hergestellt und ist dem »Handmaschinengewehr« der Manufacture d'Armes et Cycles de St.-Etienne nachgebaut. Unter dem Namen »Le Gaulois« gab es eine Ausführung in Stahl mit 6-mm-Kaliber und einem Magazin für fünf Schuss. Der Unterschied zwischen den beiden Waffen besteht vor allem im Spannhebel, der bei der Gaulois links der Waffe, bei der Merveilleux unter dem Lauf im vorderen Teil der Waffe untergebracht ist.

Repetierpistole Tribuzio

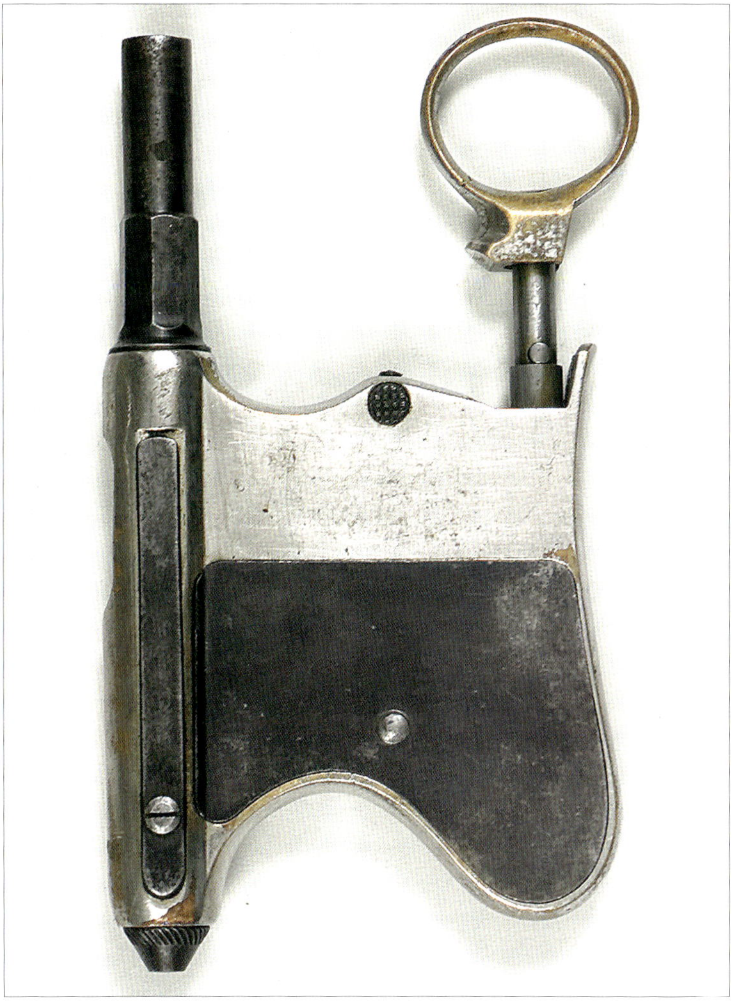

Visitenkarte

Hersteller
unbekannter Hersteller aus Italien

Herstellungsjahr
etwa 1900

Gesamtlänge
127 mm

Lauflänge
50 mm

Magazin
4 Schuss

Kaliber
8 mm

Die Repetierpistole Tribuzio wurde nach dem 1899 von Catello Tribuzio in Turin angemeldeten Patent gefertigt. Die Waffe hat einen sehr dünnen zylindrischen **Lauf**; das sehr flache Gehäuse, das an keiner Stelle mehr als 17 mm dick ist, wurde so konzipiert, dass es gut in der Hand liegt. Linksseitig befindet sich eine von einer Schraube mit gerändeltem Kopf gehaltene Schiene, die durch eine Vierteldrehung der Schraube abgenommen werden kann. Anhand von drei Löchern auf dieser Schiene kann kontrolliert werden, ob die Waffe geladen ist. Im vorderen Teil der Waffe ist ein Piston mit solidem Ring befestigt, der mit dem Zeigefinger bedient wird. Die Sicherung, die auch als Demontagehebel dient, ist linksseitig im hinteren Teil des Gehäuses angebracht. Durch Bewegen des kleinen Hebels löst sich eine Platte an der rechten Seite des Gehäuses und gibt den Mechanismus frei.

WISSENSWERTES Die Munition für diese Waffe wurde mit »8 mm Tribuzio«, »8 mm Lampo« oder »8 mm Eclair« bezeichnet. Die verwendeten Patronen entsprechen jenen einer weiteren berühmten Handballenpistole, der so genannten »Le Gaulois«.

Zweiläufige Lefaucheux-Pistole

Visitenkarte

Hersteller
Lefaucheux, Paris

Herstellungsjahr
1835

Gesamtlänge
20,5 cm

Lauflänge
9 cm

Kaliber
12 mm

Die abgebildete Pistole hat zwei runde, glatte, nebeneinander liegende **Läufe**, die an der Visierschiene mit dem Schriftzug »I.on Lefaucheux Rue de la Bourse 10 Paris« und innen mit »Lefaucheux 139« signiert sind. Die Waffe mit einem Kaliber von 12 mm ist mit **Eisenschloss**, zwei **Hähnen** und einem **Abzug** ausgestattet. Der **Griff** aus Elfenbein ist geflutet und trägt das gravierte Monogramm »MM«. Alle Metalloberflächen sind mit sorgfältig gearbeitetem Golddekor in Form von Weinreben, Hunde-, Wildschwein- und Hirschköpfen versehen *(siehe Detailfoto rechts).*

GESCHICHTE Diese Art von Prunk- oder Geschenkwaffen ist typisch für die zweite Hälfte des 19. Jh.s. Der Stammvater der Familie Lefaucheux, Casimir (1802–1852), war Büchsenmacher, machte sich aber auch als Erfinder der Stiftfeuerpatrone, die er 1836 zum Patent anmeldete, einen Namen. Bei der großen Internationalen Ausstellung in Paris wurde er ehrenvoll erwähnt. Bereits 1825 hatte er in Pirchereau Studien aufgenommen, die zur Verbesserung des Patents von Pauly führten. Sein Sohn Eugene-Louis arbeitete ebenfalls als Waffenhersteller; er hatte in Paris eine Werkstätte, bis 1850 in der Rue de la Bourse 10, bis 1870 in der Rue Lafayette 194. Dann zog er nach Lüttich, wo er für die »Manufacture d'armes de chasse et de guerre, revolvers réglementaires« in der Quai de Fraquée arbeitete, die dann in die Rue Vivienne 37 und noch später in die Rue Saint-Marc 15 verlegt wurde.

Vierläufige Pistole Sharps

Diese Pistole verfügt über ein kippbares **Laufbündel**, das mit »Address Sharps & Hankins Philadelphia Penn.« signiert ist und dessen vier Läufe in einen einzigen Stahlblock gebohrt sind. Das **Eisenschloss** trägt die Inschrift »Sharps Patent-Jan. 25, 1859«. Die Pistole weist einen mexikanischen **Spornabzug** und Griffschalen aus amerikanischem Nussbaumholz auf.

GESCHICHTE Der beschriebene Waffentyp wurde 1859–1874 in den Kalibermaßen .22", .30", und .32", kurz, lang und mit Randzündung in vielen Tausenden Exemplaren produziert. Die Läufe konnten verschiedene Längen, zwischen 2 1/2" und 3 1/2", aufweisen. Es gab vier Grundmodelle mit zahlreichen Varianten:
- Modell 1 mit Kaliber 22 RF und hölzernen, mit »Sharps & Co. Philada. PA« firmierten Griffschalen;
- Modell 1A mit Guttapercha-Griffschalen und den Seriennummern 1–60.000 sowie 1–5000;
- Modell 1B mit hölzernen Griffschalen, Seriennummern 1–3200;
- Modell 1D, Seriennummern 1–26.000;
- Modell 1E, Seriennummern 1–2200;
- Modell 2 mit Kaliber 30 RF;
- Modell 2A mit Guttapercha-Griffschalen, Seriennummern 1–30.000 und 1–5000;
- Modell 2B mit Holz-Griffschalen, Seriennummern 1–4000;
- Modell 2D mit Holz-Griffschalen, Seriennummern 3000–6000;
- Modell 2D mit Guttapercha-Griffschalen, Seriennummern 1–1200;
- Modell 2D mit Guttapercha-Griffschalen mit Blumenmotiven, Seriennummern 1–600;
- Modell 3, mit »Address Sharps & Hankins Philadelphia Penn.« signiert, Seriennummern 1–15.000 und Anfügung der Buchstaben A-C; es hatte einen eckigen Griff aus Guttapercha und Holz;
- Modell 4, mit der Marke »C. Sharps Patent Jan 25, 1859«, Vogelkopfgriff und Kaliber .32" long RF. Davon gab es einige Varianten: Modell 4 mit 2 1/2-Zoll-Lauf in den Seriennummern 1–2000; Modell 4B mit 2 1/2-Zoll-Lauf in den Seriennummern 2000–10.000; Modell 4C mit 3-Zoll-Lauf in den Seriennummern 10.000–15.000; sowie das äußerst seltene, nicht nummerierte Modell 4D mit 3 1/2-Zoll-Lauf.

Visitenkarte

Hersteller
Sharps, Philadelphia

Herstellungsjahr
1859

Gesamtlänge
16,5 cm

Lauflänge
7,2 cm

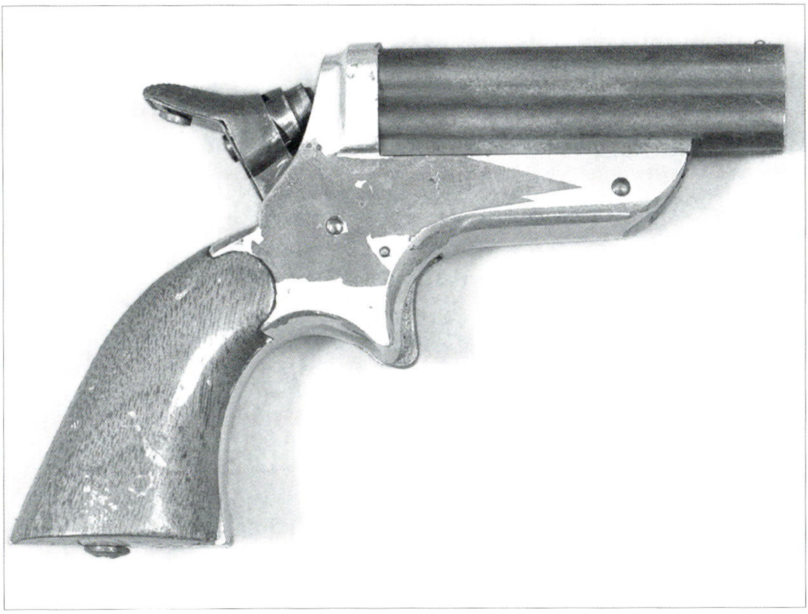

Vierläufige Pistole Remington

Visitenkarte

Hersteller
Remington, New York

Herstellungsjahr
1861

Gesamtlänge
14 cm

Lauflänge
10,6 cm

Die vierläufige Remington mit weiterdrehendem Schlagbolzen verfügt über ein Laufbündel von vier kippbaren, gezogenen **Läufen**. Sie sind mit der Inschrift »Manufactured by E. Remington & Sons N.Y. – Ellis Patents May 29 1869 – Oct. 1 1861« und einem **Korn** versehen. Das **Schloss** besteht aus Eisen, der **Abzug** hat die Form eines Ringes. Der innen liegende Schlagbolzen dreht sich bei jedem Schuss weiter, sodass die vier Patronen nacheinander gezündet werden können. Auf dem **Griff** sind hölzerne Griffschalen angebracht.

GESCHICHTE Die beschriebene Waffe wurde unter dem Namen »Elliot Deringer 32 RF« oder »Pepperbox« vertrieben. 1863–1888 wurden insgesamt etwa 25.000 Stück verkauft, darunter auch ein fünfschüssiges Modell mit einem Kaliber von .22" RF; die Lauflänge betrug 3³/₈". Die Geschichte der von Eliphalet Remington 1816 gegründeten Firma Remington begann mit der Herstellung von Läufen für andere Waffenproduzenten. 1850 wurden die ersten kleinen Pistolen vom Typ Deringer hergestellt. Die bis dahin als Familienbetrieb geführte Firma befand sich 1886 in großen wirtschaftlichen Schwierigkeiten; nach Umwandlung in die »Remington Arms Company« wurde sie 1888 von einer New Yorker Finanzierungsgesellschaft erworben.

Remington-Doppellauf-Deringer

Diese Miniaturpistole weist zwei aus einem Stück gearbeitete übereinander liegende **Läufe, Korn, Stahlschloss,** Vogelkopfgriff und mexikanischem **Spornabzug** auf. Zum Laden muss zunächst der auf der rechten Schlossseite über dem Abzug befindliche Hebel nach vorne umgelegt werden. Dadurch können die oben angelenkten Läufe entsichert nach hinten geschwenkt werden. Der Auszieher für die beiden Hülsen befindet sich zwischen den beiden Läufen. Der **Hahn** ist mit einer verschiebbaren Schlagnase ausgestattet, womit zuerst der obere, dann der untere Lauf abgeschossen werden kann.

GESCHICHTE Nach dem Erscheinen der ersten Deringer-Pistolen begann Remington mit der Produktion des Modells »Double Deringer«, das auch als »Over-Under Deringer« bekannt wurde; es war äußerst erfolgreich und wurde von 1866–1935 produziert. Insgesamt wurden mehr als 150.000 Stück vom Kaliber .41" RF mit 3-Zoll-Lauf und einem Griff aus Nussbaumholz, Rosenholz oder Hartgummi hergestellt. Es gab brünierte, vernickelte sowie teils brünierte und teils vernickelte Versionen.

WISSENSWERTES Diese Waffe wurde von William H. Elliot entworfen. Sie war eine der bekanntesten amerikanischen Pistolen, die nicht zuletzt durch ihre Präsenz in zahlreichen Filmen Berühmtheit erlangte. Im Kino (vor allem in Westernfilmen) erschien diese Pistole als bevorzugte großkalibrige Verteidigungswaffe, der man sich trotz ihrer nicht perfekten Präzision getrost anvertrauen konnte. Berühmte Sheriffs wie James Butler Hickok alias »Wild Bill«, Glücksspieler und zierliche Frauen fühlten sich durch den Besitz dieser effektiven, kleinen Waffen, die leicht zu verbergen waren, geschützt.

Visitenkarte

Hersteller
Remington, New York

Herstellungsjahr
1870

Gesamtlänge
12,5 cm

Lauflänge
7,8 cm

Vierläufige Pistole Howdah

Visitenkarte

Hersteller
Martin, Großbritannien

Zeitalter der Herstellung
19. Jh.

Gesamtlänge
32 cm

Lauflänge
21,7 cm

Sie weist ein Laufbündel von vier gezogenen **Kippläufen**, ein glattes **Eisenschloss** und am Bodenstück die Inschrift »Martin Patent 22« auf. Im hinteren Teil befindet sich der Auslöseknopf für die Läufe; der **Sägegriff** besteht aus genarbtem Nussholz, die eiserne Griffkappe ist mit einem Ring versehen. Wie bei fast allen mehrläufigen Patronenwaffen wird durch Betätigen des **Abzugs** der Schlagbolzen weitergedreht, sodass er nacheinander die vier Patronen durch Stoß zünden kann. Die vier Läufe bestehen aus einem Block und können mittels eines unteren Scharniers zum Laden gekippt werden.

GESCHICHTE Diese Pistole war die Waffe der Tigerjäger in Indien, die bequem auf einer *howdah* (baldachinartig überdachter Sitz auf einem Elefanten) auf die Jagd gingen – daher ihr Name. Der bekannteste Hersteller jenes Pistolentyps war die Londoner Waffenfirma C. Lancaster. Dieser Betrieb war ab 1878, als der letzte Erbe der Lancaster-Dynastie verstarb, im Besitz von Henry A. A. Thorn, der als Lehrling bei Lancaster begonnen hatte. Howdah-Pistolen wurden mit imposanten Kalibergrößen hergestellt: eine der bekanntesten war die Pistole mit .577" (14,6 mm), es gab aber auch die Varianten .380" Rook Rifle, .450" und .476". Diese Pistolen hatten einen besonderen Drall und eine ovale Seele, sodass die Waffe sowohl mit Kugeln als auch mit Schrot geladen werden konnte. Auch zweiläufige Versionen mit übereinander liegenden Läufen wurden erzeugt. Häufig wurden sie von Offizieren der englischen Armee erstanden, die sich bei ihrer eigenen Ausrüstung nicht allzu gerne auf Revolver verließen.

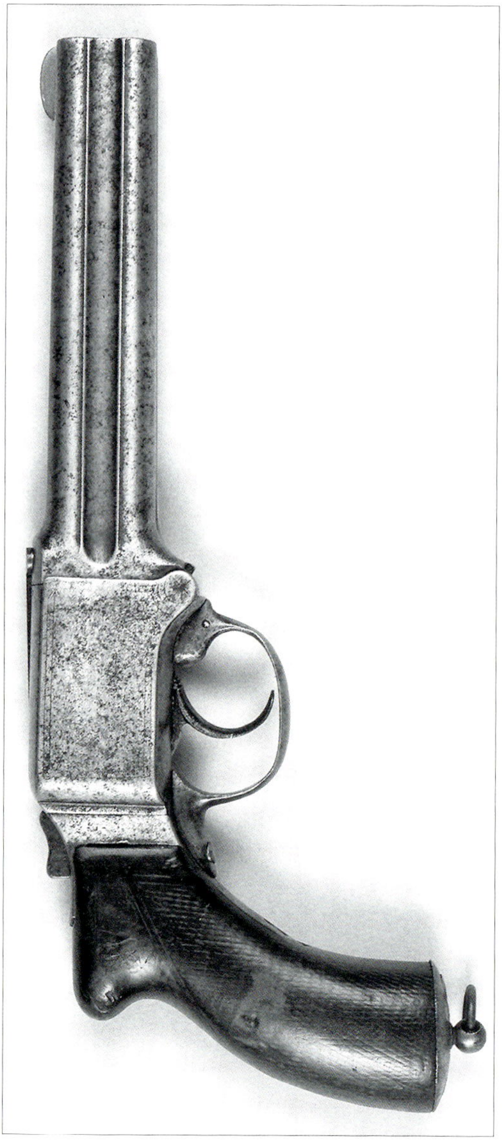

WISSENSWERTES
Um 1880 bestand ein Plan, Artillerie und Kavallerie mit dieser Waffe auszustatten, man nahm jedoch bald davon Abstand.

Vierläufige Reform-Pistole

Diese Waffe wurde 1905 von August Schuler in Suhl patentiert und daraufhin in einer Stückzahl von etwa 4000 hergestellt. Sie hat eine ungewöhnliche Struktur – ihre Form ist sehr ähnlich einem Revolver und bietet den großen Vorteil, äußerst flach zu sein. Der Laufblock mit vier **Läufen** kann nach oben gekippt werden; bei jeder Zündung wurde ein Teil des ausströmenden Gases durch ein Loch an der Oberseite der einzelnen Läufe geleitet und dazu genutzt, die Hülse der abgeschossenen Patrone auszuwerfen. Gleichzeitig mit dem Anheben des **Hahns** hob sich auch der Laufblock, der sich somit in der Hahnachse befand. Der beschriebene Pistolentyp funktionierte auch mit ***Double Action.*** Die Hülse der vierten abgeschossenen Patrone musste nach vorherigem Abnehmen des Laufblocks manuell entfernt werden. Linksseitig befindet sich eine Sicherungsklappe. Das Kaliber beträgt 6,35 mm Browning. Die Griffschalen aus hitzebeständigem Bakelit weisen innerhalb von zwei konzentrischen Kreisen die Inschrift »Reform Pistole – Breveté – DPR 177023« auf.

GESCHICHTE Die vierläufige Reform war vor allem deswegen sehr beliebt, da sie sehr klein und auf diese Weise leicht zu verbergen war; ihre Beliebtheit hielt an, bis die bedeutend praktischeren Gasdrucklader erhältlich waren. Die Produktion der Reform endete 1914.

Visitenkarte

Hersteller
unbekannter deutscher Hersteller

Herstellungsjahr
1880

Gesamtlänge
14,5 cm

Lauflänge
7,5 cm

Kaliber
6,35 mm Browning

Übergangsrevolver

Visitenkarte

Hersteller
Reilly, London

Herstellungsjahr
etwa 1850

Gesamtlänge
26 cm

Lauflänge
10,6 cm

Trommel
6 Schuss

Diese Waffe verfügt über einen gezogenen **Achtkantlauf** mit **Korn**, der mit der Inschrift »Reilly New Oxford Street London« versehen ist; ihre **Trommel** mit sechs Kammern weist Punzierungen der Prüfanstalt von London auf. Das **Schloss** ist mit Blumengravur verziert, die Griffschalen bestehen aus genarbtem Nussbaumholz. Der **Hahn** ist derselbe wie bei der gewöhnlichen Pepperbox.

GESCHICHTE Die Übergangsrevolver können als erste Reaktion englischer Hersteller auf den amerikanischen Colt betrachtet werden. Die britischen Erzeuger hingen noch immer an der Pepperbox; als Antwort auf den innovativen und funktionalen Colt mit langem Lauf fühlten sie sich jedoch gezwungen, ihren Kunden ein Konkurrenzmodell anzubieten. Daher verkürzten sie die Länge der Pepperbox-Trommel und fügten den Lauf an die Trommelachse an. Der klassische Hahn mit Schlagstück, der den großen Nachteil hatte, nicht händisch gespannt werden zu können, wurde jedoch beibehalten – die britischen Hersteller verließen sich voll und ganz auf das Funktionieren der *Double Action*. Der Markt verlangte jedoch mehr und auch das Fehlen des Ladestocks unter dem Lauf spielte beim nicht besonderen Verkaufserfolg eine bedeutende Rolle. Die Präsenz nur weniger Waffen dieses Typs auf dem antiquarischen Markt zeigt, dass Waffen des Typs Colt sicherlich als zweckmäßiger betrachtet wurden.

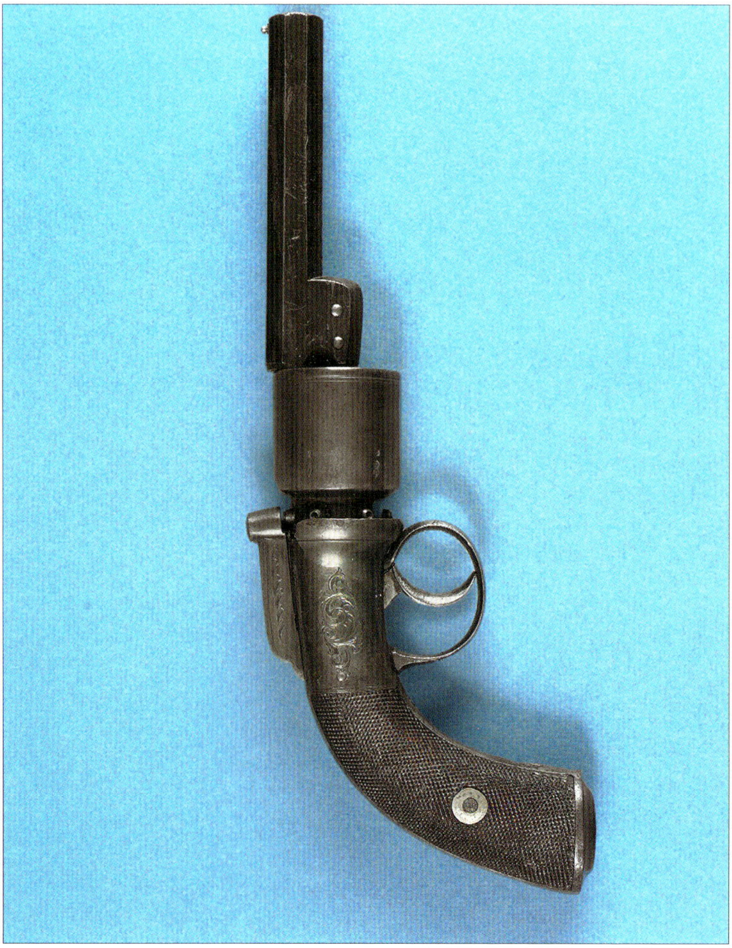

Russischer Perkussionsrevolver

Der abgebildete Revolver wurde nachweislich nach der Lizenz Adams hergestellt. Es handelt sich um eine Waffe vom Typ Beaumont-Adams mit 5-Schuss-**Trommel**. Das **Schloss** ist zur Gänze mit Radierungen von Blumen- und Spiralmotiven dekoriert. Der **Hahn** trägt die kyrillische Inschrift »A. Pryaznov«; der **Griff** aus Ebenholz ist mit feiner Fischhaut versehen, der geschnitzte Löwenkopf der Griffkappe zeigt ein aufgerissenes Maul, mehrfarbige Augen und Zähne aus Elfenbein. Die Waffe funktioniert sowohl mit ***Single Action*** als auch mit ***Double Action.***

Visitenkarte

Hersteller
A. Pryaznov, Russland

Herstellungsjahr
1855

Gesamtlänge
30 cm

Lauflänge
15 cm

Trommel
5 Schuss

GESCHICHTE Robert Adams reichte im Februar 1851 ein Patent für eine Pistole mit *Double Action* ein. Neu war Folgendes: Durch Betätigen des Abzugs wurde die Trommel gedreht und gleichzeitig der Hahn gehoben, der daraufhin nach unten schlug. Eine weitere bedeutende Eigenschaft dieses Revolvers war der geschlossene Rahmen, welcher der Waffe eine besondere Stabilität verlieh. Der Revolver wurde von der Firma »George & John Deane« gefertigt, in der Adams technischer Direktor war. Bei der Weltausstellung 1851 in London drehte sich alles um Colt, während Adams kaum erwähnt wurde. Infolge dieser bitteren Erfahrung wurde die Gesellschaft aufgelöst und als »Deane Adams & Deane« neu gegründet. Nach Kontakten mit der Regierung gelang es Adams 1855, das Patent Beaumonts zu erwerben. Er konnte auch den Hauptfehler seiner Waffe beheben, indem er dem Abzug, der einen sehr weiten Weg zurücklegen musste, um den Hahn zu spannen und niederzuschlagen, mehr Festigkeit und Widerstandsfähigkeit verlieh. Nach weiteren Veränderungen konnte der Hahn auch manuell gespannt werden, was von großem Vorteil für die Zielgenauigkeit war, da sie mit *Single Action* und *Double Action* funktionierte – auf diese Weise entstand das Modell Beaumont-Adams. Nun stand auch das Glück auf der Seite Adams', der mit seinem Patent (auch gegen internationale Vereinbarungen) Armee-Aufträge verbuchen konnte.

Revolverpaar vom Typ Tranter

Visitenkarte

Hersteller
unbekannter Hersteller aus Osteuropa

Herstellungsjahr
1855

Gesamtlänge
33 cm

Lauflänge
17,8 cm

Trommel
5 Schuss

Das exzellente Revolverpaar vom Typ Tranter befindet sich in einem eleganten **Kasten** aus Nussbaumholz. Der innen mit rotem Samt ausgekleidete Kasten enthält auch Ladestock (mit separater Räumnadel), Kugelzange, Zündkapselbehälter und Pulverflasche. Die **Sechskantläufe** sind mit Blattwerkgravur, Goldverzierungen und stilisierten silbernen Schriftrollen mit der vergoldeten Inschrift »London - 1 - 2« versehen. Auf dem **Schloss** beider Revolver sind zahlreiche Szenen dargestellt: David mit der Steinschleuder, ein türkischer Reiter *(im Detailfoto oben)*, ein mit einem Revolver bewaffneter russischer Soldat und ein berittener türkischer Oberst. Beide **Griffe** bestehen aus Elfenbein und sind mit Schnitzereien von Voluten und von Büsten in der Kleidung des 17. Jh.s verziert. Die Griffkappen sind mit Löwenmasken geschmückt. Die Revolver verfügen über **Abzugsbügel** aus dekoriertem Weißmetall und **Trommeln** mit fünf Schuss.

GESCHICHTE Die William Tranter's Gun & Pistol Factory hatte ihren Sitz in der englischen Stadt Birmingham, in Aston Cross. William Tranter war einer der großen Waffenfabrikanten, aber auch ein sehr einfallsreicher Erfinder und führte bei seinen Waffen eine Reihe von Verbesserungen ein.

WISSENSWERTES Das Fehlen von Punzierungen deutet darauf hin, dass die abgebildeten Waffen in Osteuropa hergestellt wurden. Im Hinblick auf die dargestellten Figuren könnte man an ein wertvolles Geschenk als Erinnerung an den Krimkrieg denken.

Revolver Adams

Visitenkarte

Hersteller
Deane Adams & Deane, London

Herstellungsjahr
etwa 1860

Gesamtlänge
33,5 cm

Lauflänge
17,6 cm

Trommel
6 Schuss

Der **Achtkantlauf** und die **Trommel** für sechs Schuss sind mit Gravuren in Form von Blumen und Trieben dekoriert. Das **Schloss** mit Sicherung ist mit »Adam's Patent No. 73330« signiert. Der **Griff** ist aus genarbtem Nussbaumholz und am Rücken mit einem ovalen Silberschild versehen. Der exzellente Revolver wird in einem mit rotem Leder ausgekleideten **Mahagonikasten** aufbewahrt und, obwohl der Kasten in England gefertigt wurde, zeigt er die typische kontinentaleuropäische Einteilung mit Aussparungen für die einzelnen Teile. Das Zubehörset umfasst Pulverflasche, Kugelzange, Schraubenzieher, Pistonschrauber, Putzstock, Ölflasche, Zündkapselbehälter aus Elfenbein und zwei verschließbare Kugelbehälter.

GESCHICHTE Deane Adams & Deane mit Sitz in der King William Street 30 in London ersetzte am 8. Juli 1851 die frühere Firma George & John Deane, die bei der Weltausstellung in London, bei der Colt Furore gemacht hatte, nur äußerst schlechte Verkaufsergebnisse erzielen hatte können.

Revolver Tranter

Visitenkarte

Hersteller
Tranter, Birmingham

Herstellungsjahr
1860

Gesamtlänge
32 cm

Lauflänge
16 cm

Trommel
5 Schuss

Kaliber
.54"

Diese Waffe hat einen gezogenen **Achtkantlauf** mit seitlich angeschraubter Ladepresse und der Inschrift »Tranter Patent«. Das **Schloss** ist mit Blumengravur und den Stempelungen »B. Cogswell 224 Strand London« sowie »Matr. 13691 T« versehen. Hauptmerkmale dieses Revolvers vom Kaliber .54" sind die **Hahnsicherung**, der **Doppelabzug** und der **Griff** aus Nussbaumholz mit Fischhaut. Der Revolver wird gemeinsam mit Kugelzange, Pulverflasche, Pistonschrauber, Ölflasche und einer Zündhütchen-Dose des Zündmittel-Herstellers Kynoch Ltd. in einem mit grünem Tuch ausgelegten Eichenholzkasten aufbewahrt.

GESCHICHTE Bis 1850 hatte die Fabrik William Tranters ihren Sitz in Birmingham, Whittal Street; weitere drei Büchsenmacher waren Gesellschafter des Unternehmens: John und Isaac Hollis, die sich auf Pepperbox-Pistolen spezialisiert hatten, und Isaac

Brentnall Sheath. 1851 wurde die Fabrik in die St. Mary Row 13 verlegt. Tranter-Waffen waren von sehr hoher Qualität und im Laufe der Zeit stieg das Prestige der Firma und damit auch die Nachfrage. 1854 eröffnete Tranter eine neue Werkstatt in der Loveday Street 50 und 1851 begann er mit der Produktion von Revolvern für die Firma Adams. 1853 meldete er sein erstes Patent für einen Revolver an, der jedoch mit derselben einteiligen Rahmen-Lauf-Einheit wie die Adams-Revolver ausgestattet war. Das erste Modell hatte eine getrennt aufzubewahrende Ladepresse, die bei Verwendung über den am vorderen unteren Rahmenteil sichtbaren Zapfen gestülpt wurde. Die Ladepresse des zweiten Modells war hingegen mittels Kupplung am Lauf befestigt. Beim dritten Modell wurde die Ladepresse am Schloss angeschraubt.

WISSENSWERTES Viele Büchsenmacher in London und Umgebung verkauften Tranter-Waffen unter ihrem eigenen Namen; diese Waffen trugen jedoch stets die Kennzeichnung »Tranter's Patent«. Von der abgebildeten Waffe ist auch der Name des Händlers – B. Cogswell – bekannt.

Revolver Fagar

Visitenkarte

Hersteller
P. J. Fagar, Belgien

Herstellungsjahr
1860

Gesamtlänge
33 cm

Lauflänge
23 cm

Trommel
6 Schuss

Dieser Revolver mit ***Double Action*** hat einen gezogenen **Achtkantlauf**, Kimme, **Korn** und in einem Oval die Inschrift »P. J. Fagar Brevete«. Hauptmerkmale der Waffe sind die seitliche Ladepresse, die **Trommel** mit sechs Patronenkammern und das glatte **Schloss**. Der seitlich angebrachte **Hahn** ist mit Hakensicherung versehen, der glatte **Griff** besteht aus Nussbaumholz.

Revolver Garollo

Visitenkarte

Hersteller
Antonio Garollo, Trient

Herstellungsjahr
1860

Gesamtlänge
26 cm

Lauflänge
17,9 cm

Trommel
5 Schuss

Der Revolver mit ***Double Action*** hat einen gezogenen **Achtkantlauf** mit Kimme und **Korn**. Die Ladepresse ist mit einer Zahnstange befestigt, die glatte **Trommel** für fünf Schuss vorgesehen. Die Waffe hat einen seitlichen Hahn, einen **Griff** aus Nussbaumholz mit Fischhaut, eine Griffkappe mit Ring und ein mit gravierten Blumen und Figuren verziertes und mit »A. Garollo in Trento« signiertes **Schloss**.

GESCHICHTE Der Hersteller dieser Waffe war Antonio Garollo, ein Büchsenmacher, dessen Tätigkeit in Levico im Jahr 1850 nachgewiesen ist.

Stiftfeuerpatronen-Revolver Guerriero

Der runde, gezogene **Lauf** trägt auf der linken Seite die Inschrift »A. Guerriero breveté«. Die Trommel ist mit Stiftfeuerpatronen zu laden. Der rundliche Griff weist glatte Nussholz-Griffschalen auf. Das Ladesystem des beschriebenen Revolvers ist originell – indem man Lauf und **Trommel** entlang der Trommelachse nach vor bewegt, werden die Patronen aus der Kammer gezogen.

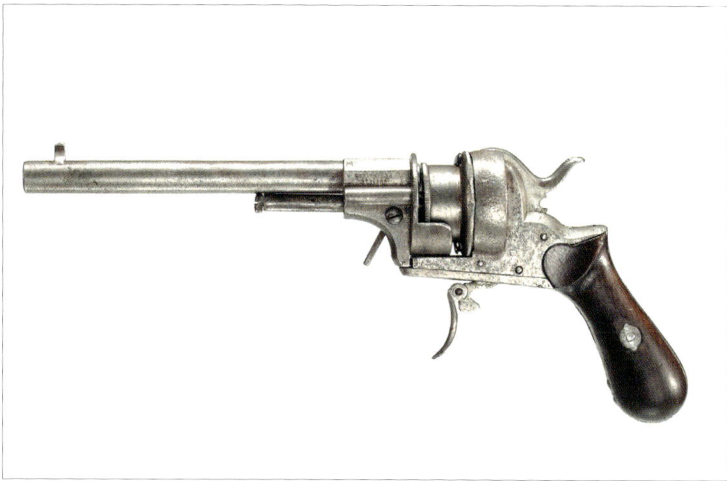

Visitenkarte

Hersteller
A. Guerriero

Herstellungsjahr
1860

Gesamtlänge
27,5 cm

Lauflänge
16,4 cm

Trommel
6 Schuss

Zweiläufiger Revolver Lefaucheux

Der Revolver hat zwei übereinander liegende, runde, gezogene **Läufe**, ein **Korn** und einen seitlich herausziehbaren Ladestock; die **Trommel** hat 21 Kammern, die in zwei konzentrischen Kreisen angeordnet sind. Das Kaliber beträgt 7 mm. Beim Auslösen trifft der **Hahn** abwechselnd auf Patronen des äußeren und inneren Kreises; jene des äußeren Kreises werden durch den oberen Lauf, jene des inneren Kreises durch den unteren Lauf abgefeuert. Seitlich auf dem **Schloss** ist ein Ladeschieber angebracht. Der **Abzug** ist einklappbar, die hölzernen Griffschalen sind mit Fischhaut versehen.

Visitenkarte

Hersteller
Lefaucheux, Frankreich

Herstellungsjahr
etwa 1870

Gesamtlänge
28,5 cm

Lauflänge
16,3 cm

Trommel
21 Schuss

Kaliber
7 mm

Revolver Kerr mit Zentralfeuerzündung

Visitenkarte

Hersteller
London Armoury Company, London

Herstellungsjahr
1870

Gesamtlänge
30,5 cm

Lauflänge
15,9 cm

Trommel
6 Schuss

Der gezogene **Achtkantlauf** ist mit dem **Schloss** aus einem Block gearbeitet. Die Waffe weist die archaische Form der **Schlossplatte** auf, wie sie bei einschüssigen Perkussionspistolen üblich war.

GESCHICHTE Durch die Blockade der amerikanischen Nordstaaten verblieb der Südstaatenarmee keine große Auswahl an Waffen. Eine davon war der Kerr-Revolver, und tatsächlich produzierte die London Armoury Company fast ausschließlich für die Armee der Südstaaten-Konföderation. Dieser Revolver zeichnete sich durch die leichte Austauschbarkeit der Feder aus, und auch der seitlich liegende Hahn war leicht zugänglich. Beim Zusammenbruch der Südstaaten wurden die Verbindlichkeiten gegenüber den Lieferanten nicht mehr getilgt, so auch jene gegenüber der London Armoury. Die ausstehende Summe war beträchtlich und die durch eine derart defizitäre finanzielle Situation belastete Gesellschaft geriet in große Schwierigkeiten. Um die Lagerbestände abzubauen und Geld aufzubringen versuchte man noch, den Kerr-Perkussionsrevolver für die Verwendung von Kartuschenmunition umzubauen. Das Modell erwies sich jedoch als zu veraltet, um neben der Konkurrenz bestehen zu können, die immer perfektere und revolutionärere Waffen auf den Markt brachte. Die wenigen verkauften Umbauwaffen konnten die wirtschaftliche Situation der Firma nicht mehr verbessern, die im Frühjahr 1866 ihre Insolvenz erklären musste.

Preußischer Reichsrevolver

Visitenkarte

Hersteller
S. & S., Suhl, Deutschland

Herstellungsjahr
1879–1887

Gesamtlänge
31,5 cm

Lauflänge
18 cm

Trommel
6 Schuss

Kaliber
10,55 mm

Der in der Nähe der Trommel von achtkantig auf rund übergehende **Lauf** des »Modells 1879« verfügt über Kimme, **Korn** und Laufabschlussring. Der Revolver mit geschlossenem Rahmen weist eine 6-Schuss-**Trommel** mit der Kennzeichnung »S & S V.C.S.C.C.H. Suhl«, preußische Punzierungen, die Matrikelnummer »3795«, glatte Griffschalen und an der Griffkappe einen Fangriemenring auf. Der Sicherungshebel befindet sich linksseitig, der **Abzug** ist durch einen **Abzugsbügel** geschützt.

GESCHICHTE Bei der Gründung des Deutschen Reiches 1870 versuchte man, die Bewaffnung der nunmehr vereinten Heere zu vereinheitlichen. Eine der damals neuen Waffen war der Reichsrevolver, der als »Modell 1879« bei der Truppe eingeführt wurde. Das Modell war einfacher ausgeführt und größer als jenes für die Offiziere (das nur 26 cm lange Modell 1883); es wog ungeladen 1,32 kg. Die beiden Modelle besaßen keinen Auswerfer, da die Hülsen im Allgemeinen von der Trommelwelle während der Drehung der Trommel ausgeworfen wurden. Es handelt sich um eine einfache, zuverlässige, großkalibrige Waffe, die jedoch schwer und bereits veraltet war sowie nur eine begrenzte mannstoppende Wirkung aufwies. Deshalb wurde die Waffe nach 30-jährigem Einsatz durch die Borchardt-Luger-Pistole ersetzt.

WISSENSWERTES Die Modelle 1879/1883 wurden von verschiedenen Herstellern erzeugt. Die Seriennummern übersteigen nirgends die Zahl 10.000: vermutlich gab es keine gemeinsame Nummerierung und die Seriennummern wurden von jedem einzelnen Fabrikanten separat vergeben.

Belgische Kopie eines Colt-Revolvers

Visitenkarte

Hersteller
unbekannter Hersteller aus Lüttich

Zeitalter der Herstellung
19. Jh.

Gesamtlänge
37 cm

Lauflänge
25 cm

Trommel
5 Schuss

Die Waffe hat einen gezogenen **Achtkantlauf**, der mit der Inschrift »Colt Breveté« und der Punzierung des Lütticher Beschussamts versehen ist. Die 5-schüssige **Trommel** ist mit einer verschlungenen Szene in der Art der klassischen Ausführung von Colt-Waffen dekoriert. Das **Schloss** besteht aus graviertem Eisen, der **Abzug** ist wegklappbar. Der **Griff** verfügt über Griffschalen aus Nussbaumholz.

GESCHICHTE Die beschriebene Waffe ist eine vermutlich autorisierte Kopie der Colt Holster Paterson, die jedoch zum Originalmodell einen Unterschied aufweist: den Griff, der jenem des Modells Dragoon von 1848 ähnlicher ist als dem der echten Paterson von 1838–1840. Der Grund könnte in den 1851 bei Colt vereinbarten Geschäftsübereinkünften liegen. 1849 hatte Colonel Colt seine beiden Patente für Trommelwaffen hinterlegt; die belgische Gesetzgebung sah jedoch vor, dass, wenn die Produktion nicht innerhalb von zwei Jahren aufgenommen wurde, das Patent verfiel. Um diesem Problem abzuhelfen, entschloss sich die amerikanische Firma, ihre Revolver bei etwa 15 belgischen Firmen nach dem Patent herstellen zu lassen. Am aktivsten waren Ancion & Cie, Colette, Colleye, Decortis, Dumoulin, Fagard, Genette, Ghaye, Gilon, Hanquet und Renkin. Viele Büchsenmacher nutzten jedoch die durch die große Anzahl von Herstellern hervorgerufene Verwirrung, um Colt-Waffen auch ohne Autorisierung herzustellen. Die in Belgien am häufigsten hergestellten Colt-Produkte waren die Dragoon, die Pocket und die Navy 1851.

WISSENSWERTES Gewöhnlich trugen die autorisierten Waffen eine spezielle, von Colonel Colt entworfene Punzierung; in den frankophonen Ländern trug sie den Schriftzug »Colt Breveté«, in anglophonen Ländern »Colt-Patent«. Die Fälscher ließen sich jedoch dadurch nicht abhalten und machten auch diese Punzierungen des amerikanischen Herstellers nach.

Revolver nach italienischem Patent

Der Revolver mit ***Double Action*** ist mit dem Schriftzug »Système Italien« gekennzeichnet. Die **Trommel** ist nach rechts schwenkbar und verfügt über eine wegklappbare Bodenplatte, die dem Schutz des Hülsenbodens der Patronen dient. Die Griffschalen bestehen aus Nussbaumholz mit Fischhaut.

GESCHICHTE Dieses interessante Modell hat ein Verschlusssystem, mit dem es möglich war, den Patenten von Lefaucheux auszuweichen. Es gelang, das Blockieren der Trommel durch sich ausdehnende Patronenhülsen zu vermeiden, wie dies mitunter beim Lefaucheux-System geschehen konnte.

Visitenkarte

Hersteller
unbekannt

Zeitalter der Herstellung
19. Jh.

Gesamtlänge
28,5 cm

Lauflänge
13,7 cm

Trommel
6 Schuss

Revolverpaar Perrin

Visitenkarte

Hersteller
Perrin-Le Page, Paris

Zeitalter der Herstellung
19. Jh.

Gesamtlänge
18,5 cm

Lauflänge
9,5 cm

Trommel
6 Schuss

Kaliber
9 mm

Die beiden kleinen 9-mm-Kaliber-Revolver wurden nach dem Patent von Perrin gefertigt. Sie funktionieren mit Zentralfeuerzündung und ausschließlich mit ***Double Action***, weshalb der Hahn nicht mit einem Sporn ausgestattet ist. Sie verfügen über einen einklappbaren **Hahn** und einen von fünfkantig im Bereich des Bodenstücks auf kegelstumpfförmig übergehenden **Lauf**. **Schloss** und **Trommel** sind zur Gänze mit Blattwerkgravuren verziert; der Ausstoßer ist in die Trommelachse integriert. Der Mahagonigriff trägt ein Goldschild mit den Initialen »EK«, die sich auf den deutschen General Ermanno (Hermann) Kanzler beziehen, der Oberkommandeur der päpstlichen Armee war. Die beiden sehr leichten Waffen wiegen ungeladen nicht mehr als 420 g. Das Revolverpaar befindet sich in einem 25 x 14 cm großen **Mahagonikasten** mit einer Messingplakette in der Mitte, deren Gravuren die päpstliche Tiara, überkreuzte Schlüssel und das Motto *»Non Possumus«* (»Wir können nicht«; *auch im Detailfoto oben zu sehen*) zeigen. Das Innere des Kastens ist mit grünem Filz ausgelegt und bietet außer für die Pistolen nur noch Platz für den Putzstock. Auf der Innenseite des Deckels befindet sich die Inschrift »L-Perrin B.te 51, Rue Laffitte à Paris«.

GESCHICHTE Dieser Revolvertyp wurde vom päpstlichen Heer als Ordonnanzwaffe verwendet. Vermutlich wurde der Kasten General Kanzler bei der Auswahl dieses Modells übergeben. Die Firma Perrin-Le Page war bereits 1830 in Paris ansässig; 1859 brachte man mit Delmas einen der ersten Revolver mit Zentralfeuerzündung heraus.

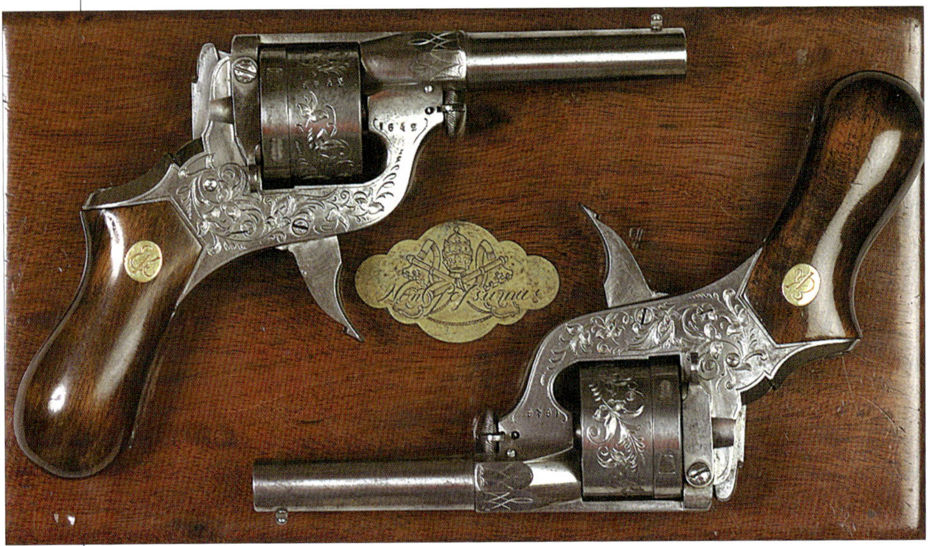

Stiftfeuerpatronen-Revolver Mazzocchi

Der Revolver mit zylindrischem **Lauf**, zylindrischer **Trommel** und **Spornabzug** funktioniert mit Stiftfeuerzündung und ***Single Action***. In den Griff ist eine Ausstoßerstange eingeschraubt, auf deren Kopf ein Fangriemenring angebracht ist. Auf dem Schloss befindet sich die Signatur »F.lli Mazzocchi Roma«.

GESCHICHTE Von diesem Revolver wurden in Rom etwa 2500 Exemplare für die Gendarmerie des Kirchenstaates hergestellt. Zur Büchsenmacher-Dynastie Mazzocchi zählten Domenico (geboren 1780), Giustino (1780), Gaetano (1800), Giovanni (1816) und »P« (1800), von dem nur der Anfangsbuchstabe des Namens bekannt ist.

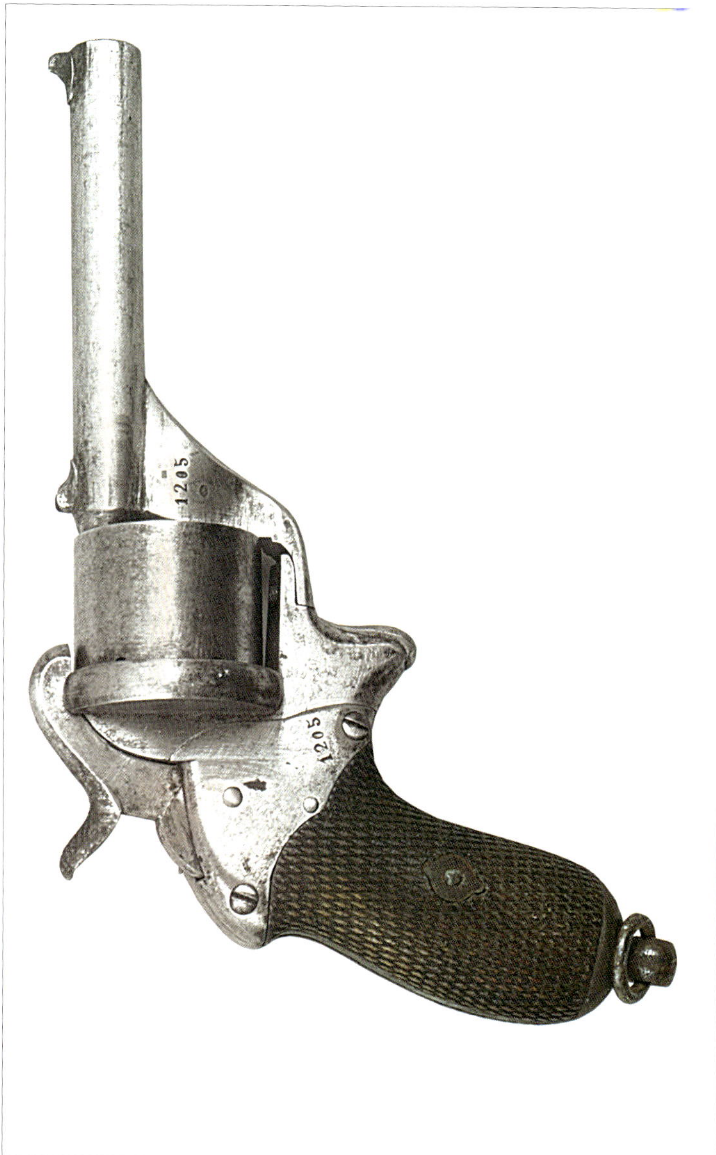

Visitenkarte

Hersteller
Mazzocchi, Rom

Zeitalter der Herstellung
19. Jh.

Gesamtlänge
18 cm

Lauflänge
8,8 cm

Trommel
6 Schuss

Kaliber
9 mm

Prunkrevolver Le Page

Visitenkarte

Hersteller
Le Page-Moutier, Paris

Herstellungsjahr
1880

Gesamtlänge
29,5 cm

Lauflänge
16,3 cm

Trommel
6 Schuss

Dieser Revolver mit Zentralfeuerzündung und ***Double Action*** verfügt über einen seitlich schwenkbaren Lauf-Trommel-Block; der Ausstoßer ist seitlich am Lauf angelenkt. Die **Griffschalen** sind aus Ebenholz und mit Blattwerk-Schnitzerei verziert. Der **Achtkantlauf** und alle Metallteile sind graviert und mit Goldeinlagen versehen. Die Waffe trägt den gotischen Schriftzug »Le Page-Moutier arq.er Breveté a Paris« in Gold.

GESCHICHTE Die französische Büchsenmacherdynastie Le Page fertigte eineinhalb Jahrhunderte lang Waffen von höchster Qualität, die vornehmlich für hochstehende Persönlichkeiten bestimmt waren. Die Großfamilie stammte aus der Normandie und war weit verzweigt. Le Page-Moutier oder Moutier-Le Page war Büchsen- und Schwertmacher und hatte 1842–1865 ein Geschäft in Paris; er war 1842 seinem Schwiegervater Jean André Prosper Henry Le Page (geboren 1792, gestorben 1854) nachgefolgt, der 1822 das Erbe seines Vaters Jean angetreten hatte. Le Page-Moutier war Büchsenmacher von Ludwig XVIII., Karl X. und der Herzöge von Orleans, sowie bereits 1825 Mitglied des Handwerkerrats. Seine Werkstätte hatte er in der Rue Richelieu 13, die nach einer Hausnummern-Änderung zur Rue Richelieu 8 wurde.

Geschenk-Revolver für General Fabrizi

Der Perkussionsrevolver mit ***Double Action*** und 6-Schuss-Trommel hat einen gezogenen **Achtkantlauf**, der mit der Widmung »I Patrioti Svizzeri al Generale Fabrizi« und der Inschrift »Wagner a Berne« versehen ist. Rechtsseitig befindet sich eine Ladepresse. **Trommel** und **Schloss** sind mit Gravuren in Form von Weinreben und Tieren verziert. Der **Hahn** ist seitlich angebracht und mit einem Sicherungssteg versehen; durch Betätigen eines Knopfes unter dem **Abzugsbügel** kann der Revolver auch auf ***Single Action*** umgeschaltet werden. Der **Griff** ist aus genarbtem Nussbaum und verfügt über eine gravierte Griffkappe.

GESCHICHTE Mangeot & Comblain waren 1855–1877 Büchsenmacher am Brüsseler Hof. Dieser Revolver war eines von 100 Exemplaren, die von den »Patrioti Svizzeri« erworben und den bedeutendsten Persönlichkeiten im Heer Garibaldis geschenkt wurden – darunter Stefano Thurr, Nino Bixio und mehrere Teilnehmer des Zugs der Tausend. Die Revolver wurden in Bern beim Waffenhändler Wagner erstanden, der den schweizerischen Unterstützern des italienischen Freiheitskampfes Waffen verschiedener Hersteller verkaufte: Loron, David, Kinhaper und Colt aus belgischer Fabrikation. Alle Revolver sind mit derselben Widmung sowie dem Namen des Beschenkten versehen. Mindestens fünf Exemplare dieser Waffen befinden sich heute in italienischen Sammlungen.

WISSENSWERTES Nicola Fabrizi, General im Heer Garibaldis, wurde 1805 in Modena geboren; er beteiligte sich an der Verschwörung Ciro Menottis und verbündete sich mit der Giovine Italia. Er war nachweislich 1844 in Malta, um Unruhen in Kalabrien vorzubereiten, und 1848 in Palermo, wo er sich am Aufstand beteiligte; anschließend kämpfte er in Venedig und Rom. 1857 bereitete er den Feldzug Pisacanes und den Zug der Tausend vor und kämpfte bei Milazzo. Garibaldi ernannte ihn zum Kriegsminister; 1861 beteiligte er sich an einer Kampagne gegen das Banditentum und vier Jahre später wurde er zum höchsten Armeeführer unter Garibaldi. Er starb 1885 in Rom.

Visitenkarte

Hersteller
Mangeot & Comblain, Brüssel

Zeitalter der Herstellung
Mitte 19. Jh.

Gesamtlänge
31 cm

Lauflänge
15,9 cm

Trommel
6 Schuss

Widmung oben: »Von den Schweizer Patrioten an General Fabrizi.«

Revolver Typ Adams

Visitenkarte

Hersteller
Auguste Francotte, Lüttich

Zeitalter der Herstellung
zweite Hälfte 19. Jh.

Gesamtlänge
21 cm

Lauflänge
9 cm

Trommel
6 Schuss

Dieser Revolver mit Matrikelnummer 16.870 ist ein ganz außergewöhnliches Sammlerstück, das sich einst im Besitz von König Umberto I. befand. Schloss, Laufmündung und **Trommel** sind mit eingelegten Goldbändern verziert, die eine Dekoration mit Akanthusblättern einrahmen. Auf dem vorderen Teil des **Schlosses** befindet sich eine stilisierte Schriftrolle in Gold-Einlegearbeit mit einem Band mit Savoyer Knoten; auf beiden Seiten ist in der Mitte das persönliche Monogramm des Königs, bestehend aus dem Buchstaben »U« mit darüber liegender Krone, angebracht. Auch dieses Dekor ist in Goldeinlegearbeit gefertigt. Der **Griff** aus Nussbaumholz besteht aus einem Stück und ist fein genarbt. Die Metallteile sind brüniert.

GESCHICHTE Die beschriebene Waffe wurde von August Francotte, einem 1845–1885 in Lüttich arbeitenden Büchsenmacher, hergestellt. Auf dem Schloss ist auch die gut sichtbare, gekrönte Signierung »AF« vorhanden. Für den Mecha-

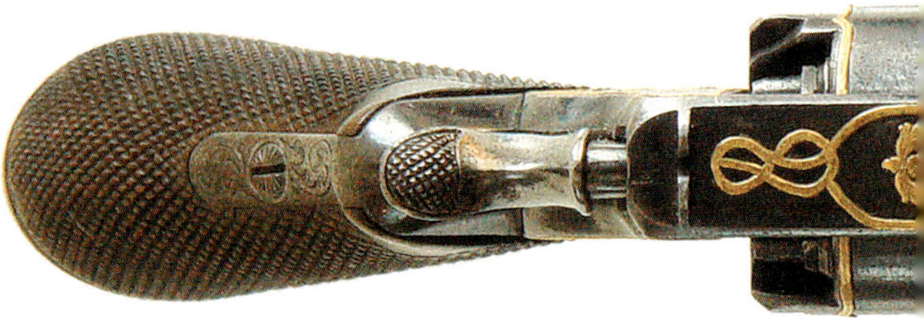

nismus wurde das Patent von Robert Adams verwendet, der seine Werkstätte in der King William Street 76 in London hatte und das Patent mit so genanntem »falschem Doppelabzug« 1851 anmeldete. Die Bezeichnung für diesen Mechanismus ist schnell erklärt: bei seinem ersten Patent (von dem sich das Patent der hier beschriebene Waffe unterscheidet) hatte der Hahn keinen Sporn, weshalb die Waffe nicht händisch nachgespannt und daher auch nicht in *Single Action* verwendet werden konnte. Robert Adams war technischer Direktor der Waffenfabrik George & John Deane Adams, der die undankbare Rolle als Konkurrent Colts auf dem britischen Markt zukam. Die Verfechter der Colt-Waffen bestanden darauf, dass Waffen mit *Single Action* treffsicherer wären, da man, um eine Waffe mit *Double Action* auszulösen, derart viel Kraft aufwenden musste, dass die gewünschte Schussrichtung kaum einzuhalten war. Jedenfalls hatten die Waffen von Adams außer der *Double Action* noch eine weitere bedeutende Eigenschaft: Sie verfügten über einen geschlossenen Rahmen, der eine außerordentliche Robustheit garantierte. Am 1. März 1851, als in London im Crystal Palace die Weltausstellung eröffnet wurde, gab es nur zwei Anbieter von Revolvern – Colt und Adams. Im Juli desselben Jahres schlossen George & John Deane ihre Tore und es wurde die neue Firma Deane Adams & Deane – mit Adams als Hauptaktionär – gegründet. Der 5-Schuss-Revolver von Adams mit Kaliber .50" (entsprechend 12,7 mm) wurde vom Kleinwaffen-Prüfkomitee des britischen Heeres gemeinsam mit dem sechsschüssigen Colt 1848 Dragoon, mit Kaliber .44" (11,43 mm) getestet. Der Adams-Revolver war Testsieger, da er schneller zu laden war – in nur 38 gegenüber 58 Sekunden. Außerdem war die Schussfolge zum Leerschießen der Trommel wesentlich schneller; dies dauerte beim Adams-Revolver 4, beim Colt 11 Sekunden. Überdies musste man, wenn man den Colt sehr schnell abschießen wollte, beide Hände verwenden – beim Revolver nach Adams' Patent war dies auch mit nur einer Hand möglich. Der Bericht bestätigte auch, dass bei der Konfrontation beim Adams-Revolver von 25 Schüssen alle Patronen tadellos gezündet wurden, während beim Colt bei der gleichen Schussanzahl bereits vier Aussetzer zu verzeichnen waren. Mit diesem Erfolg kamen auch die Aufträge; Adams konnte jedoch die bestellten Mengen in der eigenen Fabrik nicht produzieren und beging den taktischen Fehler, vielen Firmen, wie Tranter, Hollis & Sheath, Brazier, Ancion e Cie, Daudoy und Francotte e Pirlot, die Nutzung seines Patentes zu erlauben. Auch zwei deutsche und österreichische Fabrikanten waren Nutznießer des Patents. Durch diese Entscheidung floss zwar wieder Geld in die krisengeschüttelte Firma und führte zu einer wirtschaftlichen Entspannung. In der Zwischenzeit entstanden jedoch neue Konkurrenten, die das soeben erworbene Know-how zu ihrem Vorteil zu nutzen wussten.

Colt Baby Dragoon

Visitenkarte

Hersteller
Colt, Hartford

Herstellungsjahr
1848

Gesamtlänge
28,5 cm

Lauflänge
6"

Trommel
5 Schuss

Kaliber
.31"

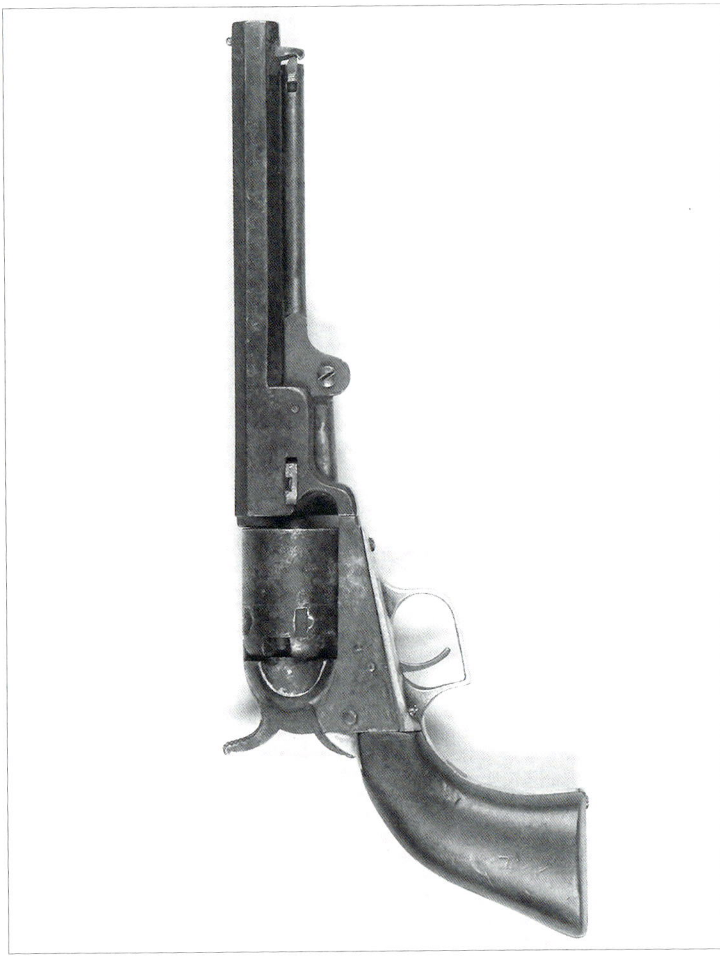

Der Perkussionsrevolver mit **Einzelabzug** hat einen gezogenen **Achtkantlauf** und eine 5-Schuss-**Trommel**, auf der eine Schlachtszene zwischen Texas Rangers und Indianern abgebildet ist. Diese ist ein Teil der auf der Dragoon mit Kaliber .44" vorhandenen Szene (auf den nach Nr. 11.000 gefertigten Exemplaren ist das gesamte Bild zu sehen). Das **Schloss** ist mit der Inschrift »Colt patent« und der Matrikelnummer 12.786 (entspricht einer Produktion im Jahr 1850) versehen. Das Schloss besteht aus versilbertem Messing, der Griff aus amerikanischem Nussbaumholz.

GESCHICHTE Von der Baby Dragoon 1848 wurden 1847–1850 insgesamt mehr als 15.000 Stück erzeugt: mit 5-Schuss-Trommel, Kaliber .31", mit Läufen von 3", 4", 5" und 6" Länge, eher selten mit und meist ohne Ladepresse. Als reduzierte Version des Dragoon Kaliber .44" war dieser Revolver die erste Colt-Taschenwaffe, die in der Fabrik in Hartford hergestellt wurde. Eine hervorstechende Eigenschaft, die sie von anderen Taschenrevolvern unterscheidet, ist der rechteckige Abzugsbügel; des Weiteren sind die Trommelrasten bei diesem Modell oval. Die Seriennummern gehen von 1 bis über 15.000. Die Exemplare 1–1999 wurden 1847 hergestellt, von 2000–7999 im Jahr 1848, von 8000–11.999 im Jahr 1849, von 12.000 bis über 15.500 im Jahr 1850.

Whitney Navy & Eagle

Dieser Perkussionsrevolver verfügt über ein Kaliber von .36", eine 6-Schuss-Trommel, ***Single Action*** und einen **Achtkantlauf** von 7½" Länge – es gibt jedoch auch seltene Einzelstücke mit einer Lauflänge von 4" und von 8". Im Inneren beider Griffschalen und unter dem Lauf ist die Seriennummer 30.208 eingeprägt. Auf dem Lauf ist die Signierung »E. Whitney N. Haven« zu sehen.

GESCHICHTE Der Navy & Eagle-Revolver wurde 1850–1860 in etwa 33.000 Exemplaren hergestellt. Die beschriebene Waffe, deren genaue Bezeichnung »Second mod. 6th. type single action« lautet, war vermutlich der erste Revolver mit geschlossenem Rahmen, der auf dem amerikanischen Markt erschien. Er war während des Bürgerkriegs sehr beliebt und mehr als die Hälfte der Produktion wurde entweder in der Marine oder in der Armee verwendet. Das erste Modell trug nicht die komplette Marke, sondern nur den Schriftzug »Eagle Co.«. Diese Punzierung ist auf den Waffen der Matrikelnummern von etwa 500–1200 vorhanden. Das erste Modell, von dem vier Varianten mit und ohne Ladepresse existieren, endet mit Nr. 1500. Das zweite, massivere Modell trug Punzierungen wie das abgebildete Exemplar und wurde in den folgenden sechs Varianten gefertigt:

- 1. Typ mit Matrikelnummern 1–1200;
- 2. Typ mit Matrikelnummern 1201–13.000;
- 3. Typ mit Matrikelnummern 13.001–15.000;
- 4. Typ mit Matrikelnummern 15.001–25.000;
- 5. Typ mit Matrikelnummern 25.001–29.000;
- 6. Typ mit Matrikelnummern 29.001–31.500.

Visitenkarte

Hersteller
Whitney, New Haven

Herstellungsjahr
1850

Gesamtlänge
33 cm

Lauflänge
7½"

Trommel
6 Schuss

Kaliber
.36"

Whitney Pocket

Visitenkarte

Hersteller
Whitney, New Haven

Herstellungsjahr
1850

Gesamtlänge
25 cm

Lauflänge
5"

Trommel
5 Schuss

Kaliber
.31"

Dieser Perkussionsrevolver Second Model 3rd type mit ***Single Action*** und Kaliber .31", weist eine 5-Schuss-**Trommel**, einen **Achtkantlauf** von 5" Länge und die Seriennummer 30.702 auf. Auf dem Lauf befindet sich die Inschrift »E. Whitney/N.Haven«.

GESCHICHTE Von der Whitney Pocket wurden 1850–1860 etwa 32.500 Stück erzeugt.
– Das erste Modell hatte am Lauf die Marke »Address E. Whitney / Whitneyville C.T.«. Der erste Typ mit den Matrikelnummern 1–250 wurde ohne Ladepresse gefertigt, der zweite Typ mit den Matrikelnummern 250–500 mit Ladepresse; der dritte Typ trug die Matrikelnummern 501–1100, der vierte Typ die Matrikelnummern von 1101 bis fast 1500, der fünfte Typ die letzten Nummern bis 1500.
– Das zweite Modell war am Lauf mit der Signierung »E. Whitney/N. Haven« versehen. Der erste Typ mit den Matrikelnummern 1–8000 wurde mit Ladepresse geliefert; der zweite Typ hatte die Matrikelnummern 8001–12.000, der dritte Typ Matrikelnummern ab 12.001. Vom vierten Typ wurden etwa 1000 Stück gefertigt.

Maynard Primed Pocket Revolver

Dieser 6-Schuss-Perkussionsrevolver mit einem Kaliber von .28" und rundem 3-Zoll-**Lauf** hat die Matrikelnummer 242 und einen Nussholz-Griff. Die Waffe trägt auf dem Lauf die Marke »Mass. Arms Co. Chicopee Falls« und auf dem Rahmen »Patent Jan. 2, 1855«. Auf dem Abdeckblech für den Zündmechanismus ist »Mainard's Patent Sep. 22, 1845« zu lesen.

GESCHICHTE Von der abgebildeten Waffe wurden von der Massachusetts Arms Co. in Chicopee Falls 1851–1860 etwa 2500–3000 Exemplare in den Kalibern .28" und .31" gefertigt.
– Vom ersten Modell wurden etwa 900 Stück, nur im Kaliber .28", mit Läufen von 2½" und 3" Länge produziert. Innerhalb des Abzugsbügels befindet sich ein Druckknopf zum Abkoppeln der Trommel, sodass sie von Hand weitergedreht werden kann: Das manuell drehbare Modell war insofern notwendig, um das Patent von Colt betreffend der drehenden Trommel zu umgehen.
– Das zweite Modell mit automatisch drehender Trommel wurde in etwa 1500–2000 Stück gefertigt, und zwar in den Kalibern .28" und .31" sowie mit seltenen Achtkantläufen, meist aber Rundläufen mit einer Länge von 2½", 3" oder 3½".

WISSENSWERTES Dieser ungewöhnliche Revolver ist mit einem Ladesystem nach dem Patent von Maynard versehen, bestehend aus einer seitlich am Griff angebrachten Kammer, in der Knallsäure-Zündhütchen im Abstand von je 1 cm auf einem Papierstreifen aufgereiht sind. Im oberen Teil dieser Kammer ist ein Ritzel in Form eines fünfzackigen Sternes befestigt. Durch das Niederschlagen des Hahns dreht sich das am Streifen anliegende Ritzel um ein Fünftel weiter, sodass es den oberen Teil der Papierrolle abreißt und so das Stück mit dem Zündhütchen aus dem Behälter gleiten kann, direkt auf dem Piston landet und automatisch gezündet wird.

Visitenkarte

Hersteller
Massachusetts Arms Co., Chicopee Falls Massachusetts

Herstellungsjahr
1851

Gesamtlänge
21 cm

Lauflänge
3"

Trommel
6 Schuss

Kaliber
.28"

Colt Dragoon Third Model

Visitenkarte

Hersteller
Colt, Hartford

Herstellungsjahr
1854

Gesamtlänge
35,5 cm

Lauflänge
$7^1/_2$"

Trommel
6 Schuss

Kaliber
.44"

Der Revolver mit ***Single Action*** hat einen gezogenen, von achtkantig auf rund übergehenden **Lauf** mit Kaliber .44" und der Marke »Address Saml. Colt New York City«. Auf der 6-Schuss-**Trommel** befindet sich eine Szene eines Indianerangriffs und die Signatur des Graveurs (W.L. Ormsby sc. N.Y). Seitlich auf dem **Schloss** ist die Marke »Colt's Patent« sichtbar. Der **Abzugsbügel** besteht aus Messing, der **Griff** aus amerikanischem Nussbaumholz.

GESCHICHTE Das Modell Dragoon wurde 1847–1861 in sechs Versionen herstellt – insgesamt waren es 21.140 Exemplare.
– Die erste Version mit dem Namen »Whitneyville Hartfort Dragoon Revolver« oder »Transition Walker« wurde nur 1847 gefertigt: etwa 240 Stück mit $7^1/_2$-Zoll-Lauf und einem Kaliber von .44", in den Seriennummern 1100–1340. Der »Transition Walker« war die direkte Weiterentwicklung des Walker-Revolvers, von dem 1847 1100 Exemplare mit 9-Zoll-Lauf produziert worden waren.
– Die zweite Version, allgemein als »Dragoon First Model« bekannt, wurde 1848–1850 in etwa 7000 Exemplaren mit den Seriennummern 1341 bis etwa 8000 hergestellt. Sie haben ebenso wie die Revolver der ersten Version einen eckigen Abzugsbügel.
– Von der dritten Version, dem »Dragoon Second Model«, wurden 1850/51 etwa 2700 Stück mit den Seriennummern 8000–10.700 erzeugt.
– Die vierte Version, das »Dragoon Third Model« kam 1851–1861 mit den Seriennummern 10.500–19.600 (teilweise sich mit den Nummern des Second Model überschneidend) auf den Markt. Ein sofort sichtbarer Unterschied zu den vorhergehenden Versionen ist der abgerundete Abzugsbügel.
– Von der fünften Version, die sich außer bei der Lauflänge (8") mit der vierten deckt, wurden nur 50 Stück erzeugt; die Seriennummern liegen über 18.000.
– Die sechste Version oder »Hartford English Dragoon« wurde 1853–1857 in London aus in Hartfort gefertigten Teilen zusammengebaut – insgesamt 700 Exemplare. Diese Version beginnt mit einer neuen Nummerierung von 1–700 und weist außer den üblichen Marken die neue Kennzeichnung »Coln. Colt London« auf.

Colt Navy 1851

Der Perkussionsrevolver mit ***Single Action*** und gezogenem **Achtkantlauf** weist die Marke »Address. Col Sam.l Colt New York U.S.A.« auf. Die sechsschüssige **Trommel** mit einem Kaliber von .36" trägt Gravuren eines Seegefechts zwischen der texanischen und der mexikanischen Marine, das **Schloss** die Punzierung »Colt's Patent«. Die Ladepresse ist unterhalb des Laufes befestigt. Der abgerundete **Abzugsbügel** besteht aus Messing, die Griffschalen sind aus amerikanischem Nussbaumholz.

GESCHICHTE Der Navy-Revolver war die erste Waffe mittleren Kalibers aus Hartfort und blieb 22 Jahre lang, 1851–1873, in Produktion. Insgesamt wurden 215.348 Exemplare in den Vereinigten Staaten und mehr als 42.000 in Großbritannien hergestellt. Die Seriennummern der amerikanischen Produktion gehen von 1–215.348.
Die folgenden Standardmarken wurden angebracht:
– »Address. Sam.l Colt New York City« bei den Matrikelnummern 1–74.000;
– »Address. Sam.l Colt Hartford Ct« bei den Matrikelnummern 74.001–101.000;
– »Address. Sam.l Colt New York U.S. America« bei den Matrikelnummern 101.001–215.348.
Die erste und zweite Version mit den Matrikelnummern 1–1250 und 1251–4200 weisen einen eckigen Abzugsbügel auf. Bei der britischen Version wurde bei den Exemplaren der Matrikelnummern 1–42.000 die Inschrift »Address. Col. Colt London« angebracht. Die ersten 2000 Stück wurden großteils aus in den Vereinigten Staaten gefertigten Einzelteilen zusammengebaut; einige, sehr seltene, Exemplare weisen einen eckigen Abzugsbügel auf. Die Exemplare mit Seriennummern über 2000 wurden zur Gänze in London produziert.

WISSENSWERTES Der Navy-Revolver weist eine sehr große Anzahl an Varianten auf, die sich vor allem durch den Abzugsbügel, die Struktur, das verwendete Material, die Art der Griffschalen und durch die Marken unterscheiden. Die abgebildete Waffe trägt die Marke »Colt's Patent«.

Visitenkarte

Hersteller
Colt, Hartford

Herstellungsjahr
1851

Gesamtlänge
36 cm

Lauflänge
7½"

Trommel
5 Schuss

Kaliber
.36"

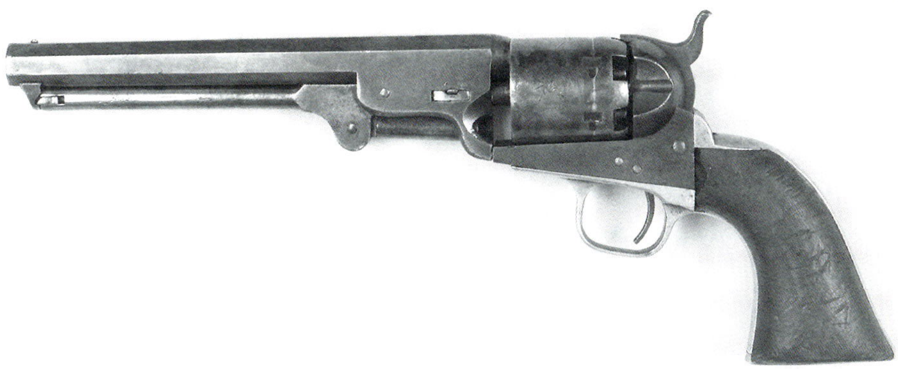

Colt Root 1855 Sidehammer

Visitenkarte

Hersteller
Colt, Hartford

Herstellungsjahr
1855

Gesamtlänge
22 cm

Lauflänge
4"

Trommel
5 Schuss

Kaliber
.28"

Dieser Perkussionsrevolver mit ***Single Action*** wird auch als »Model 1855 Root« oder »New Model Pocket« bezeichnet. Er wurde mit einem **Achtkantlauf** von $3^1/_2$", 4" und $4^1/_2$" Länge gefertigt und weist eine sechsschüssige **Trommel** und einen **Spornabzug** auf.

GESCHICHTE Von der beschriebenen Waffe wurden 1855–1870 insgesamt etwa 40.000 Exemplare in unterschiedlichen Formen und in zwei Nummernserien produziert.
– Modell 1 hatte ein Kaliber von .28", einen Achtkantlauf von $3^7/_{16}$" Länge und eine zylindrische Trommel mit Gravuren einer Indianerszene. Modell-1-Revolver erhielten die Seriennummern 1–384.
– Modell 2 hatte ein Kaliber von .28", einen Achtkantlauf von $3^1/_2$" Länge und eine zylindrische Trommel mit Gravuren einer Indianerszene. Die Seriennummern dieses Modells reichen von 476–25.000.
– Modell 3 hatte ein Kaliber von .28", einen Achtkantlauf von $3^1/_2$" Länge, eine zylindrische, kannelierte Trommel und Seriennummern von 25.001–30.000.
– Modell 3A hatte ein Kaliber von .31", einen Achtkantlauf von $3^1/_2$", eine kannelierte Trommel und Seriennummern von 1–1350.
– Modell 4 hatte ein Kaliber von .31", einen Achtkantlauf von $3^1/_2$", eine kannelierte Trommel und Seriennummern von 1351–2400.
– Modell 5 hatte ein Kaliber von .31", einen Rundlauf von $3^1/_2$" Länge, die Marke »Col. Colt New-York« und eine kannelierte Trommel. Es gab auch ein Modell 5A mit Kaliber .31", rundem $4^1/_2$"-Lauf, der Marke »Col. Colt New-York« und kannelierter Trommel. Die Seriennummern beider Modelle reichten von 2401–8000.
– Die Modelle 6 und 6A hatten ein Kaliber von .31", einen Rundlauf von $3^1/_2$" oder $4^1/_2$" Länge, die Marke »Col. Colt New-York« und eine runde Trommel mit Gravur. Diese Modelle erhielten die Seriennummern von 8001–11.074.
– Die Modelle 7 und 7A hatten ein Kaliber von .31", einen Rundlauf von $3^1/_2$" Länge, die Marke »Col. Colt New-York« und eine runde Trommel mit Gravur. Ihre Seriennummern liegen zwischen 11.075 und 14.000.

WISSENSWERTES Der Root-Revolver unterscheidet sich vollkommen von den anderen bei Colt produzierten Modellen. Er wurde von Elisha Root, Fabriksleiter bei Colt, entworfen. Die Waffe zeichnete sich außer durch den seitlichen Hahn auch durch die schnelle Demontage der Trommel aus, wofür man einen durch den Hahn geschraubten Stift abnehmen musste. Diese Waffe wurde besonders vom General Robert E. Lee, dem Oberbefehlshaber der Südstaatenarmee, geschätzt.

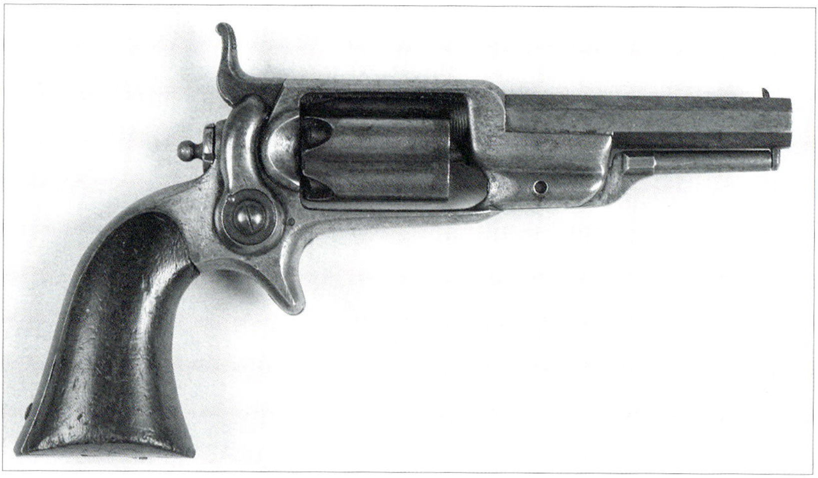

Savage Navy Model

Dieser Perkussionsrevolver weist ein Kaliber von .36", einen **Achtkantlauf** von 7 1/8" und eine sechsschüssige **Trommel** auf. Sie verfügt über einen **Doppelabzug**, bestehend aus einem Ringabzug und einem traditionellen Abzug, und einem weiten, beide Abzüge umfassenden **Abzugsbügel**. Das **Schloss** trägt die Marke »Savage R.F.A. Middletown«. Die zweigeteilten Griffschalen bestehen aus Nussbaumholz, die Ladepresse befindet sich unter dem Lauf.

GESCHICHTE Von dieser Waffe wurden von Savage Revolving Fire-Arms Co. 1861–1865 etwa 20.000 Exemplare produziert, wovon 11.984 für die Armee bestimmt waren.

WISSENSWERTES Bei der Savage versuchte man, den beim Abdrücken notwendigen Anpressdruck zu verringern. Durch das Drehen des Ringabzugs nach vorne werden drei Schritte ausgeführt: der Hahn wird gespannt, die Trommel so weit zurückgeschoben, bis sie sich vom Lauf löst, und dann wieder nach vor geschoben, bis sie wieder im konischen Teil des Laufes einrastet – eine der ersten Versionen eines gasdichten Revolvers.

Visitenkarte

Hersteller
Savage RFA Co., Middletown

Herstellungsjahr
1856

Gesamtlänge
38 cm

Lauflänge
7"

Trommel
6 Schuss

Kaliber
.36"

Starr Army 1858

Visitenkarte

Hersteller
Starr Arms Co., New York

Herstellungsjahr
1858

Gesamtlänge
32,5 cm

Lauflänge
6"

Trommel
6 Schuss

Kaliber
.44"

Der Revolver vom Kaliber .44" verfügt über einen runden, gezogenen 6-Zoll-**Lauf**, eine zylindrische sechsschüssige **Trommel** und eine unter dem Lauf befestigte Ladepresse. Der Rahmen kann durch Entfernen einer unter dem **Hahn**, hinter der Trommel, quer durchgehenden Schraube geöffnet werden; zieht man diese Schraube heraus, kann das am vorderen Teil angelenkte **Schloss** nach vorne gekippt und die Trommel herausgenommen werden. Die Waffe funktioniert sowohl mit ***Single Action*** als auch mit ***Double Action***, wobei ein verschiebbarer Sperrzahn hinter dem **Abzug** als Umschalter dient.

GESCHICHTE Das Modell Navy vom Kaliber .36" wurde von 1858–1860 von Starr Arms Co., New York, in 3000 Exemplaren produziert, das Modell Army vom Kaliber .44" in 23.000 Exemplaren von 1850–1860. Auch von dieser Waffe wurde eine große Stückzahl von der Armee eingekauft.

Starr Army 1863

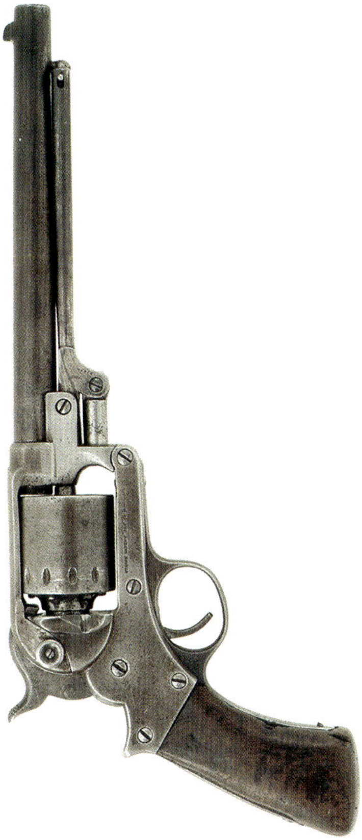

Visitenkarte

Hersteller
Starr Arms Co., New York

Herstellungsjahr
1863

Gesamtlänge
34,5 cm

Lauflänge
8"

Trommel
6 Schuss

Kaliber
.44"

Dieser Revolver ist dem Vorgängermodell sehr ähnlich, wurde jedoch nur mit ***Single Action*** hergestellt. Auf der 6-Schuss-**Trommel** befinden sich 12 ovale Arretierungsnuten, die so angeordnet sind, dass die Hahnnase bei arretierter Trommel zwischen zwei Pistons zu liegen kommt und eine unbeabsichtigte Zündung vermieden wird. Der 8-Zoll-Lauf ist rund, leicht konisch und am **Schloss** angeschraubt, dessen oberer Teil wie beim Vorgängermodell über die Trommel hinausreicht und dahinter mit einer quer liegenden Schraube befestigt ist. Der **Hahn** mit gerieftem Sporn verfügt über eine flache Vorderseite; oberhalb befindet sich eine Einkerbung, die bei gespanntem Hahn als **Kimme** dient. Der glatte Nussholzgriff ist aus einem Stück gefertigt.

GESCHICHTE Vom abgebildeten Modell wurden 1863–1865 von Starr in New York insgesamt 32.000 Exemplare hergestellt, wovon 25.000 für die Armee der Nordstaaten bestimmt waren. Die Seriennummern sind nach dem Modell 1858 Army mit Doppelabzug fortlaufend und haben daher Ziffern von 23.000 und höher.

WISSENSWERTES Obwohl das Modell mit Einzelabzug in größerer Stückzahl als jenes mit Doppelabzug produziert wurde, erzielt es auf dem amerikanischen Sammlermarkt höhere Preise. Die Waffe ist ein Klassiker des Sezessionskrieges und wurde auch in der ersten Phase der Indianerkriege verwendet. Die französische Regierung importierte eine gewisse Menge von Starr-Revolvern während des Deutsch-Französischen Kriegs von 1870/71.

S&W Model No. 1 Second Issue

Visitenkarte

Hersteller
Smith & Wesson

Herstellungsjahr
1860

Gesamtlänge
18,5 cm

Lauflänge
$3^{3}/_{16}$"

Trommel
7 Schuss

Kaliber
.22" short

Dieser Patronenrevolver mit ***Single Action*** weist das Kaliber .22" short auf. Der gezogene, $3^{3}/_{16}$" lange Achtkantlauf mit Visierschiene ist nach oben kippbar. Die Waffe hat eine sechsschüssige **Trommel**, einen versilberten **Abzugbügel** und Rahmen, einen **Spornabzug** und Griffschalen aus amerikanischem Nussbaumholz.

GESCHICHTE Smith & Wesson hatte nach dem unglücklichen Debüt mit der Volcanic mit diesem Patronenrevolver großen Erfolg. 1857–1860 wurden von Model No. 1 First Issue 11.671 Exemplare in sechs Varianten gefertigt:
- 1. Typ (Seriennummern 2–259) von 1857–1858;
- 2. Typ (Seriennummern 260–1142) im Jahr 1858;
- 3. Typ (Seriennummern 1143–3241) 1858/59;
- 4. Typ (Seriennummern 3242–4302) im Jahr 1859;
- 5. Typ (Seriennummern 4303–5811) im Jahr 1859;
- 6. Typ (Seriennummern 5812–11.671) 1859/60;

Model No. 1 Second Issue wurde 1860–1868 in 114.700 Stück und drei Varianten erzeugt. Ihre Seriennummern schlossen an jene der First Issue an and gehen daher von 11.672 bis 126.361. Der Zusammenbruch des Waffenmarktes nach dem Sezessionskrieg zwang S&W zu Neuerungen. So entstand das Model No. 1 Third Issue, das in beträchtlicher Stückanzahl produziert wurde, und zwar 131.163 Exemplare von 1868 bis 1881. Es gab zwei Varianten, die erste mit $3^{3}/_{16}$-Zoll-Lauf, die zweite mit $2^{11}/_{16}$-Zoll-Lauf.

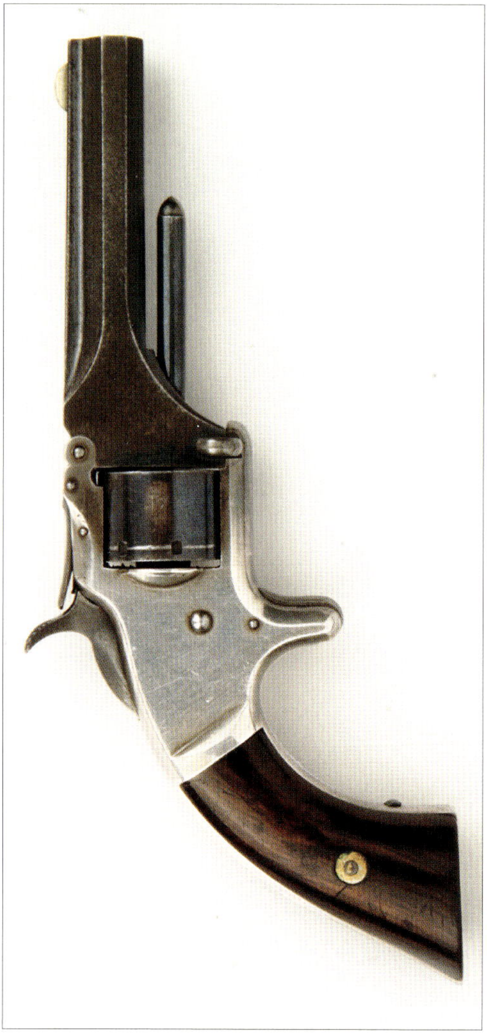

WISSENSWERTES
Vom Gesichtspunkt des Sammlers ist auch noch ein weiteres Modell interessant, von dem 4402 Exemplare hergestellt wurden und das unter der Bezeichnung »2D QUAL'TY« vermarktet wurde. Jener Revolver wurde von Smith & Wesson aufgrund einiger Fehler bei den Verbindungsstellen und bei der Feinbearbeitung aufgelassen.

Manhattan Navy Type

Der fünfschüssige Revolver mit ***Single-Action*-Schloss**, Kaliber .36" und **Achtkantlauf** von 6 1/2" Länge weist hinter dem Piston eine Spiralfeder auf, die als Stoßdämpfer dient. Die **Trommel** ist mit einer Blumengravur versehen, die eine Kavallerie-Schlachtszene einrahmt. **Abzugsbügel** und Rahmen sind versilbert. Der Nussholzgriff besteht aus einem Stück. Auf dem Lauf des Revolvers befindet sich die Marke »Manhattan Fire Arms Co. Newark N.J.«, auf der Trommel der Schriftzug »Patented Dec. 27, 1859«. Die Waffe trägt die Seriennummer 20.956.

GESCHICHTE Von dieser auch als »36 Caliber Model Revolver« bekannten Waffe wurden 1859–1868 in Newark insgesamt 78.000 Stück hergestellt. Es gibt fünf- und sechsschüssige Versionen, jedoch immer mit einem Kaliber von .36" und zylindrischer Trommel, die fünf Ovale mit verschiedenen Szenen aufweist. Der Achtkantlauf konnte 4", 5", 6" und 6 1/2" lang sein. Die Seriennummern beginnen mit 1. Die abgebildete Waffe wurde den Revolvern Colt Navy Model 1851 und Colt Pocket 1849 nachempfunden und in fünf Hauptversionen erzeugt:
– Serie I mit 5-Schuss-Trommel; die Exemplare dieser Serie tragen nur die Inschrift »Manhattan« und keine Hinweise auf Patente. Die Seriennummern reichen von 1–4200. Das Modell mit 6-Zoll-Lauf wurde in 500 Exemplaren mit Seriennummern über 1000 ausgeführt.
– Serie II mit 5-Schuss-Trommel und Hinweisen auf Patente; die Seriennummern reichen von 4201–14.500.
– Serie III mit 5-Schuss-Trommel; es sind die einzeilige Marke »Manhattan« und Hinweise auf Patente vorhanden; die Seriennummern liegen zwischen 14.501 und 45.200.
– Serie IV mit 5-Schuss-Trommel; es sind die zweizeilige Marke »Manhattan« und Hinweise auf Patente vorhanden; die Seriennummern reichen von 45.201–69.200.
– Serie V mit 6-Schuss-Trommel; an Punzierungen sind die Marke »Manhattan« und Hinweise auf Patente vorhanden; Revolver der Serie V wurden zwischen Juni 1867 und Dezember 1868 fertig gestellt und erhielten die Seriennummern 1–9000.

Visitenkarte

Hersteller
Manhattan Firearms, Newark

Herstellungsjahr
1860

Gesamtlänge
21 cm

Lauflänge
6 1/2"

Trommel
5 Schuss

Kaliber
.36"

Remington-Beals Navy

Visitenkarte

Hersteller
Remington, New York

Herstellungsjahr
1861

Gesamtlänge
31 cm

Lauflänge
7½"

Trommel
6 Schuss

Kaliber
.36"

Dieser Perkussionsrevolver hat ein ***Single-Action*-Schloss**, einen **Achtkantlauf** von 7½" Länge, eine glatte sechsschüssige **Trommel** vom Kaliber .36" und unter dem Lauf eine Ladepresse. Auf dem Lauf befindet sich die zweizeilige Marke »Beals' Patent. Sept. 14, 1858 Manufactured by Remingtons' Ilion N.Y.«. Die Seriennummer dieser Waffe ist 10.866. Um die Trommel herauszunehmen, musste zuerst die Ladepresse abgesenkt werden, sodass man die Trommelachse an zwei Griffmulden fassen und nach vorne herausziehen konnte. Dieser nach einer Konstruktion von Fordyce Beals gefertigte Revolver war wesentlich robuster als die Colt-Revolver jener Zeit. Die Nachfolgemodelle Pocket 1861 und New Model 1873 sind nichts anderes als Adaptierungen des Originalmodells.

GESCHICHTE Dieses Modell, von dem Remington 1860–1862 etwa 15.000 Stück produzierte, ist bis auf die Dimensionen mit dem Modell Army (Kaliber .44", 8-Zoll-Lauf) identisch, von dem etwa 2000–3000 Stück hergestellt wurden. Die Seriennummern beginnen beim Modell 1861 Army, von dem 1862 etwa 9000–12.000 Stück gefertigt wurden, mit 1 und werden beim Modell 1861 Navy fortgeführt, von dem im gleichen Jahr 7000–8000 Exemplare erzeugt wurden. Die Firma Remington, die 1828 von Eliphalet Remington Sr. gegründet worden war, hatte das Glück, die Dienste einfallsreicher und geschickter Erfinder wie Elliot, Geiger, Rider und Beals nutzen zu können. Nach dem Tod des Gründers 1861 gelang es seinen Söhnen, Armeeaufträge beim Ausbruch des Sezessionskrieges zu bekommen, die ihnen zu großem Reichtum verhalfen. 1888 wurde Remington von Harley & Graham, im Eigentum der Union Metallic Cartridge Company, übernommen. 1933 erwarb die Gruppe Dupont de Nemours die Kontrolle über die Firma.

S&W No. 2 Old Model

Visitenkarte

Hersteller
Smith & Wesson

Herstellungsjahr
1861

Gesamtlänge
28,5 cm

Lauflänge
6"

Trommel
6 Schuss

Kaliber
.32" Rimfire

Dieser Patronenrevolver verfügt über ein ***Single-Action*-Schloss**, einen **Achtkantlauf** von 6", der an einem Scharnier nach oben geklappt werden kann, eine sechsschüssige **Trommel** mit einem Kaliber von .32" und einen **Spornabzug**. Der Stift unter dem Lauf dient wie bei den Vorgängermodellen zum Ausstoßen der Hülsen aus der Trommel.

GESCHICHTE Von dieser auch als »No. 2 Army« bekannten Waffe wurden 1861–1874 insgesamt 77.155 Exemplare hergestellt. Es gibt auch Versionen mit Lauflängen von 4" und 5", mit Griffschalen aus Rosenholz und mit sowohl brüniertem als auch verchromtem Finish, das jedoch nur bei einem Zehntel der produzierten Exemplare zur Anwendung kam. Die Seriennummern reichen von 1–77.155. Auf dem Lauf sind Marke und Anschrift, auf der Trommel die Jahreszahlen 1855, 1859 und 1860 für die Patente punziert. Der beschriebene Revolver ist dem Model 1$^1/_2$ First Issue sehr ähnlich, ist jedoch durch die Patent-Datierungen, die Arretierungsnuten der Trommel und die 6-Schuss-Trommel vom Model 1$^1/_2$ First Issue, das über eine 5-Schuss-Trommel verfügte, leicht zu unterscheiden. Auch die Lauflänge differiert – sie beträgt beim Model No. 2 hauptsächlich 5" und 6", während der 4-Zoll-Lauf nur 1864 bei ein paar hundert Exemplaren angebracht wurde, die daher wegen ihrer Seltenheit bei Sammlern sehr gefragt sind.

Allen & Wheelock Navy

Visitenkarte

Hersteller
Allen
& Wheelock

Herstellungsjahr
1861

Gesamtlänge
25,5 cm

Lauflänge
5"

Trommel
6 Schuss

Kaliber
.36"

Dieser Perkussionsrevolver verfügt über einen **Achtkantlauf** von 5" Länge und eine glatte, sechsschüssige **Trommel** mit einem Kaliber von .36". Auf dem Lauf befindet sich die zweizeilige Marke »Allen & Wheelock Worcester. Mass. US / Allen's Pt's Jan.13, Dec. 15, 1857. Sept. 7, 1858«. Die Waffe hat einen Nussholzgriff und ein brüniertes Finish. Der originelle Hülsenausstoßer mit Zahnstange und einem Hebel, der die Hälfte des Abzugsbügels bildet, ist nur bei den von Allen & Wheelock (ab dem Modell Sidehammer Pocket von 1858) hergestellten Exemplaren vorhanden. Die abgebildete Waffe trägt die Seriennummer 422.

GESCHICHTE Von diesem Revolver wurden 1861/62 geschätzte 500 Stück produziert; die Lauflängen können 6", 7½" und 8" betragen. Das Modell mit zentralem Hahn *(center hammer)* ist eine Weiterentwicklung des Revolvers mit seitlichem Hahn und folgt auf die Produktion des Modells Lipfire Army und Navy. Es sind keine Regierungsaufträge für das beschriebene Modell bekannt, das jedoch von Sammlern als Armeewaffe eingestuft wird.

Alsop Navy

Der abgebildete Perkussionsrevolver hat ein ***Single-Action*-Schloss**, einen **Achtkantlauf** von 4½" Länge, eine glatte, fünfschüssige **Trommel** mit .36" und einen **Spornabzug**. Auf der linken Schlossseite befindet sich die Marke »Patented Jan. 21, 1862« und auf dem Lauf »C.R. Alsop Middletown Conn. Patented July 17, August 7, 1860 May 14, 1861«.

GESCHICHTE Vom beschriebenen Revolver wurden 1862/63 500 Exemplare mit Lauflängen von 3½", 4½", 5½" und 6½" gefertigt, deren Seriennummern mit 1 begannen und dann gemeinsam mit dem Modell Navy fortnummeriert wurden. Im Gegensatz zur Savage, die als Armeewaffe konzipiert war, war die Alsop für den zivilen Markt gedacht. Das erste Modell war die Navy mit einem Kaliber von .36", das in einer ersten Serie von 100 Exemplaren, mit einzigartigem Sicherungssystem auf der rechten Schlossseite, gefertigt wurde. Dieses jedoch nicht sehr funktionelle System wurde dann bei den folgenden 400 Stück weggelassen. Die Hauptvarianten unterscheiden sich außer durch unterschiedliche Lauflängen auch bei der Trommel, die glatt oder kanneliert sein kann.

Visitenkarte

Hersteller
C.R. Alsop, Middletown

Herstellungsjahr
1862

Gesamtlänge
25 cm

Lauflänge
4½"

Trommel
5 Schuss

Kaliber
.36"

Alsop Pocket

Visitenkarte

Hersteller
C.R. Alsop, Middletown

Herstellungsjahr
1862

Gesamtlänge
23 cm

Lauflänge
4"

Trommel
6 Schuss

Kaliber
.31"

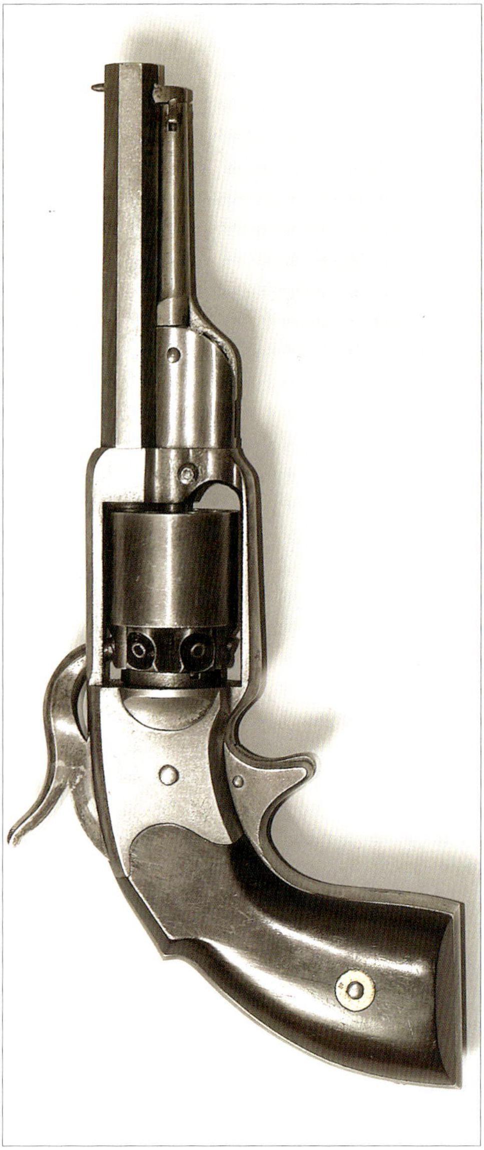

Dieser Perkussionsrevolver hat ein ***Single-Action*-Schloss**, einen Achtkantlauf von 4", eine glatte sechsschüssige **Trommel** vom Kaliber .31" und einen **Spornabzug**. Die altertümliche Trommel erinnert an jene der Übergangsrevolver – hat die Pistons leicht nach innen gerichtet. Die Waffe trägt die Marke »C.R. Alsop Middletown Conn. Patented July 17, 1860«.

GESCHICHTE Von dieser Waffe wurden 1862/63 nur 300 Exemplare hergestellt; die Seriennummern beginnen mit 1 und sind gemeinsam mit dem Model Navy fortlaufend. Sie war allzu sperrig, kantig und schwer für eine Taschenwaffe und hatte auf dem zivilen Markt keinen Erfolg; wegen des kleinen Kalibers wurde sie auch für die Armee nicht in Betracht gezogen.

WISSENSWERTES
Die mit Seehandel und Bahntransport beschäftigten Alsops waren eine der bedeutendsten Dynastien der Stadt Middletown in Connecticut. Anfang der 1850er-Jahre waren einige Familienmitglieder Berater und Großaktionäre der Firma Savage Firearms Co., der Nachfolgefirma von der von Josiah Savage gegründeten North und Savage Co. Charles R. Alsop entdeckte direkt nach Abschluss seines Jurastudiums seine Berufung als Erfinder, ließ sich von den Savage-Modellen inspirieren, entwarf eine eigene Waffe und meldete eine Reihe von Patenten an. Das erste betraf eine ansteckbare Schulterstütze für das alte Savage-Modell (äußerst selten sind Alsop-Waffen mit klappbarem Kolben). Weitere Patente betrafen die Reduktion des Gasverlusts zwischen Lauf und Trommel, Verschlusssysteme und ein unveröffentlichtes System zur Arretierung der Trommel, bei welchem die Trommel nicht mehr durch Nocken, sondern vom einem Keil an den Lauf gepresst wurde.

J.M. Cooper Pocket

Es handelt sich um einen Perkussionsrevolver mit ***Double-Action*-Schloss** und einem **Achtkantlauf** von 4"; die fünf rechteckigen Arretierungsschlitze der glatten fünfschüssigen **Trommel** vom Kaliber .31" befinden sich nahezu in der Mitte der Trommel und somit weiter vorne als bei den Produkten anderer Hersteller. Der Griff besteht aus einem einzigen Stück Nussbaumholz; die Waffe hat ein brüniertes Finish. Auf dem Lauf sind die dreizeilige Marke »Cooper Firearms Mfg. Frankford Phila.PA«, die Jahreszahlen der Patente (1851, 1854, 1860) und die Matrikelnummer 6927 angebracht.

GESCHICHTE Von diesem Modell wurden 1862–1869 von J. M. Cooper & Co. insgesamt (mit dem Navy-Modell in Kaliber .36") etwa 15.000 Stück hergestellt – zuerst in Pittsburgh und ab 1864 in Philadelphia. Einige der zuletzt hergestellten Exemplare verfügen über 6-Schuss-Trommeln. Die Waffe sieht zwar aus wie der Colt Pocket 1849, unterscheidet sich jedoch von diesem durch das *Double-Action*-Schloss.

Visitenkarte

Hersteller
Cooper Frankford, Philadelphia

Herstellungsjahr
1865

Gesamtlänge
22 cm

Lauflänge
4"

Trommel
5 Schuss

Kaliber
.31"

Colt Pocket Navy

Visitenkarte

Hersteller
Colt, Hartford

Herstellungsjahr
1861

Gesamtlänge
24,5 cm

Lauflänge
4½"

Trommel
5 Schuss

Kaliber
.36"

Dieser Revolver hat ein ***Single-Action*-Schloss** und einen **Achtkantlauf** von 4½" Länge. Die fünfschüssige **Trommel** vom Kaliber .36" weist auf der Rückseite Arretierungsnuten und auf der Trommelaußenseite eine Gravur auf. Auf dem Lauf befindet sich die Marke »Address Col. Sam. Colt New-York U.S America«, auf der linken Seite des Rahmens die Inschrift »Colt's Patent«. Der Griff aus amerikanischem Nussbaumholz besteht aus einem Stück, die Ausstoßerstange ist unter dem Lauf angebracht.

GESCHICHTE Dieses auch als »Pocket Pistol of Navy Caliber« bekannte Modell wurde 1861–1873 hergestellt; die Seriennummern umfassen auch das Modell 1862 Police – insgesamt wurden etwa 47.000 Stück, davon 19.000 vom Modell Pocket Navy angefertigt. Die Waffe wurde auch mit Läufen von 5½" und 6½" Länge erzeugt.

WISSENSWERTES Jahrelang wurde dieser Colt-Revolver irrtümlich mit dem Modell 1853 gleichgesetzt. Nach genaueren Studien in den Colt-Archiven konnte er jedoch als Modell 1862 identifiziert werden. Exemplare mit höheren Matrikelnummern als 20.000 sind sehr selten – vielleicht deswegen, weil viele davon zu Colt-Patronenwaffen umgebaut wurden.

Remington-Rider New Model Belt D.A.

Visitenkarte

Hersteller
Remington, New York

Herstellungsjahr
1863

Gesamtlänge
31 cm

Lauflänge
$6^1/_2$"

Trommel
6 Schuss

Kaliber
.38"

Der Revolver verfügt über ***Double-Action*-Schloss**, einen **Achtkantlauf** von $6^1/_2$" und eine zylindrische sechsschüssige **Trommel** mit Kaliber .38". Er hat einen **Griff** aus Nussbaumholz, ein brüniertes Finish und einige Exemplare wurden vernickelt ausgeliefert. Am Lauf ist die dreizeilige Marke »Patented. Sept.14, 1858. Manufactured by Remington & Sons Ilion N.Y. New-Model« vorhanden.

GESCHICHTE Das Modell wurde 1863–1873 in einer geschätzten Anzahl von insgesamt 5000 Stück produziert. Die ersten Exemplare hatten ein Kaliber von .36", spätere wurden dann fabriksmäßig für ein Patronenkaliber von .38" mit einer zweiteiligen Spezialtrommel gefertigt. Die Seriennummern sind mit dem New Model S/A Belt Revolver vermischt.

WISSENSWERTES Die beschriebene Waffe ist durch seinen unverwechselbaren vorgezogenen *Double-Action*-Abzug eines der am leichtesten erkennbaren Remington-Modelle. Es gibt auch einige hundert Stück einer Version mit kannelierter Trommel.

Remington New Model Pocket 3td

Visitenkarte

Hersteller
Remington, New York

Herstellungsjahr
1863

Gesamtlänge
20 cm

Lauflänge
3½"

Trommel
5 Schuss

Kaliber
.31"

Der abgebildete Perkussionsrevolver mit ***Single-Action*-Schloss** weist eine glatte, fünfschüssige **Trommel** für ein Patronenkaliber von .31" auf. Der 3½" lange Achtkantlauf trägt die dreizeilige Marke »Patented Sept. 14, 1858 E. Remington & Sons. Ilion. New York USA New-Model«. Die Ladepresse befindet sich unter dem Lauf. Die Waffe hat einen **Spornabzug**, einen Nussbaumgriff und ein brüniertes Finish. Sie trägt die Seriennummer 2395.

GESCHICHTE Von dem an seiner sehr kleinen Dimension leicht erkennbaren Revolver wurden 1863–1873 in Ilion insgesamt geschätzte 25.000 Stück gefertigt, wovon manche auch vernickelt oder teilweise vernickelt wurden. Das Modell wurde meist mit einer Lauflänge von 3", sehr selten auch von 4" oder 4½" gefertigt. Die Matrikelnummern beginnen mit 1. Auf dem Sammlermarkt befinden sich auch Exemplare, die bereits in der Fabrik – nachdem dies durch die zweiteilige Trommel möglich war – für Patronen vom Kaliber .32" umgebaut wurden.

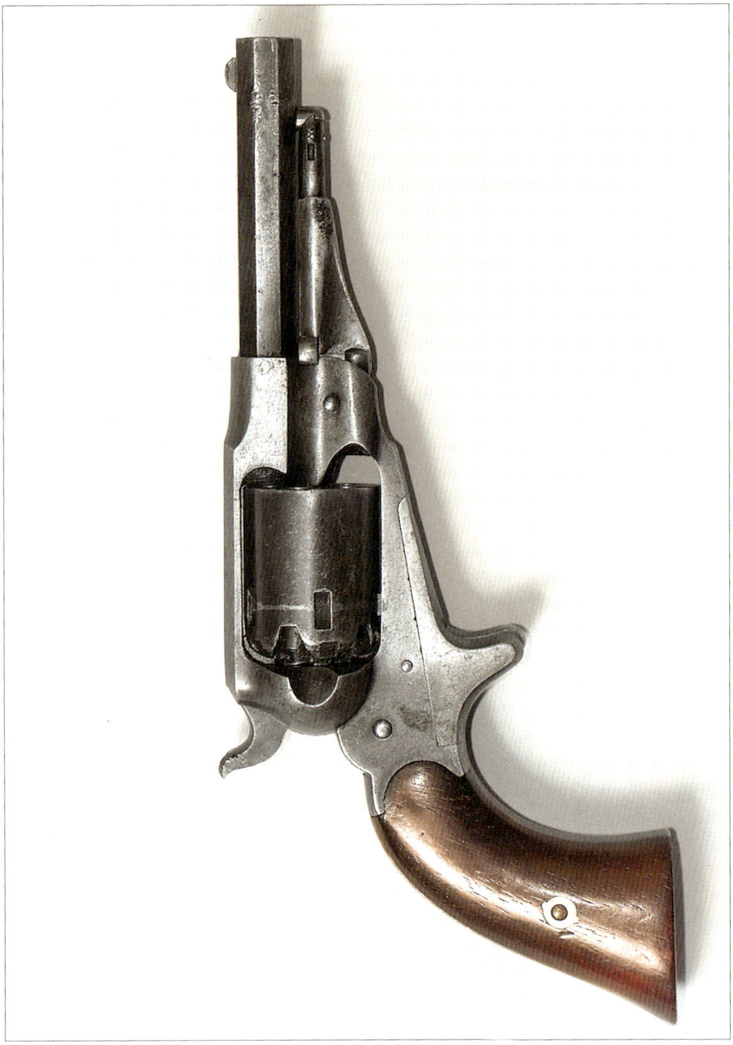

Remington New Model Police

Visitenkarte

Hersteller
Remington, New York

Herstellungsjahr
1863

Gesamtlänge
24 cm

Lauflänge
4½"

Trommel
5 Schuss

Kaliber
.36"

Auch dieser Perkussionsrevolver hat ein ***Single-Action*-Schloss** und eine glatte, fünfschüssige **Trommel** für ein Kaliber von .36". Der 4½" lange **Achtkantlauf** trägt die dreizeilige Inschrift »Patented Sept. 14, 1858 E. Remington & Sons. Ilion. New York U.S.A. New-Model«. Die Ladepresse befindet sich unter dem Lauf. Die Waffe hat einen Nussbaumgriff und ein brüniertes Finish. Sie trägt die Seriennummer 5302.

GESCHICHTE Der Remington New Model Police wurde 1863–1873 in insgesamt 18.000 Exemplaren hergestellt; dazu gehören auch jene, die für die Verwendung von Metallpatronen umgebaut wurden. Die Lauflängen betrugen 3½", 5½" und ganz selten 6½". Der Revolver wurde als Konkurrenzmodell zu Colt Police Model 1862 und Pocket Navy entwickelt – als Zwischending von New Model und Belt in verkleinerter Dimension. An der rechten Seite des Schlosses sind die Köpfe der Schlossschrauben zu sehen. Es gibt auch Varianten mit ganz oder teilweise vernickeltem Finish, die aufgrund der guten Ausführung alle als gleichwertig betrachtet werden können. Ein in der Fabrik durchgeführter Umbau für Patronenkaliber .38" (durch die zweiteilige Trommel möglich) erforderte für die Funktionalität der Waffe auch eine Veränderung des Rahmens.

Freeman Army Model

Visitenkarte

Hersteller
Freeman Hoard's Armory, New York

Herstellungsjahr
1863

Gesamtlänge
33 cm

Lauflänge
7 1/2"

Trommel
7 Schuss

Kaliber
.44"

Hier handelt es sich um einen Perkussionsrevolver mit ***Single-Action*-Schloss** und rundem **Lauf** von 7 1/2" Länge, der mit der Marke »Freeman's Pat. Dec. 9, 1862. Hoard's Armory Watertown. N.Y.« punziert ist. Die glatte, siebenschüssige **Trommel** ist für Kaliber .44" vorgesehen. Der Griff besteht aus einem einzigen Stück Nussbaumholz, die Metallteile haben ein brüniertes Finish. Die Waffe trägt die Seriennummer 1364.

GESCHICHTE Dieses Modell wurde bei Hoard's Armory, Watertown, New York, in insgesamt etwa 2000 Exemplaren gefertigt und von Austin T. Freeman vertrieben. Die Seriennummern beginnen bei 1. Obwohl das Freeman Army Model als Militärwaffe konzipiert war, gab es keine Armeeaufträge; der Revolver wurde von den Offizieren als persönliche Verteidigungswaffe verwendet.

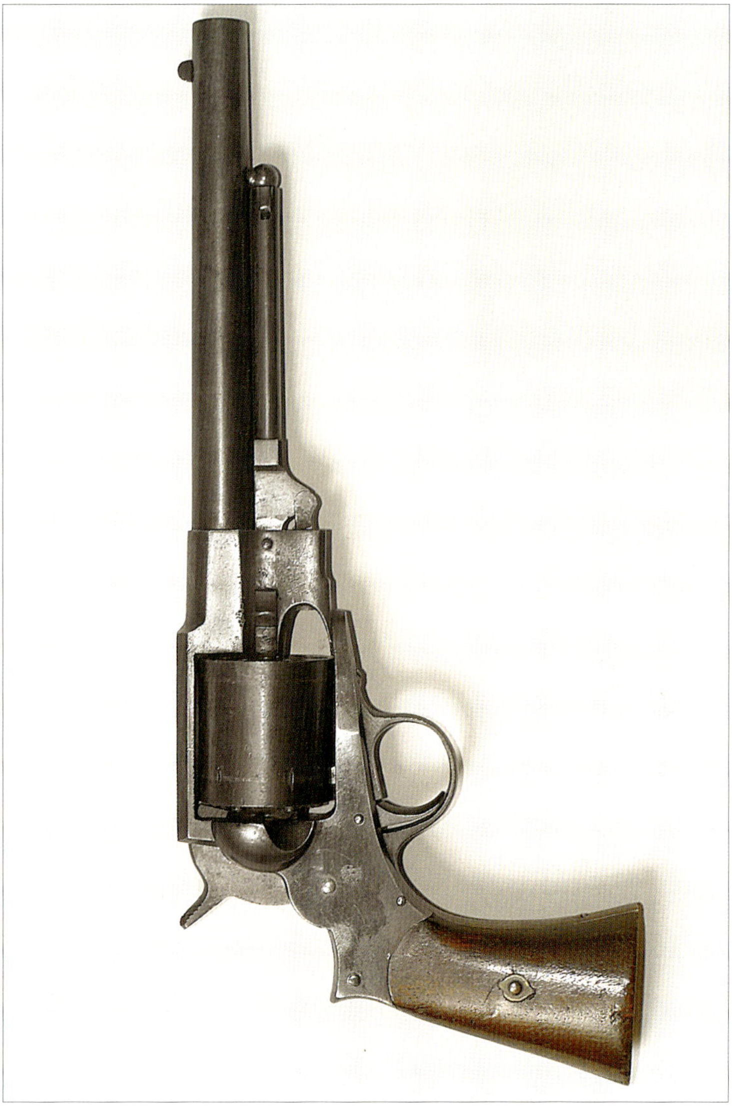

Plant's Front Loading Pocket

Visitenkarte

Hersteller
Eagle Arms Co., New York

Herstellungsjahr
1864

Gesamtlänge
18,5 cm

Lauflänge
3 1/2"

Trommel
6 Schuss

Kaliber
.30"

Dieser Revolver für *Cup-primed*-Patronen verfügt über ein ***Single-Action*-Schloss** und einen 3 1/2" langen **Achtkantlauf**, der mit »Eagle Arms Co. New York« signiert ist. Die glatte, sechsschüssige **Trommel** mit einem Kaliber von .30" trägt die Marke »Pat. May 9, 1864«.

GESCHICHTE Von diesem Modell wurden in der Plant's Mfg. Company New Haven Connecticut insgesamt etwa 20.000 Stück hergestellt. Es wurde entwickelt, um dem Patent Rollin Whites für eine voll durchbohrte Revolvertrommel auszuweichen, dessen Rechte sich die Firma Smith & Wesson gesichert hatte. Die Trommel kann von oben mit Patronen des Typs *Cup-primed* geladen werden; diese Patronen haben einen nach innen gewölbten Hülsenboden, in dessen Rand das Zündmittel untergebracht ist. Der auf der rechten Seite des Rahmens sichtbare Ausstoßer schiebt die Hülse nach vorne hinaus. Die Waffe ist dem Modell Army ähnlich, jedoch kleiner. Das Modell Army wurde in drei verschiedenen Versionen – First Model, Second Model und Third Model – gefertigt.

S&W Model 1 1/2 First Issue

Visitenkarte

Hersteller
Smith & Wesson

Herstellungsjahr
1865

Gesamtlänge
21 cm

Lauflänge
3 1/2"

Trommel
5 Schuss

Kaliber
.32" Rimfire

Der Patronenrevolver *(Rimfire)* verfügt über ein ***Single-Action*-Schloss**. Der unter dem Lauf befestigte Stift diente als Ausstoßer – dazu musste man die Trommel aus ihrer Halterung nehmen und die Hülsen einzeln ausstoßen. Der 3 1/2"-**Achtkantlauf** ist nach oben wegklappbar und trägt die Marke »Smith & Wesson Springfield. Mass. Pat'd. Apr. 3, 1855 & July 5, 1859«. Die glatte **Trommel** kann mit fünf Patronen vom Kaliber .32" RF geladen werden. Die Waffe hat einen **Spornabzug** und trägt die Seriennummer 5139.

GESCHICHTE Von dem auch als »Old Model 1 1/2« bekannten Revolver wurden 1865–1868 etwa 26.300 Stück gefertigt, wovon ein kleiner Teil (etwa 200) mit 4-Zoll-Lauf ausgestattet war. Die Matrikelnummern reichen von 1–26.300. Die Exemplare ab Nr. 15.304 tragen außer den oben erwähnten Patenthinweisen auch das Datum »Nov. 21, 1865«. Das beschriebene Modell stellt den ersten Versuch der Firma Smith & Wesson dar, ein größeres Patronenkaliber als das ursprüngliche .22" RF einzuführen. Der Betrieb hatte seine Produktionskapazität bereits mit der Herstellung der Modelle Nr. 1 Second und Nr. 2 Army ausgeschöpft und ließ daher die Teile für das Modell 1 1/2 First Issue bei Charles A. King & Otis A. Smith in Middletown, Connecticut, herstellten, um sie dann bei S&W zusammenzubauen und die Prüfmarken anzubringen.

S&W Model 1½ Second Issue

Der Revolver für Randfeuerpatronen verfügt über ein ***Single-Action*-Schloss**. Der nach oben klappbare **Rundlauf** hat eine Länge von 3½" und trägt auf der linken Seite einen einzeiligen Schriftzug mit dem Firmennamen und den Patentnummern 55, 59 und 65. Die Ausstoßerstange ist fix unter dem Lauf angebracht. Die kannelierte **Trommel** kann mit fünf Patronen vom Kaliber .32" geladen werden. Die Waffe verfügt über **Spornabzug**, Griffschalen aus Rosenholz, sowie ein versilbertes, vernickeltes, brüniertes oder vernickeltes und brüniertes Finish. Der abgebildete Revolver trägt die Matrikelnummer 85.958.

GESCHICHTE Der Revolver ist auch als »New Model 1½« bekannt und folgte auf das First-Issue-Modell, hatte aber einen neuen Griff in Form eines Vogelkopfes. Das Modell wurde sieben Jahre lang, 1868–1875, produziert – von den insgesamt 100.700 Exemplaren haben auch einige einen 2½-Zoll-Lauf.
Die Matrikelnummern schließen an jene der First Issue an, fahren daher mit 26.301 fort und laufen bis 127.100. Es gibt auch ein Übergangsmodell, dessen produzierte Stückzahl auf 650–1500 geschätzt wird, bei welchem der Rahmen der Second Issue und Trommel sowie Lauf der First Issue kombiniert wurden. Die Letzteren tragen die Matrikelnummern 27.576–28.800. Die ersten 650 Exemplare des Übergangsmodells wurden über Händler vertrieben: 50 Stück gingen nach Japan, 200 nach New York und 400 nach Frankreich. Dem beschriebenen Revolver folgte der Model 1½ Single Action Revolver; von diesem wurden 1878–1892 97.574 Stück, beginnend mit Seriennummer 1, gefertigt. Er bildete den Anfang der Revolvermodelle mit Zentralfeuerpatronen vom Kaliber .32", nach unten klappbarem Lauf und einem Design, das später auch bei den *Double-Action*-Modellen verwendet wurde.

Visitenkarte

Hersteller
Smith & Wesson

Herstellungsjahr
1868

Gesamtlänge
20 cm

Lauflänge
3½"

Trommel
5 Schuss

Kaliber
.32" Rimfire

S&W 1 Model Third Issue

Visitenkarte

Hersteller
Smith & Wesson

Herstellungsjahr
1868

Gesamtlänge
17 cm

Lauflänge
$3^3/_{16}$"

Trommel
7 Schuss

Kaliber
.22" Rimfire short

Der ***Single-Action***-Revolver weist einen runden $3^3/_{16}$-Zoll-**Lauf** und über diesem eine Visierschiene auf, welche die einzeilige Marke »Smith & Wesson Springfield. Mass. Pat. Apr. 3, 55. July 5, 59. Dec. 18, 60«. trägt. Das schnabelförmige **Schloss** ist mit Nickelfinish versehen. Der Lauf ist nach oben klappbar, die Ausstoßerstange befindet sich unter dem Lauf. Die siebenschüssige **Trommel** für .22" RF-Patronen ist kanneliert, um das Gewicht zu verringern. Die Waffe hat einen **Spornabzug** und Griffschalen aus Rosenholz.

GESCHICHTE Dieser Revolver verfügt über denselben Mechanismus wie Modell $1^1/_2$ Second Issue, mit dem er auch gleichzeitig hergestellt wurde. Das unterschiedliche Aussehen im Bezug auf das Second-Issue-Modell hatte rein kommerzielle Gründe. Vom Third-Issue-Revolver wurden 1868–1881 insgesamt 131.163 Stück hergestellt (Seriennummern 1–131.163). 1872 wurde eine neue Version mit $2^{11}/_{16}$-Zoll-Lauf eingeführt. Bei dieser Version geht die Signierung auf der linken Laufseite weiter, verläuft jedoch ebenso in einer Zeile. Die früheren S&W hatten Bronzerahmen, später wurden solche aus geschmiedetem Eisen verwendet. Der beschriebene Revolver wurde außer mit Nickelfinish auch brüniert, versilbert, vergoldet, in gravierten Versionen und mit Griffschalen aus Elfenbein oder Perlmutt vertrieben.

Colt Open Top 1871/72

Visitenkarte

Hersteller
Colt, Hartford

Herstellungsjahr
1872

Gesamtlänge
34 cm

Lauflänge
7 1/2"

Trommel
6 Schuss

Kaliber
.44" Rimfire

Er weist ein ***Single-Action*-Schloss**, einen runden 7 1/2-Zoll-**Lauf**, eine sechsschüssige **Trommel** mit Kaliber .44" Rimfire, eine gravierte Szene einer Seeschlacht und eine seitlich angebrachte Ausstoßerstange auf.

GESCHICHTE Von diesem Modell wurden 1872/73 etwa 7000 Stück mit von 1 beginnenden Matrikelnummern hergestellt. 1865 hatte Colt mit Smith & Wesson Verhandlungen um eine Lizenz des Rollin-White-Patents aufgenommen; die Kosten für die Lizenz wären jedoch enorm gewesen und außerdem wäre sie 1869 bereits ausgelaufen. Um dem Patent auszuweichen, machten sich die Colt-Techniker Thuer, Richards und Mason Gedanken über eine Veränderung des Systems; sie entwickelten ein Umschaltsystem, sodass die Waffe sowohl als Perkussions- als auch als Patronenwaffe verwendet werden konnte. Es dauerte bis 1871, bis mit den Modellen Open Top, Kaliber .22" und Cloverleaf, Kaliber .41" reine Patronenwaffen entwickelt wurden. Das zeitlich zuletzt hergestellte umschaltbare Modell, Open Top, Kaliber .44", kann als Verbindungsglied zu den Perkussionswaffen und dem Peacemaker 1873 mit geschlossenem Rahmen gesehen werden. Mit dem Open Top versuchte Colt, die Regierung der Vereinigten Staaten zur Einführung von Patronenwaffen bei der Armee zu ermutigen, die Firma konnte aber erst mit dem Peacemaker einen Armeeauftrag bekommen.

Colt New Line

Visitenkarte

Hersteller
Colt, Hartford

Herstellungsjahr
1874

Gesamtlänge
14,5 cm

Lauflänge
2 1/2"

Trommel
5 Schuss

Kaliber
.30" Rimfire

Der Patronenrevolver mit ***Single-Action*-Schloss** und fünfschüssiger, kannelierter **Trommel** vom Kaliber .30" Rimfire weist einen runden 2 1/2-Zoll-Lauf, einen Vogelkopfgriff, einen **Spornabzug** und Griffschalen aus Rosenholz auf. Es wurden Modelle mit vernickeltem und brüniertem Finish hergestellt. Die abgebildete Waffe trägt die Seriennummer 291.

GESCHICHTE Dieser Revolver wurde 1873–1884 in fünf Versionen produziert.
– Die erste Version vom Kaliber .22" Rimfire und 7 Schuss wurde 1873–1877 in 55.343 Exemplaren mit 2 1/2-Zoll-Lauf und Seriennummern 1–55.343 gefertigt.
– Von der zweiten Version vom Kaliber .30" Rimfire und 5 Schuss wurden 1874–1876 insgesamt 11.000 Stück mit Lauflängen von 1 1/2" und 2 1/2" produziert; mit der Nummerierung begann man wieder bei 1 und ließ sie bei den nachfolgenden Versionen weiterlaufen.
– Von der dritten Version vom Kaliber .32" Rimfire und fünf Schuss wurden 1873–1884 22.000 Exemplare mit Lauflängen von 2 1/2" und 4" hergestellt.
– Von der vierten Version mit fünf Zentralfeuer-Patronen Kaliber .38" wurden 1874–1880 insgesamt 5500 Stück mit Lauflängen von 2 1/2" und 4" fertig gestellt.
- Von der fünften Version mit fünf Zentralfeuer-Patronen Kaliber .41" wurden 1874–1879 insgesamt 7000 Exemplare mit Lauflängen von 2 1/2" und 4" produziert.

S&W No. 3 Russian Third Model

Es handelt sich um einen Patronenrevolver mit ***Single-Action*-Schloss**, rundem, gezogenem 6½-Zoll-**Lauf** mit Visierschiene und kyrillischer Inschrift. Die kannelierte **Trommel** ist für sechs Patronen vom Kaliber .44" Russian vorgesehen. Der Trommel-Lauf-Block ist nach unten klappbar und hat einen noch kürzeren Ausstoßerstern als das zweite Modell zum gleichzeitigen Ausstoßen der sechs Hülsen. Der **Abzugsbügel** ist mit einem Fingerhaken versehen, die Griffschalen bestehen aus Nussbaumholz. Die abgebildete Waffe trägt die Seriennummer 17.980.

GESCHICHTE Dieser, auch »New Model« genannte Revolver von Smith & Wesson wurde 1874–1878 in einer Gesamtstückzahl von 60.638 produziert. Er gehörte zu jener Gruppe von Revolvern, die an das russische Zarenreich geliefert wurden – von diesem Modell waren es 41.138 Stück. Es wurden auch 13.500 Exemplare für den Handel gefertigt, sowie 5000 an die Türkei und 1000 nach Japan geliefert. Das erste Modell namens »Old Old Model Russian« ist nahezu identisch mit dem Modell »No. 3 American S.A.«, mit Ausnahme des Kalibers (die von den Russen konstruierte Patrone war ballistisch der .44"-S&W-Standard-Patrone überlegen). 1871–1874 wurden 5165 Exemplare für den Handel und 20.104 für die russische Armee produziert. Die Lauflänge der Waffen für die russische Armee betrug 8", der für den Handel bestimmten Waffen 6", 7" und 8". Das zweite, auch »Old Model Russian« genannte Modell mit 7-Zoll-Lauf, das auch mit Kaliber .44" Rimfire Henry gefertigt wurde, ist bis auf die folgenden Unterschiede fast identisch mit dem Vorgängermodell: abgerundeter Griff, Abzugsbügel mit Fingerstütze und Unterbringung des verkürzten Ausstoßers. Von diesem Modell wurden 1873–1878 6700 Exemplare an den Handel (davon nur 500 Stück mit Kaliber .44" Rimfire), 70.000 an die russische Armee, 3000 Stück mit Kaliber .44" Rimfire (mit Matrikelnummern 1–1000, die Seriennummern für die letzten 2000 Stück waren mit den für den Handel bestimmten Waffen vermischt) an die türkische Armee, sowie 9000 an die japanische Armee (mit Matrikelnummern 1–9000) geliefert.

Visitenkarte

Hersteller
Smith & Wesson

Herstellungsjahr
1874

Gesamtlänge
22 cm

Lauflänge
6½"

Trommel
6 Schuss

Kaliber
.44" S&W Russian

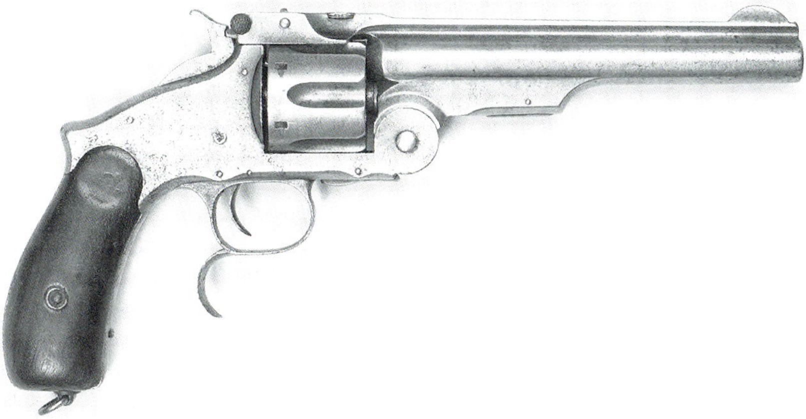

S&W Schofield Second Model

Visitenkarte

Hersteller
Smith & Wesson

Herstellungsjahr
1875

Gesamtlänge
33,5 cm

Lauflänge
7"

Trommel
6 Schuss

Kaliber
.45" Schofield

Der Revolver hat ein ***Single-Action*-Schloss**, einen runden **Lauf** von 7" Länge und eine sechsschüssige **Trommel** für Kaliber .45" Schofield. Er verfügt über einen nach unten klappbaren Lauf und einen Ausstoßerstern, mit dem alle Hülsen gleichzeitig ausgeworfen werden. Die abgebildete Waffe trägt die Seriennummer 4320.

GESCHICHTE S&W bot der amerikanischen Armee ihr Model 3 American mit Kaliber .44" an, das jedoch als zu wenig stabil und als zu schwierig zu reparieren eingeschätzt wurde. Die Firma ließ sich nicht entmutigen und beauftragte den Ausrüstungsexperten Colonel George Schofield von der 10. Kavallerie, Verbesserungsvorschläge auszuarbeiten. Er schlug 1870 für das Model No. 3 eine Reihe von Verbesserungen vor, die für einen Armeeauftrag notwendig wären. Als das Modell 1873 fertig war, hatte die Heeresführung jedoch ihre Wahl bereits getroffen und sich für den Colt Model S.A.A. mit Kaliber .45" entschieden. Nach Kontakten mit Colonel Schofield, dem Bruder General John M. Schofields, der bereits 1870 das Model No. 3 American befürwortet hatte, gab die Armee 1874 eine kleine Menge (3000 Stück) von Schofield-Revolvern in Auftrag, die ein Jahr später ausgeliefert wurden. Es handelte sich um ein Model No. 3 mit verändertem Ausstoßermechanismus und spezieller Laufverriegelung. Das neue System war viel robuster und da der Lauf nunmehr nach unten (anstatt nach oben) zu kippen war, konnte die Waffe leichter mit einer Hand bedient werden und war somit gut für die Kavallerie geeignet. Noch vor der Auslieferung der bestellten 3000 Exemplare erhielt S&W einen weiteren Armeeauftrag über 3000 Stück. Beim zweiten Modell, das nun in Produktion ging, gab es noch weitere Veränderungen, wie etwa die Verwendung eines Stahlrahmens und eine abermals verbesserte Laufverriegelung. Die Nummerierung, die beim ersten Modell mit 1 begonnen hatte, wurde bei den Exemplaren des zweiten Auftrags fortgesetzt. Obwohl diese S&W-Modelle von den für die Beschaffung Zuständigen nicht so sehr geschätzt wurden, gelangten schließlich 5285 Schofield-Revolver zur Armee; die Gesamtproduktion belief sich auf 5934 Stück, die zum Teil auch auf dem zivilen Markt verkauft wurden.

Remington Single Action

Dieser Patronenrevolver hat ein ***Single-Action*-Schloss**, eine sechsschüssige, kannelierte **Trommel** für Kaliber-44-Remington-Zentralfeuer-Patronen. Der runde 7½-Zoll-**Lauf** trägt die Marke »E. Remington & Sons: Ilion N.Y. U.S.A.«. Seitlich befindet sich eine verschiebbare Ausstoßerstange. Die Griffschalen bestehen aus geöltem amerikanischem Nussbaumholz.

GESCHICHTE Von diesem Revolver wurden 1875–1889 insgesamt 25.000 Exemplare hergestellt; obwohl er von ausgezeichneter Qualität war, konnte er dem Peacemaker von Colt keine echte Konkurrenz machen. Er wurde auch mit den Kalibermaßen 44/40, 45" Schofield und 5½-Zoll-Lauf gefertigt – Versionen, die nur sehr schwer am Sammlermarkt zu erhalten sind, da sie in sehr kleiner Stückzahl hergestellt wurden. 1300 vernickelte Exemplare wurden an das amerikanische Innenministerium geliefert, um die Polizei in den Indianerreservaten damit auszurüsten. Weitere öffentliche US-Aufträge für diese Waffe wurden nicht erteilt. 1875 konnte Remington einen Auftrag über 10.000 Stück von der ägyptischen Regierung erhalten.

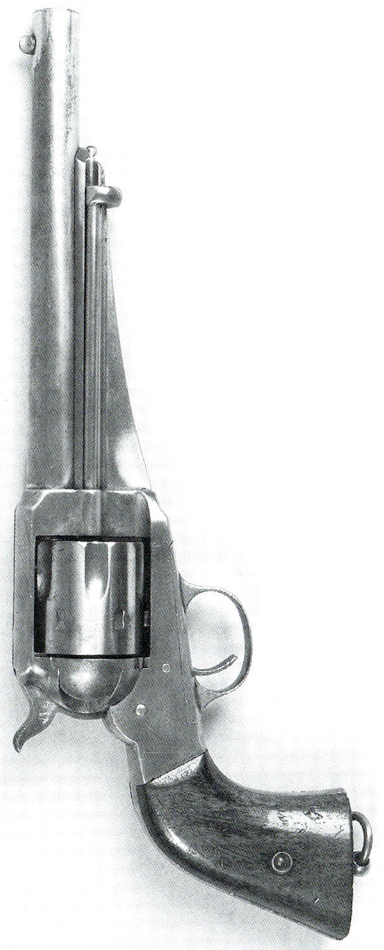

Visitenkarte

Hersteller
Remington, New York

Herstellungsjahr
1875

Gesamtlänge
35 cm

Lauflänge
7½"

Trommel
6 Schuss

Kaliber
.44"

Merwin, Hulbert & Co. Pocket Army

Visitenkarte

Hersteller
Merwin, Hulbert & Co., New York

Herstellungsjahr
1876

Gesamtlänge
31,5 cm

Lauflänge
7"

Trommel
6 Schuss

Kaliber
44/40

Dieser Patronenrevolver mit ***Single Action*** verfügt über einen **Rundlauf** von 7" und einen Wechsellauf von 3" Länge. Er hat eine sechsschüssige, kannelierte **Trommel** für Patronen vom Kaliber 44/40, ein Auswerfersystem zum gleichzeitigen Herausziehen aller Hülsen und trägt die Seriennummer 3817.

GESCHICHTE Die von Merwin, Hulbert & Company in New York vertriebene Waffe wurde 1876–1880 bei Hopkins & Allen in Norwich Connecticut in einigen Tausenden Exemplaren (nach manchen Autoren etwa 15.000) produziert. Es gibt zwei Modelle: eines mit offenem, das andere mit geschlossenem Rahmen. Der Lauf der Armeewaffen war 7", der Lauf des Pocket-Revolvers *(im Foto rechts)* $3^{5}/_{16}$" lang. Die Waffe wurde auch mit Kaliber .44" Russian sowie mit Kaliber .44" Merwin & Hulbert Zentralfeuer hergestellt. Sie wurde 1878 auch von der russischen Armee getestet, wo man feststellte, dass ihre Aufhaltekraft jener des Colt Peacemaker entsprach, die Pocket Army jedoch eine schnellere Schussfolge aufweisen konnte.

WISSENSWERTES Das Auswerfersystem dieser Waffe wurde als *»automatic«* bezeichnet: nach dem Kippen wurde der Lauf gemeinsam mit der Trommel nach vor gezogen, wobei nach einer Vierteldrehung die von der Auswerfersternplatte festgehaltenen Hülsen ausgeworfen wurden.

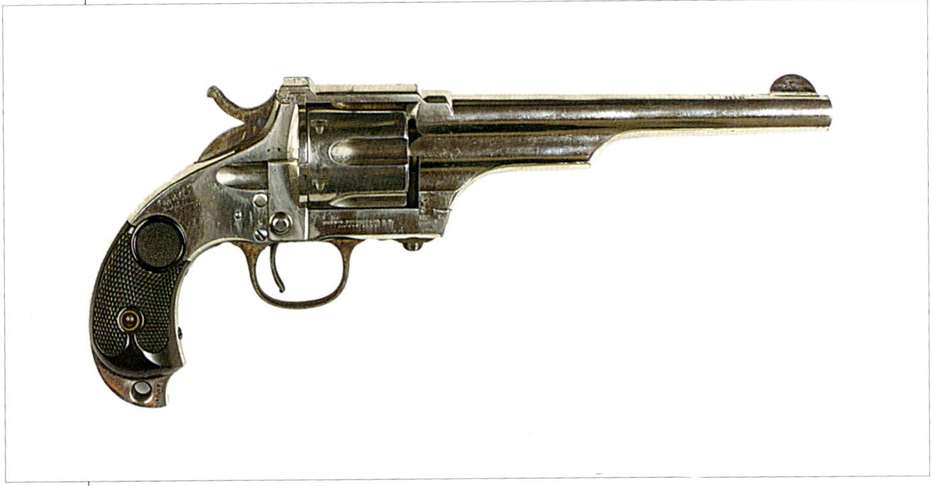

Colt Lightning

Visitenkarte

Hersteller
Colt, Hartford

Herstellungsjahr
1877

Gesamtlänge
20 cm

Lauflänge
3½"

Trommel
6 Schuss

Kaliber
.38"

Der Revolver verfügt über ein ***Double-Action*-Schloss**, einen 3½" langen **Lauf** ohne Ausstoßerstange und eine zylindrische sechsschüssige **Trommel** für Kaliber .38". Die Metallteile sind mit Nickelfinish versehen, die Griffschalen aus genarbtem Hartgummi weisen ein Schild mit einem auf den Hinterbeinen stehenden Pferd auf. Auf dem Lauf befindet sich die zweizeilige Marke »Colt's PT.F.A. MFG.C° Hartford.CT. U.S.A.«; auf der linken Seite des Rahmens sind in drei Zeilen die Jahreszahlen der Patente – 1871, 1874 und 1875 – vermerkt.

GESCHICHTE Von dieser Waffe wurden 1877–1909 166.849 Stück mit den Seriennummern 1–166.849 gefertigt. Mit Kaliber .38" Colt trug sie den Namen »The Lightning«, mit Kaliber .41" Colt den Namen »The Thunderer«. Die Lauflängen variierten zwischen 1½" und 10". Die Standardlänge betrug zwischen 2½" und 3½" ohne Auswerfer und von 4½" bis 6" mit Auswerfer. Der Großteil der Produktion wurde mit Hartgummi-Griffschalen samt Schild mit aufrechtstehendem Pferd geliefert, einige Exemplare jedoch auch mit einteiligen Rosenholz-Griffen. Die meisten Waffen bekamen ein brüniertes Finish, eine kleine Anzahl wurde auch mit Nickelfinish versehen.

WISSENSWERTES Der Lightning-Revolver war die erste *Double-Action*-Waffe von Colt. Die produzierte Stückzahl war beachtlich, vor allem wenn man an den komplexen Mechanismus und die relative häufige Fehlfunktion denkt. Äußerst gesucht sind Taschenrevolver mit Kaliber .32" Colt und Colt-Lightning-Modelle mit Lauflängen von 7" bis 10".

S&W Second Model

Visitenkarte

Hersteller
Smith & Wesson

Herstellungsjahr
1877

Gesamtlänge
20,5 cm

Lauflänge
4"

Trommel
5 Schuss

Kaliber
.38 S&W

Es handelt sich um einen Revolver mit ***Single-Action*-Schloss**, nach unten kippbarem **Rundlauf** von 4" Länge, kannelierter, fünfschüssiger **Trommel** mit Kaliber .38" S&W und einem Auswerferkranz mit Zahnstange. Die Waffe trägt die Matrikelnummer 9961, hat ein versilbertes Finish und ist zur Gänze mit Blumengravur verziert. Firmenname und Adresse sind gemeinsam mit den Jahreszahlen der Patente (1865, 1869, 1871, 1875) auf dem Lauf vermerkt.

GESCHICHTE Die auch als »Baby Russian« bekannte Waffe wurde in zwei Versionen produziert:
– First Model mit Nockenauswerfer, von dem 1876/77 insgesamt 25.548 Stück mit den Matrikelnummern 1–25.548 gefertigt wurden.
– Second Model, erkennbar am Fehlen des Auswerfernockens unter dem Lauf; 1877–1891 wurden 108.255 Exemplare (Matrikelnummern 1–108.255) hergestellt. Dieses zweite Modell wurde mit den folgenden Lauflängen geliefert: 3½", 4", 5", 6", 7", 10".

WISSENSWERTES Die brünierten Revolver wurden mit Holzgriffschalen versehen, die vernickelten Modelle mit Griffschalen aus genarbtem Ebenholz mit dem Monogramm S&W.

Remington Smoot New Model No. 2

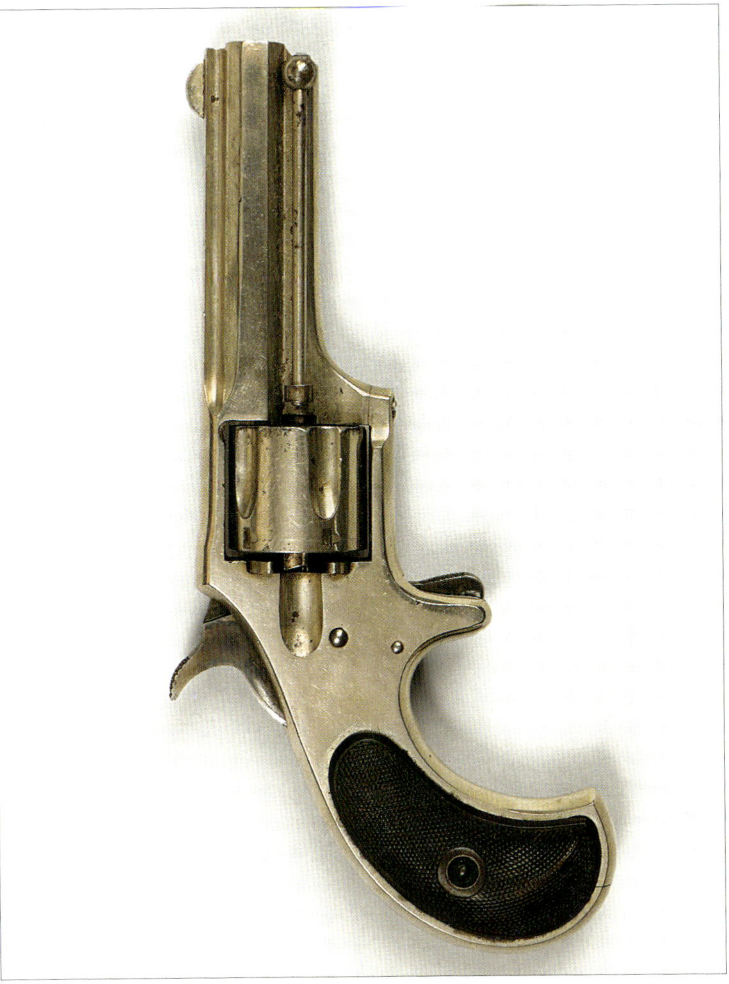

Visitenkarte

Hersteller
Remington, New York

Herstellungsjahr
1878

Gesamtlänge
16 cm

Lauflänge
2 1/2"

Trommel
5 Schuss

Kaliber
.32" Rimfire

Der ***Single-Action***-Revolver für Randfeuer-Patronen hat einen gezogenen **Achtkantlauf** von 2 1/2" Länge und eine seitliche Ausstoßerstange. Die kannelierte **Trommel** kann mit fünf Patronen vom Kaliber .32" Rimfire geladen werden. Die Waffe hat einen **Spornabzug**, Griffschalen aus genarbtem Hartgummi und ein Nickelfinish. Auf dem Lauf befindet sich die Marke »Remington & Sons Ilion N.Y. Pat. W.S. Smoot. Oct. 21, 1873«.

GESCHICHTE Als Taschenrevolver mit Metallpatronen war diese Waffe ein direkter Konkurrent des Colts. Der Remington Smoot wurde 1878–1888 in drei Versionen hergestellt:
– Vom New Model No. 1, fälschlich auch unter dem Namen »New Line Revolver No. 1« bekannt, wurden 20.000 Exemplare mit Kaliber .30" Rimfire short und Achtkantlauf von 2 13/16" gefertigt.
– Vom New Model No. 2, fälschlich auch »New Line Revolver No. 2« genannt, wurden etwa 20.000 Exemplare mit Kaliber .32" Rimfire short und Achtkantlauf von 2 1/2" produziert.
– New Model No. 3 (oder »Revolver No. 3«) wird im nächsten Eintrag beschrieben.

Remington Smoot New Model No. 3

Visitenkarte

Hersteller
Remington, New York

Herstellungsjahr
1878

Gesamtlänge
20 cm

Lauflänge
3³/₄"

Trommel
5 Schuss

Kaliber
.38" Rimfire short

Der ***Single-Action***-Revolver für Randfeuerpatronen hat einen 3¹/₂" langen, gezogenen **Achtkantlauf** und eine seitliche Ausstoßerstange. Die kannelierte **Trommel** kann mit fünf Patronen vom Kaliber .38" Rimfire short geladen werden. Die Waffe hat einen **Spornabzug**, Griffschalen aus genarbtem Hartgummi und ein brüniertes oder vernickeltes Finish. Auf dem Lauf befindet sich die Marke »Remington & Sons Ilion N.Y. Pat. W.S. Smoot. Oct. 2, 1873«.

GESCHICHTE Von diesem, fälschlich auch als »New Line Revolver No. 3« bezeichneten Revolver wurden etwa 25.000 Stück produziert. Er wurde 1878–1888 in zwei Versionen hergestellt: die erste mit Vogelschaft und die zweite mit so genanntem »Sägegriff«, wie er im *Foto* dargestellt ist. Eine kleine Stückzahl wurde auch mit Kaliber .38" Zentralfeuerzündung produziert.

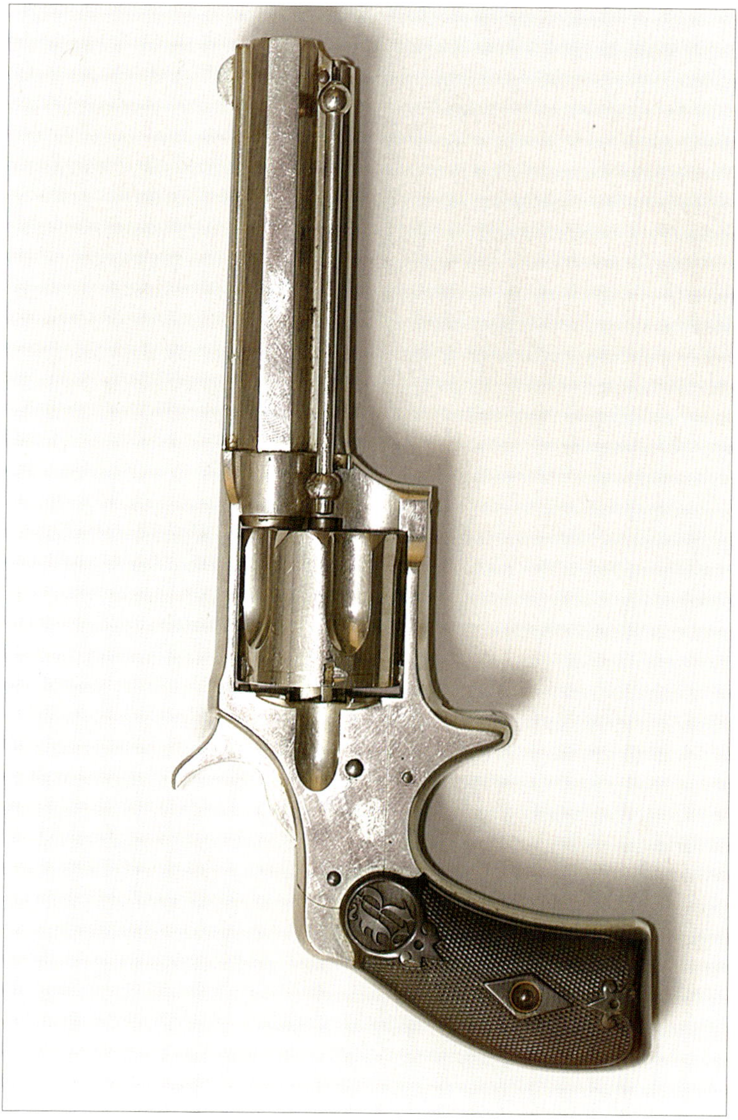

S&W New Model No. 3

Der Revolver mit ***Single-Action*-Schloss** hat einen runden, nach unten klappbaren 7-Zoll-**Lauf** und eine sechsschüssige, kannelierte **Trommel** vom Kaliber .44". Die Griffschalen sind aus Holz und am Griffende befindet sich ein Fangriemenring. Die abgebildete Waffe trägt die Seriennummer 21.738.

GESCHICHTE Von dieser Waffe wurden 1878–1912 insgesamt 35.796 Stück (Seriennummern 1–35.796) produziert. Das Standardkaliber war .44" Russian, eine begrenzte Quantität wurde aber auch in den Kalibern 32 S&W, 32-44 S&W, 320 S&W revolving rifle, 38 S&W, 38-40, 38-44 S&W, 41 S&W, 44 RF Henry, 44 S&W American, 44 S&W Russian, 44-40, 45 S&W Schofield, 450, 45 Webley, 455 Mark I oder 455 Mark II gefertigt. Alle hatten eine kannelierte, sechsschüssige Trommel und die Lauflängen betrugen 3½", 4", 5", 6", 6½", 7", 7½" und 8". Es gibt auch Modelle mit Hartgummi-Griffschalen und dem Monogramm S&W. Auf dem Lauf sind die Firmenanschrift und die Jahreszahlen der Patente (1865, 1869, 1871, 1875 und 1877) zu lesen; bei den Seriennummern 29.625–31.008 sind die Patente nicht vermerkt.

WISSENSWERTES Etwa 40% der produzierten Exemplare wurden exportiert. Folgende Vertragsdokumente – ebenfalls Sammlerobjekte – sind noch im Original erhalten:
- Staat Maryland (nur 280 Stück: Kaliber .44" S&W Russian mit 6½-Zoll-Lauf und den Matrikelnummern 7126–7405);
- Japanische Marine (Seriennummern des ersten Auftrages: 5426–5701; Seriennummern des zweiten Auftrags: 9001–9600);
- Japanische Artillerie (25.000 in Serie);
- Australisches Modell (die Seriennummern liegen zwischen 12.000 und 13.000; insgesamt 250 Stück mit 7-Zoll-Lauf und 30 Stück mit 6½-Zoll-Lauf, alle mit Nickelfinish und Kaliber .44" S&W Russian);
- Argentinisches Modell (2000 Stück, die vom New Yorker Händler Hartley & Graham an die argentinische Regierung verkauft wurden; sie tragen die in der Fabrik angebrachte Marke »Ejercito/Argentino« und Seriennummern zwischen 50 und 3400).

Visitenkarte

Hersteller
Smith & Wesson

Herstellungsjahr
1878

Gesamtlänge
31 cm

Lauflänge
7"

Trommel
6 Schuss

Kaliber
.44" S&W Russian

S&W Double Action First Model

Visitenkarte

Hersteller
Smith & Wesson

Herstellungsjahr
1881

Gesamtlänge
28 cm

Lauflänge
5"

Trommel
6 Schuss

Kaliber
.44" S&W Russian

Der Patronenrevolver mit ***Double-Action*-Schloss** weist einen nach unten klappbaren, runden 6-Zoll-**Lauf** mit Visierschiene und eine sechsschüssige **Trommel** für Kaliber .44" S&W Russian auf. Die Griffschalen bestehen aus Hartgummi. Unter dem Lauf sind Firmenanschrift und die Jahreszahlen der Patente (1865, 1869, 1871, 1879, 1880) eingeprägt. Die abgebildete Waffe trägt die Seriennummer 29.677.

GESCHICHTE Dieser Revolver ist auch als »New Model Navy« oder »D.A. Frontier« bekannt; insgesamt wurden 1881–1913 53.595 Stück mit Seriennummern zwischen 1 und 54.668 gefertigt. Es gibt Varianten bezüglich des Kalibers (38/40 und 44-40 Winchester), der Lauflänge (4", 5", 6" und 6½"), der Griffschalen (in Holz) und des Finishs (verchromt oder brüniert). 1882 wurde die Waffe von D. B. Wesson, ausgehend vom Revolver 44 D.A. First Model, noch verändert – das Ergebnis war der 44 D.A. Favorite mit 5-Zoll-Lauf vom Kaliber .44" S&W Russian, von dem nur 1073 Stück angefertigt wurden; die Seriennummern liegen innerhalb jener des First Model, und zwar zwischen 8900 und 10.100. Der 44 D.A. Favorite war auf Anfrage der russischen Armee entstanden, fand jedoch keinen Anklang. Nach längerem Warten wurde er schließlich 1888 in den zivilen Handelskatalog der Firma aufgenommen.

Merwin, Hulbert & Co. Pocket Revolver

Visitenkarte

Hersteller
Merwin, Hulbert & Co., New York

Herstellungsjahr
1885

Gesamtlänge
21,5 cm

Lauflänge
4"

Trommel
5 Schuss

Kaliber
.38"

Dieser ***Double-Action***-Revolver hat einen runden 4-Zoll-**Lauf**. Die Visierschiene ist mit »Merwin, Hulbert & Co.« und den Jahreszahlen für die Patente (1877, 1880, 1882, 1883) punziert. Die kannelierte Trommel kann über eine seitliche Ladeklappe mit fünf Patronen vom Kaliber .38" Zentralfeuer geladen werden. Die Griffschalen sind aus Perlmutt.

GESCHICHTE Der beschriebene Revolver wurde ab 1880 bei Hopkins & Allen in Norwich, Connecticut, in einigen wenigen Tausend Stück gefertigt und von Merwin, Hulbert & Co., New York City, vermarktet. Es gibt mehrere Lauflängen von 3 1/2" bis 5 1/2". Auch ein Modell mit Kaliber .32" mit Rundlauf (Länge 3" bis 5 1/2") wurde hergestellt. Der Griff der .38"- und der .32"-Waffe wurde von der Firma als *»Saw handle«* (»Sägegriff«) bezeichnet und hatte Hartgummi-Griffschalen. Vom Modell Kaliber .38" gibt es eine äußerst seltene Version mit Vogelkopfgriff. Einige Waffen, wie das Modell M.H. mit *Single Action*, wurden mit einem Wechsellauf unterschiedlicher Länge geliefert. In solchen Fällen (Original- und Wechsellauf vorhanden) kann dies den Wert des Sammlerstücks um 25–50% erhöhen.

Chicago-Protector

Visitenkarte

Hersteller
Chicago Firearms Co., Chicago

Herstellungsjahr
1890

Gesamtlänge
13 cm

Lauflänge
2"

Trommel
7 Schuss

Kaliber
6 mm

Dieser Revolver für Randfeuerpatronen verfügt über ein rundes, mit Gravuren von Blumenmustern und geometrischen Motiven verziertes **Schloss** und eine am Handballen anliegende, siebenschüssige **Trommel**. Der dreieckige Vorsprung im unteren Teil ist eine Schiebesicherung, die den darüber liegenden Drücker blockiert. Die Griffschalen bestehen aus Bakelit, die runde Metallscheibe ist mit »Chicago Firearms Co – Chicago Ill« signiert.

GESCHICHTE Die originelle Waffe wurde 1882 vom französischen Büchsenmacher Jacques-Edmond Turbiaux entworfen und patentiert. Sie besteht genau genommen nur aus einer mit einem Gehäuse eingefassten Trommel, deren Drehachse quer zur Laufrichtung steht, und dem Lauf, der beim Schießen zwischen Mittel- und Ringfinger herausragt. Mit Handballendruck wird ein Hebel betätigt, welcher mit dem Hahn in der Mitte der Trommel verbunden ist. Sobald der Hahn voll aufgezogen ist, schlägt der Schlagbolzen auf die Patrone der vorderen Kammer. Mit dem gleichen Hebel wird die Trommel um eine Kammer weitergedreht und die nächste Patrone abgefeuert. Die unter der Lizenz der Chicago Firearms Co., Chicago, Illinois, produzierte Waffe ist auch als »Protector Palm Pistol« bekannt und wurde 1890 vermutlich in einer Stückzahl zwischen 12.000 und 25.000 gefertigt. Die meisten Chicago-Protectors wurden mit Nickelfinish versehen, manche wurden jedoch brüniert. Gelegentlich sind auch Exemplare mit Griffschalen aus Perlmutt und Elfenbein zu finden. 1891/92 wurde die Waffe bei der Minneapolis Firearms Company in Minneapolis hergestellt, und zwar mit $1^1/_2$-Zoll-Lauf und .32" Zentralfeuer-Patronen. Die geschätzte Produktionszahl beträgt wenige Tausend Stück.

S&W Second Model Safety Hammerless

Der hahnlose Revolver mit ***Double-Action*-Schloss** weist einen runden, nach unten kippbaren 3-Zoll-**Lauf**, eine fünfschüssige, kannelierte **Trommel** für ein Kaliber von .32" und eine Hebelsicherung am Griffrücken auf. Die Griffschalen sind aus Hartgummi und tragen das Monogramm S&W. Die Metallteile haben ein brüniertes Finish.

GESCHICHTE Das als »Safety Hammerless« bekannte erste Modell wurde 1888–1902 im Kaliber .32" gebaut; die Seriennummern begannen bei 1. Vom abgebildeten Revolver, dem Second Model, wurden 1902–1909 insgesamt 78.500 Stück mit Lauflängen vom 2", 3½" und 6" produziert. Die Seriennummern schließen an jene des ersten Modells an und reichen von 91.418–170.000. Beim 1909–1937 hergestellten dritten Modell dieser äußerst erfolgreichen Reihe liefen die Seriennummern, zuerst vermischt mit dem zweiten Modell (163.082–175.772), weiter, um beim letzten Exemplar die Nr. 242.981 zu erreichen.
Das Modell mit 2-Zoll-Lauf war unter dem Namen »Bicycle Revolver« bekannt. Auf dem Lauf befinden sich Punzierungen des Herstellernamens, der Adresse und der Jahreszahlen der Patente (1877, 1880, 1883 und 1885). Neu an dieser Serie war vor allem die äußerst funktionelle Hebelsicherung am Griffrücken – wenn der Revolver nicht fest umgriffen wurde, konnte der Abzug den Hahn nicht betätigen, wodurch der sichere Transport und die sichere Handhabung gewährleistet war.

Visitenkarte

Hersteller
Smith & Wesson

Herstellungsjahr
1902

Gesamtlänge
18 cm

Lauflänge
3"

Trommel
5 Schuss

Kaliber
.32" S&W

Anhang

Die großen Waffenmuseen der Welt

BELGIEN
- Musée de la Porte de Hal, Brüssel

DÄNEMARK
- Königliche Waffensammlung im Schloss Rosenborg, Kopenhagen
- Tøjhusmuseet, Kopenhagen

DEUTSCHLAND
- Deutsches Jagdmuseum, München
- Die Waffen der Wartburg, Berlin
- Dresdner Rüstkammer, Leipzig
- Historisches Museum, Dresden

FRANKREICH
- Chateau de Joux, Joux (nahe Pontarlier)
- Chateau du Haut-Koenigsbourg
- Fort de la Pompelle, Reims
- Memorial de Verdun, Fleury (nahe Douaumont)
- Musée d'Argonne, Varennes
- Musée d'Art et d'Histoire, Schloss Belfort
- Musée d'Art, Clermont-Ferrand
- Musée d'Unterlinden, Colmar
- Musée de 1870 – Schloss Wœrth
- Musée de Guerre 1870, Gravelotte
- Musée de l'Empéri – Château de l'Empéri, Salon de Provence
- Musée de l'Impression sur Etoffes, Mulhouse
- Musée de la Bataille des Ardennes, Novion Porcien
- Musée de la Chasse et de la Nature, Paris
- Musée de la Cittadelle, Bitche
- Musée de la Conscription, Straßburg
- Musée de la Gendarmerie – Ecole des Officiers de la Gendarmerie National, Melun
- Musée de la Légion Etrangère, Aubagne (Marseille)
- Musée de la Pierre a Fusil, Lucay le Male
- Musée de la Venerie, Senlis
- Musée de Saint-Omer, Saint-Omer
- Musée des Beaux-Arts, Dijon
- Musée des Traditions Chasseurs, Schloss Vincennes, Paris
- Musée des Trois Guerres, Diors
- Musée du Donjon de Niort, Niort
- Musée du Valois et de l'Archerie, Crepy-en-Valois
- Musée Historique Lorrain – Herzogspalast, Nancy
- Musée Historique, Straßburg
- Musée International de la Chasse, Schloss Gien
- Musée International des Hussards, Tarbes
- Musée Lambinet, Versailles
- Musée Mandet, Riom
- Musée Massena, Nizza
- Musée Militaire des Gloires et Souvenirs du Perigord, Perigueux
- Musée Militaire, Caserne Boudet, Bordeaux
- Musée Municipal – Mutzigmusee de l'Armée, Hôtel des Invalides, Paris
- Musée Municipal, Saint-Dié-des-Vosges
- Musée Napoléonien d'Art et d'Histoire Militaires, Fontainebleau
- Musée National de la Legion d'Honneur et des Ordres de Chevalerie, Paris
- Musée National des Arts Africains et Océaniens, Paris
- Musée National du Château de Bois – Preau, Paris (Rueil-Malmaison)
- Musée Naval, Tour Bellanda, Schlossberg, Nizza

GROSSBRITANNIEN
- Armoury of Windsor Castle, London
- Arms and Armour, University of Oxford, Oxford
- Imperial War Museum, London *(www.iwm.org.uk)*
- Royal Armouries Museum, Leeds *(www.armouries.org.uk)*
- Wallace Collection, London

ITALIEN

(Siehe auch die Website: www.museionline.it)
- Armeria dei Dogi, Venedig

- Armeria del Castello di San Giusto, Triest
- Armeria Reale, Turin
- Churburg, Schluderns (Bozen)
- Collezione Odescalchi, Rom
- Museo Beretta, Gardone Valtrompia (Brescia)
- Museo dei Granatieri, Piazza Santa Croce in Gerusalemme, Rom
- Museo della Fanteria, Piazza Santa Croce in Gerusalemme, Rom
- Museo delle Armi, Brescia
- Museo delle Armi, Casa Militare Umberto I, Turate (Como)
- Museo delle Armi, Castel Sant'Angelo, Rom
- Museo delle Armi, Rovereto (Trient)
- Museo di Armi e Uniformi, Fano (Apulien)
- Museo Diocesano – Armature della Madonna delle Grazie, Mantua
- Museo Henriquez, Triest
- Museo Lauretano delle Armi Antiche, Loreto (Ancona)
- Museo Nazionale dell'Arma di Cavalleria, Pinerolo (Turin)
- Museo Poldi Pezzoli, Mailand
- Museo Sacrario, Stroncone (Trapani)
- Museo Stibbert, Florenz
- Museo Storico della Caccia e del Territorio, Villa Medicea, Cerreto Guidi (Florenz)
- Schloss Taufers, Sand in Taufers (Bozen)

ÖSTERREICH
- Kunsthistorisches Museum, Wien

RUSSLAND
- Eremitage, Sankt Petersburg
- Historisches Museum Artillerie und Meldewesen, Sankt Petersburg
- Historisches Staatsmuseum, Moskau
- Staatliches Waffenmuseum, Moskau
- Zentralmuseum der Sowjetarmee, Moskau

SCHWEDEN
- Livrustkammaren, Stockholm
- Statens Historiska Museet, Stockholm

SCHWEIZ
- Militärmuseum, Morges

SLOWAKISCHE REPUBLIK
- Museum für Waffen und Befestigungsanlagen, Michaelertor, Bratislava
- Museum für Waffen und Befestigungsanlagen, Schloss Červený Kameń, Bratislava

SPANIEN
- Armeria Reale, Madrid
- Museo Lázaro Galdiano, Madrid

TSCHECHISCHE REPUBLIK
- Historisches Militärinstitut der Republik Tschechien, Prag
- Schloss Bítov
- Schloss Frýdlant v Čechách
- Schloss Konopiště
- Schloss Mnichovo Hradiště
- Schloss Žleby

TÜRKEI
- Heeresmuseum, Istanbul

UNGARN
- Nationalmuseum, Budapest

VEREINIGTE STAATEN
- Buffalo Bill Historical Center (Cody Firearms Museum), Cody, Wyoming *(www.bbhc.org/firearms)*
- Frazier Historical Arms Museum, Kentucky *("www.frazierarmsmuseum.org")*
- J.I.M. Davis Arms & Historical Museum, Oklahoma *(www.state.ok.us/jmdasis)*
- Metropolitan Museum of Art, New York *("http://www.metmuseum.org")*
- Museum West Point, New York State *(www.usma.edu/museum)*
- National Rifleman Association, Fairfax, Virginia *(www.nra.nationalfirearms.museum)*
- Smithsonian Collection, New York
- Springfield Armory Museum, Springfield, Illinois *(www.nps.gov/spar)*
- Winchester Collection, Greenwich, Connecticut

Glossar

A

ABBRENNGESCHWINDIGKEIT Um beim Abbrennen der Treibladung die beste Leistung zu erzielen, muss der höchste Gasdruck genau in jener Zeitspanne aufgebaut werden, die das Projektil braucht, um aus dem Lauf zu entweichen. Diese Zeit variiert je nach der Länge des Laufs und nach dem Gewicht der Kugel; daher ist es notwendig, die Körnung des Schießpulver-Granulats den Gegebenheiten anzupassen. Im Allgemeinen brennt feines Pulver schneller und gröberes Granulat langsamer ab.

ABZUG Mittels einer Feder in Spannung gehaltener Metallhebel, der meist durch einen Abzugsbügel geschützt wird. Durch Fingerdruck auf den Abzug wird nach Überwindung des Abzugswiderstands der Schlossmechanismus in Gang gesetzt und somit der Schuss ausgelöst.

ABZUGSBÜGEL Metallbügel, der den Abzug schützt.

ACP Abkürzung für Automatic Colt Pistol; Namenszusatz bei Pistolenmunition .45".

AMBOSS Bestandteil des Zündhütchens, Gegenlager zur Schlagbolzenspitze.

ANFANGSGESCHWINDIGKEIT Geschwindigkeit (Velocity 0; v_0) der Kugel beim Austritt aus dem Lauf.

ANGELENKT Scharnierartiger Gelenkteil am Lauf, der es ermöglicht, die Ladepresse am Perkussionsrevolver, den Ladestock oder das Klappbajonett am Gewehr in vertikaler Richtung zu betätigen.

ANSCHLAGSCHAFT Schaft in Form eines Pistolengriffes, der auf Langwaffen montiert wird, um deren Handhabung zu erleichtern.

ARSENAL Ort, an dem Armeewaffen hergestellt und repariert wurden.

AUFBOHREN Vergrößern eines Lochdurchmessers mittels eines Bohrers, etwa beim Aufbohren eines Laufes.

AUFHALTEKRAFT Die Fähigkeit eines Geschosses, einen Gegner möglichst schnell und zuverlässig aktionsunfähig zu machen.

AUFPRALL Kontaktpunkt des Projektils mit dem getroffenen Objekt.

AUSZIEHER Metallteil, das die Patrone oder die leere Hülse aus der Kammer zieht.

AUSZIEHERRILLE Umlaufende Nut oberhalb des Patronenbodens, in welche die Auszieherkralle eingreifen und so die leere Hülse herausziehen kann.

AUTO Abkürzung für Automatik.

AUTOMATIKWAFFE Waffe, bei der alle Operationen einschließlich des Feuerns automatisch aufeinander folgen (Serienfeuerwaffen). Der Ausdruck wird auch unrichtigerweise für halbautomatische Pistolen gebraucht, bei welchen für jeden Schuss ein erneuter Druck auf den Abzug notwendig ist.

AUTOMATISCHE PISTOLE Eine mit einem Patronenmagazin ausgestattete Pistole, die durch die Kraft des Rückstoßes nachgeladen wird, sodass sofort der nächste Schuss abgegeben werden kann. Nur wenige Modelle sind mit Serienfeuer (Vollautomatik) ausgestattet, das heißt, dass das Feuer, ohne den Finger vom Abzug zu nehmen und diesen erneut zu betätigen, fortgesetzt wird. Meist muss jedoch der Abzug für jeden Schuss bewegt werden – die korrekte Bezeichnung für solche Waffen wäre dann »halbautomatische Pistolen«.

AUTOMATISCHER PFANNENSCHIEBER Bei komplexeren Radschlössern war der Pfannendeckel mit einem Federmechanismus versehen; nach Auslösen des Abzugs wurde der Pfannendeckel automatisch bewegt und die Pulverpfanne in Kontakt mit dem Pyritstein und dem Reibrad gebracht.

B

BAJONETT Blankwaffe zum Aufstecken auf den Lauf einer Feuerwaffe. Ursprünglich waren Bajonette einfache Messer mit konischem Griff, die man direkt in den Lauf steckte; im 19. Jh. wurde die Befestigung nach außen verlegt, sodass die Waffe trotz aufgestecktem Bajonett geladen werden konnte.

BALLISTIK Lehre von der Bewegung geschleuderter oder geschossener Körper.

BALUSTER Architektonisches Element in Form einer kleinen Säule.

BATTERIE Die beim Steinschloss über der Zündpfanne angeordnete Schlagfläche des Pfannendeckels, auf die der Feuerstein schlägt.

BEHARRUNGSVERMÖGEN Trägheit der Masse; das Bestreben eines massebehafteten Körpers, den Bewegungszustand (oder Ruhezustand) nur unter dem Einfluss äußerer Kräfte zu verändern.

BERDAN, HIRAM (1823–1893) Amerikanischer Oberst, der ein Zündsystem mit zwei und mehr Zündlöchern erfand.

BERETTA Die älteste Waffenfabrik der Welt; sie ist auch heute noch im Besitz der gleichnamigen Familie. Die ältesten Beretta-Waffen stammen von 1550.

BLANKWAFFE Waffe, die durch den direkten Einsatz der Muskelenergie des Benutzers funktioniert (Dolch, Schwert, Knüppel).

BOOTLEG Amerikanischer Ausdruck für Pistolen, bei welchen Lauf (mit unten liegendem Hahn) und Griff einen rechten Winkel bilden. Diese Waffen wurden im Stiefel getragen.

BOUTET, BOXER EDWARD (1833–1898) Erfinder eines Zündsystems mit zentralem Zündloch; es wurde bei der amerikanischen Armee verwendet.

BRONZE Legierung aus Kupfer und Zinn.

BROWNING, JOHN MOSES (1855–1926) Amerikanischer Erfinder von Automatikwaffen; er arbeitete unter anderem für Winchester, Remington und Colt.

C

CAP-AND-BALL Englische Bezeichnung für das Laden von Perkussionswaffen, wobei Zündhütchen, Pulver und Kugel separat geladen werden: Schießpulver und Kugel in die Mündung, das Zündhütchen auf das Piston.

CENTER FIRE (C.F.) Patrone mit Zentralfeuerzündung.

CHASSEPOT, ANTOINE-ALPHONSE (1833–1905) Französischer Gewehrkonstrukteur und Erfinder des nach ihm benannten Zündnadelgewehrs mit Papierpatronen (1863), das 1866 bei der französischen Armee eingeführt wurde. Es fand bei der Schlacht von Mentana gegen die Truppen Garibaldis und ebenso während des Deutsch-Französischen Kriegs (1870) Verwendung.

COLLIER, ELISHA HAYDON (1788–1856) Amerikaner Erfinder einer Steinschloss-Trommelpistole, bei der die Zündpfanne halbautomatisch nachgeladen wurde.

COLT, SAMUEL (1814–1862) Amerikanischer Erfinder, der als Vater des modernen Revolvers gilt.

CONSOLE, GIUSEPPE (1778–1849) Italienischer Erfinder, der ein System zum Umbau für Gewehre und Pistolen der österreichischen Armee von Steinschloss- auf Röhrchenzündung patentierte.

DREYSE, JOHANN NIKOLAUS VON (1787–1867) Preußischer Büchsenmacher und Erfinder eines Zündnadelgewehrs mit Papierpatronen, das bei der preußischen Armee Verwendung fand.

D

D.A. Doppelabzug; *siehe* Double Action.

DAMASTLAUF Läufe aus Damaszener Stahl werden nach einem System gefertigt, bei dem eine Metallspirale um einen Dorn gerollt wird und die einzelnen Streifen durch Schweißen und Hämmern zusammengefügt werden. Beim schließlichen Ätzen kommen die verschiedenen Stahlschichten zum Vorschein und ergeben ein Muster, das an Damaststoffe erinnert.

DERINGER, HENRY (1786–1868) Amerikanischer Erfinder kleiner einschüssiger oder zweiläufiger Perkussionspistolen. Mit »Deringer« (oder »Derringer«) werden heute kleine Pistolen vieler verschiedener Hersteller bezeichnet.

DEUTSCHER STECHER Doppelabzugssystem, das einen extrem geringen Abzugswiderstand ermöglicht. Hauptbestandteile sind die beiden Abzüge. Zum Spannen des Stechers zieht man das hintere Züngel bis zum Einrasten durch. Das Antippen des vorderen Züngels löst dann den Schuss aus.

DOUBLE ACTION (D.A.) Spannabzug; durch Druck auf den Abzug wird der Hahn gespannt (bei Revolvern erfolgt auch eine Drehung der Trommel und deren Arretierung) und im gleichen Zug der Hahn ausgelöst, um die Zündung zu ermöglichen.

DREHBLOCKVERSCHLUSS (ROLLING BLOCK) Verschlussart für einschüssige Waffen, bei welcher ein achsgelagerter Block bei gespanntem Hahn nach hinten gekippt und so das Magazin freigegeben wird.

E

EINZELABZUG *Siehe* Single Action.

ELOXIERUNG Elektrolytische Herstellung von oxidischen Schutzschichten auf leichten Metalllegierungen; die Schichten dienen als dekorativer Überzug und zum Schutz gegen Abrieb und Korrosion.

F

FANGRIEMENRING Ring zum Anhängen der Waffe am Fangriemen.

FAUSTFEUERWAFFE Feuerwaffe, die mit nur einer Hand bedient wird (Pistole, Revolver).

FELDER Erhabene Teile im Inneren des Laufs.

FEUERSTEIN Hartes, kiesartiges Gestein, das bei intensivem Reiben oder beim Anschlagen Funken erzeugt.

FEUERWAFFE Rohrwaffe, aus welcher durch den Gasdruck, der beim Abbrennen der Pulverladung entsteht, ein Geschoss herausgeschleudert wird.

FINGERSTÜTZE Anhang am hinteren Teil des Abzugsbügels, der als Halt für den Mittelfinger dient und dadurch eine sicherere und bessere Handhabung des Abzugs gewährleistet.

FINISH Der englische Ausdruck »Finish« (von *to finish* = vollenden, fertig stellen) bezeichnet die gesamte Oberflächenverarbeitung einer Lang- oder Kurzwaffe wie Brünierung, werksmäßigen Schliff und Politur der äußeren Schloss- und Bedienteile sowie den Zustand des Schaftes.

FISCHHAUT Eingeschnittenes oder

geprägtes Muster an Griff oder Schaft.

FLASCHENHALSPATRONE Patrone in Flaschenhalsform.

FLOBERT Einfache Randfeuerpatrone; die Zündmasse ist am Rande verteilt, durch Quetschung erfolgt die Schussabgabe.

FLORENTINISCHES SCHLOSS Ein dem Schnapphahnschloss ähnliches Steinschloss; die Bezeichnung »florentinisches Schloss« entstand, als im 19. Jh. viele britische Sammler Waffen mit solchen Schlössern in Florenz erstanden.

FLUGBAHN Die Bahn, die ein Projektil nach dem Austreten aus dem Lauf bis zum Auftreffen zurücklegt.

FRÄSEN Verfahren zur spanenden Formgebung eines Metallwerkstücks.

G

GASDRUCK Der Druck, der durch die explosionsartige Verbrennung der Treibladung während der Abgabe des Schusses entsteht.

GEFAHRENBEREICH Jene Distanz, innerhalb der ein Projektil gefährlich sein kann.

GELADEN Position des Mechanismus einer schussbereiten Waffe.

GRAIN Korn; angelsächsisches Gewichtsmaß, entsprechend 0,064 Gramm.

GRIFF Bezeichnung für den hinteren Schaftteil einer Pistole.

GRIFFKAPPE Metallteil am Ende eines Pistolengriffs, um diesen vor einem eventuellen Zersplittern zu schützen.

H

HAHN Verstellbarer Teil einer Pistole; bei Radschlosswaffen ist in den Hahn ein Stück Schwefelkies eingespannt, das mit dem Rad in Kontakt gebracht wird (statische Funktion des Hahns); bei Steinschlosswaffen bewegt der Hahn mithilfe einer Feder den Feuerstein und schlägt diesen auf die Batterie (dynamische Funktion). Im Englischen wird er als »*hammer*« bezeichnet.

HAKENBÜCHSE Arkebuse; alte Vorderlader-Langwaffe mit Lunten- oder Radschloss.

HALBAUTOMATISCHE WAFFE Waffe, bei welcher der Schütze für jeden Schuss den Abzug betätigen muss.

HAMMERLESS Hahnlos; bei einer hahnlosen Waffe ist der Hahn normalerweise nicht sichtbar – er kann entweder wegklappbar sein oder sich innerhalb des Schlosses befinden.

HANDBALLENSICHERUNG Ein am Griff befindlicher Sicherungsknopf, der durch festes Umgreifen der Waffe betätigt wird und so die Waffe entsichert.

HANDREPETIERER Pistole mit Patronenmagazin, bei der das Nachladen nach jedem Schuss manuell durchgeführt werden muss.

HENRY, BENJAMIN TYLER (1821–1898) Amerikanischer Erfinder, der als Vater des Unterhebelrepetier-Karabiners gilt; diese Waffe wurde zum legendären Winchester-Karabiner weiterentwickelt.

HIGH SPEED »Hohe Geschwindigkeit«; mit *High Speed* werden einige Patronentypen bezeichnet.

HINTERLADER Hier werden Patrone oder Treibladung und Projektil direkt über das Bodenstück in die Zündkammer geladen, nachdem dieses entweder durch Öffnen des Verschlusses, Aufschrauben oder Kippen des Laufes oder durch Betätigen eines Hebels zugänglich gemacht wurde.

I

INCH *Siehe* Zoll.

K

KADMIERUNG Kadmiumschicht, die auf galvanischem Weg auf Metall aufgetragen wird und als Korrosionsschutz dient.

KALIBER Innerer Laufdurchmesser einer Feuerwaffe, bei gezogenem Lauf üblicherweise von Feld zu Feld gemessen. Auch: äußerer Durchmesser eines Geschosses. Das Kaliber kann in Millimeter (Europa), in 1/1000 Zoll oder 1/100 Zoll (Amerika) angegeben sein. Das Wort stammt vom Lateinischen *qua libra* (sinngemäß: »was für ein Gewicht«); die früheren Kanoniere bezeichneten so das Gewicht der Kugeln.

KALIBERMASS Das Kaliber kann auf drei Arten gemessen werden: der innere Durchmesser des Laufes von Feld zu Feld, der innere Durchmesser des Laufes in den Zügen oder der Durchmesser des Geschosses.

KALOTTE Halbkugelförmiges Metallteil, welches das Ende eines Pistolengriffs schützt.

KANTLAUF Pistolenläufe sind häufig sechs- oder achtkantig und werden entsprechend als Sechskant- oder Achtkantläufe bezeichnet.

KARABINER Kurze, leichte Feuerwaffe, die vor allem für berittene Truppen bestimmt war.

KATALANISCHES SCHLOSS *Siehe* Miquelet-Schloss.

KIMME Hinteres Element einer Visiereinrichtung. Sie kann durch Schrauben regulierbar sein oder aus einem feststehenden Kimmenblatt bestehen und dient gemeinsam mit dem Korn zum Anvisieren eines Zieles.

KINETISCHE ENERGIE Bewegungsenergie; bei der Abgabe eines Schusses die nach dem Abbrennen der Treibladung in einem Geschoss gespeicherte Energie.

KIPPLAUF Lademechanismus, wobei durch Abknicken des Laufes das Ausstoßen der Hülsen und das Laden ermöglicht wird.

KNALLSÄURE Fulminat; chemisches Produkt, das bei Schlag explodiert; ursprünglich wurden zum Zünden Quecksilber-, Gold- und Silberfulminate verwendet, später ging man auf weniger ätzende chemische Produkte über.

KUGEL Rundes Geschoss, das mit einer Feuerwaffe abgeschossen wird; in weiterem Sinn auch jedwedes von tragbaren Waffen abgefeuerte Geschoss.

KURZWAFFE Alle kurzen Waffen, sowohl Pistolen als auch Dolche.

L

LADEKLAPPE Bei einer Pistole ein kleines Fenster, das zum Laden geöffnet wird.

LADEN Unter Laden versteht man sämtliche Maßnahmen, die in Angriff genommen werden, um eine Waffe wieder schussfähig zu machen, vom Entfernen der leeren Hülse angefangen bis zum Einschieben der neuen Patrone und Spannen des Hahns.

LADESTOCK Stock aus Holz, Metall oder Walfischknochen, der zum Hineinschieben der Ladung verwendet wird; mitunter wird er auch, mit anderen Aufsätzen, zum Reinigen des Laufs benutzt.

LADESTOCKHALTERUNG Bei alten Feuerwaffen war die Befestigung für den Ladestock in den Vorderschaft, meist unter dem Lauf, eingearbeitet.

LADESTREIFEN Blechstreifen oder Rahmen für Patronen zum schnellen Nachfüllen bestimmter Waffentypen.

LANGWAFFE Feuerwaffe, die zum Schießen an der Schulter angelegt wird (Gewehr, Karabiner).

LAUFABSCHLUSSRING Metallring (mitunter aus einem anderen Metall als der Lauf) an der Laufmündung, der als Verstärkung und/oder Verzierung dient.

LEICHTE WAFFE Eine Waffe, die von einer einzigen Person bedient werden kann.

LEUCHTSPURMUNITION Patrone, die im hinteren Projektilbereich einen pyrotechnischen Satz enthält; beim Abfeuern wird der pyrotechnische Satz entzündet, sodass anhand der Leuchtspur die Flugbahn des Geschosses optisch verfolgt werden kann.

LÖTEN Fügeverfahren zum Verbinden verschiedener metallischer Werkstoffe mithilfe eines geschmolzenen Zusatzmetalls (Lot); meist werden Messing, Zink oder Silber verwendet.

LUGER, GEORG (1848–1922) Österreichischer Waffenkonstrukteur, der die nach ihm benannte P08-Luger-Pistole erfand.

LUNTE Langsam glimmende Zündschnur, wie sie für Luntenschlosswaffen verwendet wurde.

M

M Modell.

MAB Manufacture d'Armes de Bayonne.

MAC Manufacture d'Armes de Châtellerault.

MAC Military Arms Corporation.

MAGAZIN Behälter an einer Feuerwaffe, aus dem entweder manuell oder automatisch Patronen in die Zündkammer zugeführt werden.

MAGNUM Diese Zusatzbezeichnung bei der Benennung von Patronen weist auf eine meist im Vergleich zu einem Normalkaliber deutlich gesteigerte Leistung hin.

MANTEL Umhüllung eines Geschosses.

MANTELGESCHOSS Projektil mit Bleikern, der mit einem Mantel aus halbfestem Metall umgeben ist, um so besser dem Drall im Lauf folgen zu können; dadurch werden Bleirückstände am Laufprofil vermieden.

MANUELLE SICHERUNG Sicherungsvorrichtung, die vom Schützen bewusst manuell bedient wird.

MAP Manufacture d'Armes de Paris.

MAS Manufacture d'Armes de St.-Etienne (für Armeewaffen).

MAT Manufacture Nationale d'Armes de Tulle.

MAUSER, PETER PAUL (1838–1914) Deutscher Waffenkonstrukteur und Erfinder der automatischen Pistole C96 sowie des Repetiergewehrs 98, mit dem die deutsche Armee während der beiden Weltkriege ausgerüstet wurde.

MAXIMALDISTANZ Die weiteste Distanz, die ein bestimmtes Projektil erreichen kann.

MESSING Hellgelbe Legierung aus Kupfer und Zink.

MF Manufrance, Manufacture d'Armes et Cycles de St.-Etienne (für den zivilen Handel).

MINIÉ, CLAUDE-ETIENNE (1804–1879) Französischer Offizier; er entwickelte das Minié-Geschoss, einen Bleigeschosstyp mit Hohlboden für Vorderladerwaffen mit gezogenem Lauf.

MIQUELET-SCHLOSS Spanische Form eines Steinschlosses mit außen angebrachter Feder, die von unten auf den Hahn drückt. Es wird auch als »katalanisches Schloss« bezeichnet.

MÜNDUNGSKOMPENSATOR Am vorderen Laufende angebrachte Vorrichtung, welche die Mündungsgase nach oben lenkt und so dem Rückstoß entgegenwirkt. Sie wurde vom amerikanischen Offizier Cutts entworfen.

N

NEBENEINANDER LIEGENDE LÄUFE Doppel- oder querliegende Läufe.

NICOLAS NOËL (1761–1833) Französischer Büchsenmacher, bekannt als Hersteller von Prunkwaffen, die heute auf dem Sammlermarkt beträchtliche Preise erzielen.

O

OGIVALGESCHOSS Geschoss mit spitzbogenförmigem Profil.

P

PARABELLUM Im Lateinischen hieß es: *Si vis pacem para bellum* (»Wenn du Frieden willst, bereite den Krieg vor«). Diese Bezeichnung wurde als telegrafischer Code für die Deutsche Waffen- und Munitionsfabrik und dann auch für die 9x19-Patronen der Luger-Pistole verwendet.

PARKERISIEREN Anbringen einer Oxidschicht auf Eisen mittels Elektrolyse; sie verleiht dem Metall einen matte, anthrazitgraue Farbe.

PATRONE Kartuschen-Munition; zylindrische Hülle aus Karton und/oder Metall.

PATRONENLAGER Teil des Laufes, in den die Patrone gesteckt wird.

PAULY, JOHANNES SAMUEL (1766–1820) Er stammte aus der Schweiz und erfand die erste Waffe mit Metallpatrone und Zentralfeuerzündung.

PEACEMAKER »Friedensstifter«; Name des 1872 herausgebrachten Revolvers Colt Army Single Action.

PEPPERBOX Taschenwaffe mit einem Laufbündel (oder einem Laufblock, in den die verschiedenen Läufe eingebohrt sind), das sich um eine Achse dreht.

PERKUSSIONS-ZÜNDUNG Vorgang beim Auftreffen des Schlagstücks auf das Zündhütchen; Perkussionswaffen müssen mit Geschoss, Schießpulver und Zündhütchen geladen werden.

PFUND *Siehe* Pound.

PISTOLE Mit einem oder mehreren Läufen ausgestattete Feuerwaffe, die mit einer Hand bedient werden kann. Faustfeuerwaffe ein- oder mehrschüssig (Einzellader oder Mehrlader).

PISTOLENPAAR Darunter versteht man ein Paar identischer Pistolen, die bereits ab Werk für den gemeinsamen Verkauf konzipiert wurden. Oft haben die beiden Waffen aufeinander folgende Seriennummern – dies ist vor allem bei Scheibenwaffen und Duellpistolen der Fall. Manche Paare weisen auch die Nummern 1 und 2 auf.

PISTON Zündhütchenträger bei Perkussionswaffen mit Bohrung zur Pulverkammer.

POUND Englische Maßeinheit, die 453 g entspricht. Die deutsche Bezeichnung ist »Pfund«.

PFROPFEN Meist aus Filz bestehende Masse, mit der bei Waffen und Patronen Pulver und Kugel getrennt wurden.

PULVERFLASCHE Auch: Pulverhorn. Behälter aus Holz, Bein, Metall oder Leder zur Aufbewahrung des Schießpulvers für Vorderladerwaffen.

PULVERSCHMAUCH Effekt der Gasausströmung beim Abbrennen der Ladung (legt sich als schwerer Rückstand im Lauf an).

PYRIT *Siehe* Schwefelkies.

R

RADSCHLOSS Zündsystem einer Waffe, bei welchem es zur Reibung eines Schwefelkiesstücks an einem Reibrad kommt, das durch eine Feder in Drehung versetzt wird.

RADSCHLOSSSPANNER Vierkantschlüssel, mit dem die Feder eines Radschlosses gespannt werden kann.

RANDFEUERPATRONE Patrone, deren Zündsatz in den Hülsenrand eingearbeitet ist und durch Schlag (Quetschung am Rand) gezündet wird.

RAUCHLOSES PULVER Pulver auf Basis von Zellulosenitrat und Nitroglycerin, das beim Verbrennen nur wenige Rückstände hinterlässt. Es wurde im 20. Jh. erfunden.

REMINGTON, ELIPHALET (1792–1861) Gründer der nach ihm benannten amerikanischen Waffenfabrik.

REPETIERHEBEL Der klassische Repetierhebel ist unter der Waffe als Verlängerung des Abzugsbügels angebracht (zum Beispiel beim Winchester-Karabiner) und dient zum Laden.

REVOLVER Vom englischen *revolve*, in der Bedeutung »drehen«; eine Mehrladewaffe mit einem sich um die eigene Achse drehenden Magazin (Trommel mit gebohrten Löchern, welche als Patronenkammern dienen). Mitunter wird auch die Bezeichnung Trommelpistole verwendet.

RIFLEMAN Englische Bezeichnung für »Schütze«.

RIMFIRE (R.F.) Randfeuer-Patronen.

ROLLING BLOCK *Siehe* Drehblockverschluss.

RÖMISCHES SCHLOSS Ein dem katalanischen Schloss ähnlicher Steinschlosstyp mit außen liegender Feder, die auf den vorderen Teil des Hahns drückt.

RUBY In großer Serie hergestellter spanischer Nachbau einer Automatikpistole von Browning.

RÜCKSTOSS Ein beim Abfeuern einer Schusswaffe nach hinten ausgelöster Stoß.

S

SANDSTRAHLEN Ein Strahlverfahren, bei dem feiner Sand mit Druckluft auf die zu behandelnde Fläche (oft poröses oder mattes Metall) geschleudert wird.

SCHIESSPULVER Pulver oder Granulat, das beim Verbrennen hohen Gasdruck erzeugt und daher als Treibmittel verwendet werden kann.

SCHLAGBOLZEN Spitzer, abgerundeter oder stiftförmiger Teil einer Feuerwaffe, der beim Abfeuern auf jenen Teil der Patrone trifft, der das Zündmittel enthält.

SCHLAGHAHN Hahn bei Perkussionswaffen, der auf das ambossförmige Piston schlägt.

SCHLANGE Luntenhalter bei Luntenschlosswaffen.

SCHLOSS Stahlplatte mit dem Verschlusssystem und Zündmechanismus einer Waffe, mit dem die Treibladung gezündet wird. Bei Luntenschloss-, Radschloss- und Steinschlosswaffen befand sich das Pulver in der Zündkammer, später wurde ein Zündhütchen mit Knallquecksilber auf das Piston von Perkussionswaffen gesteckt.

SCHNAPPHAHN Bezeichnung für eine einfache Version eines Steinschlosses, bei welchem Schlagstück und Pfannendeckel aus zwei separaten Elementen bestehen.

SCHROT Bleikugeln verschiedenen Durchmessers zum Verschuss aus glatten Läufen.

SCHWANZSCHRAUBE Sie verschließt bei Vorderladerhandfeuerwaffen das hintere Ende des Laufes. Sie ist mit Gewinde ausgeführt und enthält meistens auch das Zündloch, durch das die Treibladung im Lauf gezündet wird.

SCHWARZPULVER Pulver aus Holzkohle, Schwefel und Salpeter (Kaliumnitrat), das in verschiedenen Mischungsverhältnissen zusammengesetzt sein kann.

SCHWEFELKIES Pyrit; aus Eisen und Schwefel bestehendes Gestein.

SEELE Laufseelenachse; gedachte Linie im Lauf.

SHARPSHOOTER Scharfschütze; im amerikanischen Sprachgebrauch ein exzellenter Schütze.

SICHERUNG Vorrichtung, die eine ungewollte Auslösung eines Schusses verhindert.

SINGLE ACTION (S.A.) Hier muss der Hahn von Hand gespannt werden; durch Druck auf den Abzug wird die Batteriefeder freigegeben und durch Niederschlagen des Schlagstücks der Schuss ausgelöst.

SMITH, HORACE (1808–1893) Gründer von Smith & Wesson 1857.

SPEZIALSCHLÜSSEL Zum Abschrauben eines Pistolenlaufs wurden runde Schlüssel verwendet, die in oder auf den Lauf gesteckt wurden.

STAHLSCHLOSS *Siehe* Schloss.

STECHER Spezielle Abzugsform, bei der nach dem Einstechen (Spannung des Stechschlosses) der Abzugswiderstand stark verringert ist.

STOSSDÄMPFER Elastische Vorrichtung, die dazu dient, den Rückstoß zu dämpfen.

T

TATSÄCHLICHE FEUERRATE Schussanzahl pro Minute unter Berücksichtigung der notwendigen Zeit zum Nachladen und Zielen.

THEORETISCHE FEUERRATE Schussanzahl je Minute ohne Unterbrechung.

THEORETISCHE FLUGBAHN Ein Limit bei der Flugbahn eines Geschosses, über das hinaus das Geschoss nicht mehr präzise oder gefährlich wirkt.

TOMBAK Messing mit hohem Kupferanteil.

TREIBLADUNG Treibmittel eines Geschosses oder auch die in eine Vorderlader-Waffe gefüllte Pulvermischung; beim raschen Abbrennen der Treibladung entsteht hoher Gasdruck, der das Geschoss (die Kugel) aus dem Lauf schleudert.

TRIPLE ACTION Englische Bezeichnung für Waffen, die von *Single Action* auf *Double Action* umschaltbar sind.

TROMBLON Alte Feuerwaffe mit trichterförmiger Laufmündung zum Abfeuern von Schrot.

TROMMEL Stahlzylinder bei Revolvern, der als Patronenmagazin dient. Bei Perkussionsrevolvern werden Pulver und Kugel in die Trommel geladen, gezündet wird mittels Zündhütchen.

TSCHINKE Charakteristisches Jagdgewehr mit Radschloss, besonderer Hahnform und gezogenem Lauf. Der Name leitet sich vom Ort Teschen ab.

TUNNEL Zylindrische Abdeckung der Visiereinrichtung.

TYP Synonym für Modell.

U

ÜBEREINANDER LIEGENDE LÄUFE Läufe, die senkrecht übereinander angebracht sind (aufgebockt).

ÜBERGANGSKONUS Stück des Laufinneren zwischen Patronenlager und Laufanfang.

ÜBERGANGSWAFFEN Spezielle Waffen aus den Jahren 1860–1875, der Zeit des Übergangs vom Vorderlader- zum Hinterladersystem.

V

VELO-DOG Kleine Pistole, die für Radfahrer bestimmt war, um sich vor streunenden Hunden zu schützen.

VERCHROMEN Galvanisches Verfahren, bei dem in einem so genannten »galvanischen Bad« elektrisch leitende (oder elektrisch leitend gemachte) Teile mit einem Chromüberzug versehen werden, der dem Schutz vor Korrosion und Abnützung dient.

VERSCHLUSS-BODENSTÜCK Ein Bodenstück, das sich bei Abgabe des Schusses schließt (bei halbautomatischen Waffen wird die Arretierung durch Masseträgheit und Rückstellfeder erreicht).

VERSCHLUSSSPERRE Mechanismus, der nach dem Abschießen der letzten Patrone den Mechanismus einer Mehrladewaffe in der hinteren Position arretiert.

VISIERLINIE Eine gerade, gedachte Linie vom Auge des Schützen über die Visiereinrichtung der Waffe zum Haltepunkt im Ziel.

VISIERSCHIENE Metallschiene, die sich über dem Lauf befindet (eventuell auch mehrere Läufe verbindet) und als Visierlinie dient. Man spricht von einer ventilierten Schiene, wenn sie teilweise freiliegend oder teilweise durchbrochen ist.

VORDERLADER Feuerwaffen, deren Lauf hinten geschlossen ist. Beim Ladevorgang wird zuerst die Treibladung in die Zündkammer gefüllt und dann die Kugel in den Lauf geschoben.

W

WADCUTTER Blattschneider; Bezeichnung für ein flachköpfiges Scheibengeschoss. Diese besondere Form wurde speziell für das Scheibenschießen entwickelt, da es ein sauberes Loch in die Pappe stanzt und das Punktezählen erleichtert.

WAFFENMEISTER Fachmann, der mit der Herstellung oder Reparatur von Waffen betraut ist.

WAFFENSCHLOSSER Hersteller von Steinschlössern, aber auch von anderen Zündungsmechanismen für Waffen.

WALZENSPERRE Mechanische Vorrichtung zum Verriegeln der Trommel während des Schusses, um eine perfekte Verbindung von Zündkammer und Lauf zu gewährleisten.

WECHSELSATZ Einheit von Teilen (Lauf, Ladevorrichtung, Feder, Bodenstück), die anstatt der Originalteile angebracht werden können, sodass mit der gleichen Waffe andere als die ursprünglich vorgesehenen Kaliber verschossen werden können.

WESSON, DANIEL (1825-1906) Gründer von Smith & Wesson 1857.

WHITE, ROLLIN Er meldete ein Patent für eine völlig durchbohrte Trommel an; das Patent wurde Colt angeboten, aber unerklärlicherweise abgelehnt – und führte schließlich zum bahnbrechenden Erfolg von Smith & Wesson.

WINCHESTER REPEATING ARMS COMPANY Von Oliver Winchester 1866 gegründete Waffenfabrik. Sein Name steht für die berühmten Unterhebel-Karabiner, die auch heute noch produziert und vielfach nachgebaut werden.

WURFWAFFE Waffe, die entweder durch eine Person oder durch ein Gerät geschleudert wird (Lanze, Pfeil).

Z

ZAMAK-LEGIERUNG Legierung basierend auf Zink mit Zusätzen von Aluminium, Kupfer und Magnesium. Da sie sehr leicht zu pressen ist, wird sie vor allem für Spielzeugwaffen verwendet, kommt aber auch bei Armeewaffen zum Einsatz, wenn eine Gewichtsverringerung für notwendig erachtet wird.

ZENTRALFEUERPATRONE Patrone mit in der Mitte des Hülsenbodens integriertem Zündhütchen, das durch Schlag gezündet wird.

ZIELFERNROHR Ein Gerät, bestehend aus Fernrohr mit verschiedenen Absehen, das zur genauen Ausrichtung auf ein entferntes Ziel oder beim Scheibenschießen verwendet wird.

ZOLL Englisches Maß; es entspricht 25,4 mm (1" = 1 Zoll).

ZUBRINGER Teil des Magazins, der mithilfe einer Feder die Patronen aus dem Magazin in die Zündkammer schiebt.

ZÜGE Vertiefungen im Lauf, die gemeinsam mit den Feldern (Erhöhungen) das Geschoss in Rotation versetzen und damit die Flugbahn stabilisieren.

ZUNDER Leicht brennbare Schicht aus dem Fruchtkörper des Zunderschwamms, die zum Entzünden von Feuer verwendet werden kann und bis ins 19. Jh. auch als Zündmittel für Feuerwaffen Anwendung fand.

ZÜNDHÜTCHEN Hülse aus weichem Metall (Messing oder Kupfer) mit der Zündmischung für Perkussionswaffen.

ZÜNDKAMMER Die für die Treibladung vorgesehene Kammer im Inneren des hinteren Laufteils (Bodenstück).

ZÜNDLOCH Kleines Loch im Lauf einer Vorderladerhandwaffe, das eine Verbindung zwischen Zündpfanne und Zündkammer herstellt.

ZÜNDPFANNE Kleiner Behälter aus Eisen und/oder Messing für das Zündpulver von Luntenschloss- und Steinschlosswaffen; die Zündpfanne befindet sich seitlich des Laufs in der Höhe des Zündlochs.

ZÜNDSTIFT Ein beim Lefaucheux-System durch die Patronenwand führender Stift, der als Schlagbolzen dient und beim Aufschlagen des Hahns die Patrone zündet.

Namenindex

Acqua Fresca, Familie 12, 42, 43
Adams, Robert 149, 151, 152, 165
Allen & Thurber 120
Allen & Wheelock 180
Ancion & Cie 158, 165
Alsop, C.R. 181, 182
Aston, H. 117
Augustin, Vincenz 11, 115

Barne, Harman 13
Berdan, Hiram 211
Berselli, Francesco 12
Bizalion 52
Bond, E. 51
Bouny, P. 91
Boutet, Nicolas Noël 52, 53, 212
Boxer, Edward 212
Brazier 165
Brento 44
Browning, John Moses 212
Bustindui, Familie 71

Callin, Gio. Piero 13
Caltrani, B. 65
Carboncelli, Familie 42
Cazamaju, J.N. 91
Cecchi s. Acqua Fresca
Cedan (Cedar-Zucolo) 35
Cessier, Jean Baptiste 105
Charlet, J.S. 96
Charleville, Manufacture Impériale de 90
Chassepot, Antoine-Alphonse 213
Chicago Firearms & Co. 206
Cleft, Jean Paul 97
Cochon 53
Colette Victor 135, 158
Colleye 158
Collier, Elisha Haydon 214
Colombo, Jeronimo 26
Colt 137, 158, 166, 171, 172, 184, 193, 194, 199
Colt, Samuel 214
Cominazzo, Familie 26, 33, 37, 59, 62
Console, Giuseppe 88, 214
Cookson, John 13
Cooper 121, 183
Cotel, Bartolomeo 13
Croizer, Jacques 46

Daudoy 165
Deane Adams & Deane 151
Decortis 158
Delmas 160
Delvigne, Gustave 11, 110
Deringer, Henry 214
Devisme 109

Dolne 130
Dreyse, Johann Nikolaus von 214
Duché 49
Dumarest, Vital 89
Dumonthier 129
Dumoulin 158

Eagle Arms Co. 189
Elliot, William E. 145

Fagar, P.J. 154
Fagard 158
Feo, P. 70
Fiorentino, Pietro 36
Flobert, Auguste 15, 136
Flock, Jan 13
Fombuena, Valentin Silvestre 13
Francini (Franzini, Francino), Familie 43
Francotte, Auguste 164, 165
Franzino, Antonio 58
Freeman, Austin T. 188

Galton 100
Garollo, Antonio 154
Gaupillat 135
Genette 158
Ghaye 158
Gilon 158
Goltiakov, Piotr 111
Guardiani 42
Guerriero, A. 155

Hanquet 158
Hauer, Familie 99
Heinrich, Habrecht 13
Henry, Benjamin Tyler 215
Herman 135
Hoard's Armory 188
Hollis & Sheath 165

Ignesti, Biagio 93

Kalthoff, Peter 13
Kerr 156
Klett, Johann Paul 13
Klett, Sigmund 13

Lacroix 126
Lamotte 52
Lancaster C. 146
Languedoc 39
Laport Irmaos 121
Le Mat 16
Le Merveilleux 140
Le Page, Familie 34, 162
Leclerc, Gio Batta 95

Leclerc, Jean 95
Lefaucheux, Casimir 15
Lefaucheux, Familie 142, 155
Lefert 13
London Armoury Company 156
Lorenzoni, Michele 12
Luger, Georg 216

Mangeot & Comblain 163
Manhattan Fire Arms 177
Manton, Joseph 55
Mari, V. 59
Mariette, Gilles J. 121
Marquette, Simon 35
Martin 146
Martinez, Alonso 55
Massachusetts Arms Co. 169
Matassi, Familie 42
Mauberge, Manufacture Royale de 91, 114
Mauser, Peter Paul 216
Maynard 169
Mazzocchi, Gebrüder 161
Mechanische Werkstätte Göbharter 128
Meister Gottorp, s. Heinrich, Habrecht
Meredith 127
Merley 52
Merwin, Hulbert & Co. 198, 205
Minié, Claude-Etienne 216

Nagel & Menz 112-113
Neapel, Real Fabbrica di Armi 68, 139
Nock, Henry 94
Nuti, Luigi 42

Papa, Gaetano 139
Parker Holborn, W. 55
Patrick 101
Pauly, Johannes Samuel 217
Perreaux 13
Perrin-Le Page 160
Pfanni, Franz 128
Pirlot 165
Poltz, Familie 45
Pryaznov 149

Reform 147
Reilly 148
Remington 134, 145, 178, 185, 186, 187, 197, 201, 202
Remington, Eliphalet 218
Renkin 158
Richard, T. & Co. 56
Richards 102
Richter, Franz 123
Richter, Johann Michael 122
Ripoll, Manufaktur von 69, 71
Roguet 107
Root, Elisha 172

Savage R.F.A. 173
Schofield 196
Schuler, August 147
Segalas 41
Sharps 143
Smith & Wesson 15, 16, 132, 136, 138, 176, 179, 190, 191, 192, 195, 196, 200, 203, 204, 207
Smith, Horace 219
Sofiantini (Sofiantino, Soffianti, Sofentini), Giovanni 98
St.-Etienne, Manufacture de 84, 87, 92
Starr Arms Co. 174, 175
Stockmar, Familie 47
Suhl 28, 29, 31, 32, 157

Thorn, Henry A.A. 146
Tranter, William 16, 150, 152-153, 165
Tribuzio, Catello 141
Tula, Manufaktur von 116
Turbiaux, Jacques-Edmond 206

Vallini, Familie 42
Venditti, Pietro 139
Volcanic Repeating Arms Co. 133

Wesson, Daniel 221
Wetschgi 13
Whitney E. 167, 168

Xythos 128

Zanotti, Familie 61, 119

DANKSAGUNG UND BILDNACHWEIS
Der Autor dankt den folgenden Personen des Auktionshauses Czerny's von Sarzana (La Spezia): Michele Czerny, Germano Mancioli und Guido Anau. Besonderer Dank gilt dem Fotografen von Czerny's, Massimo Zannoni, sowie Francesco Gorlandi von Thetis in Carrara für die freundliche Zusammenarbeit.
Ausdrücklicher Dank ergeht auch an Roberto Appiani für die Anfertigung der Fotos der Seiten 26, 27, 41, 88, 126, 174 und 194, und an den Mailänder Sammler, der die Waffen der Seiten 26, 27 und 174 zur Verfügung gestellt hat.

Alle weiteren Fotos stammen von Waffen, die bei Czerny's Auctions im Zeitraum 1999-2005 verkauft wurden.

Die Fotos der Seiten 2, 7, 8, 33 oben, 62 oben, 64 oben, 79 oben, 84, 88 oben, 94, 95 und 116 sind der De Agostini Picture Library entnommen.

Das Foto auf den Seiten 22-23 wurde von der Armeria Reali in Turin mit Genehmigung des Ministero per i Beni e le Attività Culturali zur Verfügung gestellt.